国家重点基础研究发展计划（973计划）项目（2006CB403401）
国家自然科学基金创新研究群体基金项目（50721006）
国家自然科学基金课题（50809076）　　　　　　　　　　　资助
中国工程院重大咨询项目（2012—ZD—13—6）
国家科技支撑计划课题（2006BAB04A15）

"十二五"国家重点图书出版规划项目

海河流域水循环演变机理与水资源高效利用丛书

面向对象模块化的水文模拟模型
——MODCYCLE设计与应用

陆垂裕　王　浩　王建华　肖伟华　等著

科学出版社
北　京

内 容 简 介

本书介绍了面向对象模块化的水文模拟模型 MODCYCLE 的相关内容。该模型可详细反演流域/区域"四水转化"过程并具有较强的物理机制，能考虑多种人类活动对水循环的影响。在架构上该模型采用面向对象的方式模块化开发，并以数据库作为模型的数据管理平台，提高了模型功能扩展的灵活性和组织数据的高效性，还具有并行运算，地表-地下水联合模拟等功能特色。该模型在适应高强度人类活动影响下的流域水循环模拟方面具有一定优势，目前已在海河流域不同尺度单元上开展了多个实例模拟研究应用，并取得了较好的应用效果。

本书可供水文、水资源等相关领域的科研人员、管理人员及相关专业院校师生，以及从事流域水文分析、水资源与水环境规划及管理工作的技术人员参考。

图书在版编目(CIP)数据

面向对象模块化的水文模拟模型：MODCYCLE 设计与应用/陆垂裕等著. —北京：科学出版社，2016.1

（海河流域水循环演变机理与水资源高效利用丛书）

"十二五"国家重点图书出版规划项目

ISBN 978-7-03-045572-7

Ⅰ.面… Ⅱ.陆… Ⅲ.海河-流域-水文模拟-水文模型 Ⅳ.P334

中国版本图书馆 CIP 数据核字 （2015） 第 207524 号

责任编辑：李　敏　　吕彩霞／责任校对：钟　洋
责任印制：肖　兴／封面设计：王　浩

科 学 出 版 社 出版

北京东黄城根北街 16 号
邮政编码：100717
http://www.sciencep.com

中国科学院印刷厂 印刷
科学出版社发行　各地新华书店经销

*

2016 年 1 月第 一 版　　开本：787×1092　1/16
2016 年 1 月第一次印刷　　印张：15 1/4　插页：2
字数：510 000

定价：128.00 元
（如有印装质量问题，我社负责调换）

总　　序

　　流域水循环是水资源形成、演化的客观基础,也是水环境与生态系统演化的主导驱动因子。水资源问题不论其表现形式如何,都可以归结为流域水循环分项过程或其伴生过程演变导致的失衡问题;为解决水资源问题开展的各类水事活动,本质上均是针对流域"自然–社会"二元水循环分项或其伴生过程实施的基于目标导向的人工调控行为。现代环境下,受人类活动和气候变化的综合作用与影响,流域水循环朝着更加剧烈和复杂的方向演变,致使许多国家和地区面临着更加突出的水短缺、水污染和生态退化问题。揭示变化环境下的流域水循环演变机理并发现演变规律,寻找以水资源高效利用为核心的水循环多维均衡调控路径,是解决复杂水资源问题的科学基础,也是当前水文、水资源领域重大的前沿基础科学命题。

　　受人口规模、经济社会发展压力和水资源本底条件的影响,中国是世界上水循环演变最剧烈、水资源问题最突出的国家之一,其中又以海河流域最为严重和典型。海河流域人均径流性水资源居全国十大一级流域之末,流域内人口稠密、生产发达,经济社会需水模数居全国前列,流域水资源衰减问题十分突出,不同行业用水竞争激烈,环境容量与排污量矛盾尖锐,水资源短缺、水环境污染和水生态退化问题极其严重。为建立人类活动干扰下的流域水循环演化基础认知模式,揭示流域水循环及其伴生过程演变机理与规律,从而为流域治水和生态环境保护实践提供基础科技支撑,2006 年科学技术部批准设立了国家重点基础研究发展计划（973 计划）项目"海河流域水循环演变机理与水资源高效利用"（编号：2006CB403400）。项目下设 8 个课题,力图建立起人类活动密集缺水区流域二元水循环演化的基础理论,认知流域水循环及其伴生的水化学、水生态过程演化的机理,构建流域水循环及其伴生过程的综合模型系统,揭示流域水资源、水生态与水环境演变的客观规律,继而在科学评价流域资源利用效率的基础上,提出城市和农业水资源高效利用与流域水循环整体调控的标准与模式,为强人类活动严重缺水流域的水循环演变认知与调控奠定科学基础,增强中国缺水地区水安全保障的基础科学支持能力。

　　通过 5 年的联合攻关,项目取得了 6 方面的主要成果:一是揭示了强人类活动影响下的流域水循环与水资源演变机理;二是辨析了与水循环伴生的流域水化学与生态过程演化的原理和驱动机制；三是创新形成了流域"自然-社会"二元水循环及其伴生过程的综合模拟与预测技术；四是发现了变化环境下的海河流域水资源与生态环境演化规律；五是明晰了海河流域多尺度城市与农业高效用水的机理与路径；六是构建了海河流域水循环多维临界整体调控理论、阈值与模式。项目在2010年顺利通过科学技术部的验收，且在同批验收的资源环境领域973计划项目中位居前列。目前该项目的部分成果已获得了多项省部级科技进步一等奖。总体来看，在项目实施过程中和项目完成后的近一年时间内，许多成果已经在国家和地方重大治水实践中得到了很好的应用，为流域水资源管理与生态环境治理提供了基础支撑，所蕴藏的生态环境和经济社会效益开始逐步显露；同时项目的实施在促进中国水循环模拟与调控基础研究的发展以及提升中国水科学研究的国际地位等方面也发挥了重要的作用和积极的影响。

本项目部分研究成果已通过科技论文的形式进行了一定程度的传播，为将项目研究成果进行全面、系统和集中展示，项目专家组决定以各个课题为单元，将取得的主要成果集结成为丛书，陆续出版，以更好地实现研究成果和科学知识的社会共享，同时也期望能够得到来自各方的指正和交流。

最后特别要说的是，本项目从设立到实施，得到了科学技术部、水利部等有关部门以及众多不同领域专家的悉心关怀和大力支持，项目所取得的每一点进展、每一项成果与之都是密不可分的，借此机会向给予我们诸多帮助的部门和专家表达最诚挚的感谢。

是为序。

海河973计划项目首席科学家
流域水循环模拟与调控国家重点实验室主任
中国工程院院士

2011年10月10日

序

在气候变化和人类活动的干扰下,现代水循环在循环结构、循环路径、循环参数等方面越来越明显地表现出二元特性,原来考虑坡面产汇流过程和河道演算的水文模型已不能完整地描述这些地区的水文循环过程,深入研究和考虑水分在流域中的各种循环转化,以及人类活动影响在模型中的表达成为模型发展的必然需求。此外,随着地理信息系统和遥感等技术的发展,以及水文科学逐渐与环境、生态、气象等学科的深度交叉融合等,水文模型正涉及越来越海量的数据信息管理,面临不断增长的模拟功能扩展和运行效率问题,这些均对水文模型的开发提出了更高的要求。

在973计划课题"海河流域二元水循环模式与水资源演变机理"(2006CB403401)等项目的支持下,课题组开发的MODCYCLE(An ObjectOriented Modularized Model for Basin Scale Water Cycle Simulation)模型为适应这种发展趋势而建立的一个分布式水文模型。在模型原理方面,该模型定位于长时间尺度的流域/区域水量平衡分析,详细刻画了流域/区域"四水转化"过程并具有较强的物理机制,并能考虑多种人类活动对水循环的影响,能够适应复杂的水文模拟条件。在模型架构设计方面,为提高模型功能扩展的灵活性和模型数据组织的高效性,该模型以C++为基础,通过面向对象(object-oriented-programming,OOP)的方式进行了模块化开发,并以数据库作为模型的数据管理平台;在模型运行效率方面,利用面向对象模块化良好的数据分离/保护及模型的内在模拟机制,该模型还实现了水文模拟的并行运算,大幅提高了模型的计算速度。此外该模型还具有较为完善的水量平衡校验机制,可为用户和模型开发者使用和开发提供便利。该模型自研制以来,已经在海河流域不同尺度单元开展了多个实例模拟研究应用,并取得了较好的应用效果,验证了该模型工具的实用性。

相信该书的出版,将推动流域分布式水文模型的发展。希望课题组在今后的开发应用过程中,进一步完善模型和计算软件,为解决更多地区和流域的水与生态环境问题提供技术支撑服务。

中国工程院院士 张建云

2015年8月

前　言

从 20 世纪 50 年代到目前，水文模型的发展已历时半个多世纪。早期水文模型的主要研究目标是模拟流域尺度水循环的地表径流过程，产/汇流机制是水文模型的精髓。在模型的模拟要素上，主要是洪峰流量和洪水过程线，应用层面多在于防洪设计和防洪调度。由于洪水发生过程具有短时间内发生和间断性特征，而且与降雨强度的联系较大，早期水文模型多以模拟短时期（洪水期）的水文过程为主。在模拟的时间步长上，一般都需要日内甚至分钟级的时间步长，以匹配暴雨在时间频率和分布上的强烈变化。

近年来，水资源可持续理念的深入和强化，以及人类活动干预的逐渐增强导致流域水资源数量的显著衰减和水资源质量的持续恶化，人们逐渐从关心洪水过程转向关心水资源的形成、利用与管理的问题上。近年来，人类活动干扰对水循环的影响、变化环境下的水循环/水环境演变等新学科命题成为当今水科学界的重大研究方向。水文模型也从初期产/汇流模拟预报逐渐发展成为兼顾各种微观水文过程的丰满体系，并形成与环境、生态、气象等学科领域的深度交叉融合。后期发展的一些水文模型，如 SWAT、WEP 等，其模型理念已经逐步脱离了传统水文模型研究产-汇流机制为主的框架，转向重点研究流域或区域不同形态和介质中水分的循环转化机制。虽然这类模型仍源自水文模型，但水循环研究的味道在模型中体现得越来越浓厚。可以把这类模型称为以水循环模拟为主的水文模型或水循环模型。由于研究目的与早期的水文模型有显著差异，水循环模型在模拟时期上拓展到了长时期多年尺度，模拟时间步长上也多以日尺度为主。在水循环过程的模拟上，虽然产-汇流机制仍是模型的重要方面，但其他过程如蒸发蒸腾机制、土壤水-地下水的转化、积雪-融雪过程、作物生长作用等过程在模型中的整合和刻画也越来越细致，注重的是水循环系统内部各分项过程相互作用的整体效果。另外，人类活动如作物种植、收割、土地翻耕、人工灌溉、水库蓄滞、河道-水库间调水、人工退水等在传统水文模型中很难刻画的过程，在水循环模型中却得到了长足的发展。由于水循环模型在时间尺度上的扩展，模拟具体洪水过程时的精度会产生一些损失，但其突出优势是可以对流域长时间尺度的水量平衡状况进行系统性的评价。更符合实际的物理机制和人类活动等因素的考虑，则可以使研究者审视流域水循环的整体过程及水循环系统内部的相互联系，以及人类大规模水土资源开发利用情况下的流域水循环系统响应。这些新的发展为当前研究人类活动对水循环的影响这一水文/水资源学科的重要专题提供了强大的分析工具。

在 973 计划项目"海河流域水循环演变机理与水资源高效利用"第一课题"海河流域二元水循环模式与水资源演变机理"（2006CB403401）、国家自然科学基金创新研究群体基金项目"流域水循环模拟与控制"（50721006）、国家自然科学基金课题"南方平原地区水资源高效利用调控模式与评价体系研究"（50809076）、国家科技支撑计划课题"南水北调工程若干关键技术研究与应用"（2006BAB04A15）等项目的资助下，笔者从水文水资源学科的前沿研究动态出发，对流域水文模型当前的研究进展进行了归纳与总结，并以中国水利水电科学研究院自主研发的水循环模拟模型 MODCYCLE 的开发应用为例，对该水循环模型的建模理念、水循环模拟结构、各水循环子系统间水力联系及耦合机制、人类活动处理、模型应用过程等进行了一定程度的说明。此外，目前的水文/水循环模型在输入信息量、模拟过程的复杂程度、数据管理的高效性、运行效率等上的要求也越来越高，这些内容也在 MODCYCLE 中进行了有针对性的考虑和处理。在本书的模型应用实例部分，通过将 MODCYCLE 模型应用于海河流域农田尺度典型单元、海河流域南系及海河流域北系两个不同水文特性的区域尺度典型单元，对 MODCYCLE 模型的应用过程和应用效果进行了展示。

本书所介绍的 MODCYCLE 模型，其特点主要包括 3 个方面。

1）在模型应用能力方面。①水循环模拟能力比较完善。MODCYCLE 模型为日尺度物理分布式水循环模拟模型，各水文过程的数学描述多采用有物理基础的计算方法，不仅具有较高的模拟精度，同时水循环模拟路径较为完整和清晰，具备刻画流域尺度近 70 项水分通量的循环转化关系的能力。②充分考虑了多种人类活动对水循环的影响。MODCYCLE 模型针对目前水循环模型体现人类活动影响不足的问题进行了大幅改进，不仅较为全面地刻画了流域天然的"四水转化"过程，且能够在模型中显式体现十余种典型人类活动对水循环的影响和控制，对于不同复杂程度和类型的人类活动干扰下的流域水循环研究均有很强的适用能力，可适应水资源研究的实践需求。

2）在模型开发设计方面。①完全模块化开发方式。MODCYCLE 以 C++语言为基础，以面向对象（OOP）的方式进行模块化开发。就目前而言，在水文水循环领域采用面向对象模块化方法进行复杂分布式水文模型开发工作的十分少见，多数以结构化的 FORTRAN 或 C 语言开发。面向对象的开发方式可使整体模型高度模块化，在模型功能扩展和二次开发方面具有一般结构化语言开发的模型所不具有的灵活性。②以数据库作为数据管理平台。在水循环模拟涉及越来越庞大和繁杂输入信息的当前，需要在模型开发阶段充分考虑对模型输入输出的有效管理。MODCYCLE 以大型数据库作为平台统一进行数据管理，一是显著提高了输入/输出数据的易读性；二是使模型数据结构化，避免数据冗余；三是可借用数据库平台强大的检索和分析能力对模型数据进行整理挖掘，使得

MODCYCLE 在数据管理方面具有方便易用的特点。③支持多线程并行运算。在模型运算效率方面，MODCYCLE 吸收了当前高性能计算领域的并行运算理念，利用面向对象模块化的优势，结合水循环模拟计算原理进行了多线程并行运算开发，利用了现代计算机系统的多核化硬件发展趋势。

3）在模型功能方面。①具备原生地下水数值模拟能力。MODCYCLE 模型实现了水循环模拟与地下水数值模拟的无缝衔接。当前的水循环模型多数对地下水侧向流动刻画不足，难以在地下水开发利用为主的流域/区域应用，本模型在此方面进行了改进。②地表积水机制模拟。在人类活动干预强烈的农业区，某种意义上传统降水入渗–产流模拟算法对于农田环境已经不能合理刻画。本模型提出的地表积水机制模拟，能够较好适应田间灌溉情况和平原区降水产流的特点。③农业灌溉自动模拟识别。MODCYCLE 模型开发出自动灌溉识别功能，可结合具体作物的灌溉制度、日降水情况、指定土深以上土壤墒情状态进行自动灌溉判别。不仅使模拟过程中对农业用水的时空分布处理得更加合理，降低了模型的使用难度，还可用于农业灌溉需水预测等方面。此外，MODCYCLE 模型还具有三层次水平衡分析校验体系，可对流域水平衡收支状况进行精细分析。

本书分为六章。第 1 章为绪论，由陆垂裕、王浩和王建华执笔；第 2 章为 MODCYCLE 开发设计与模型原理，由陆垂裕、王浩、王建华、肖伟华、孙青言、秦韬、李慧执笔；第 3 章为 MODCYCLE 模型农田单元尺度研究应用，由孙青言、王润东、栾清华、刘家宏、葛怀凤、郭迎新、苟思执笔；第 4 章为 MODCYCLE 模型区域尺度研究应用一——海河南系农业典型单元水循环模拟，由陆垂裕、毕雪、李慧、高学睿、徐凯、盖燕如、韩婧怡、邢学成执笔；第 5 章为 MODCYCLE 模型区域尺度研究应用二——海河北系城市典型单元水循环模拟，由张俊娥、秦韬、张伟、陈根发、刘淼、陈强执笔；第 6 章为主要结论与展望，由陆垂裕、王浩执笔。全书由陆垂裕统稿。此外在 MODCYCLE 开发设计初期，秦大庸老师对该模型的总体设计、模型结构、模型功能等提出了很多有创见性的思路和建议，并在该模型的具体编程和应用上付出了大量的时间和精力，本书的方方面面也凝聚着秦老师的心血。秦老师英年早逝，实是模型开发团队的不幸和重大损失，谨以此书向秦老师致以崇高敬意。

最后，MODCYCLE 模型是一个通用性较好的模型，该模型可为研究人类活动对水循环的影响这一水文/水资源学科的重要方向提供实用的分析工具，同时在不同类型和气候区的流域均具有良好的推广应用前景，本书对其进行较为系统的原理和应用说明，为同领域研究人员提供一定研究参考。

作　者
2015 年 6 月

目 录

总序

序

前言

第1章 绪论 ··· 1

    1.1 水文科学研究的发展前沿 ··· 1

    1.2 人类活动对水循环的影响 ··· 4

        1.2.1 温室气体排放对气候和大气环流过程产生影响 ············ 4

        1.2.2 改造下垫面性状对水循环的陆面过程产生影响 ············ 5

        1.2.3 人工大规模取用水直接干预水循环路径 ··················· 5

    1.3 变化环境下的水循环研究挑战 ····································· 6

    1.4 流域水文模型研究进展概述 ······································· 7

        1.4.1 水文研究与水文模型 ·· 8

        1.4.2 水文模型的分类及特点 ····································· 11

        1.4.3 分布式水文模型与GIS ····································· 12

        1.4.4 分布式水文模型与DEM ··································· 13

        1.4.5 分布式水文模型与遥感技术 ································ 15

        1.4.6 国内外主要分布式水文模型简介 ··························· 16

    1.5 目前水文模型热点问题和进展方向 ································ 19

        1.5.1 水文尺度效应 ··· 19

        1.5.2 不确定性研究 ··· 21

        1.5.3 不同系统的耦合 ··· 22

        1.5.4 缺资料地区水文模拟 ······································ 30

        1.5.5 并行运算研究 ··· 31

        1.5.6 城市区水文模拟 ··· 33

    1.6 发展趋势总结 ·· 35

第2章 MODCYCLE开发设计与模型原理 ······························· 37

    2.1 MODCYCLE模型的总体设计 ····································· 37

- 2.1.1 流域离散方式 ·· 37
- 2.1.2 模拟结构与水循环路径 ·· 39
- 2.1.3 面向对象的模块化 ··· 41
- 2.1.4 数据库支持 ·· 43
- 2.1.5 层次化的水量平衡校验机制 ··· 44
- 2.1.6 并行运算支持 ·· 45
- 2.1.7 模型的概念性和物理性 ·· 47
- 2.1.8 模型的天然-人工二元特色 ··· 47
- 2.2 MODCYCLE 的水循环模拟原理 ··· 48
  - 2.2.1 基础模拟单元水循环 ··· 48
  - 2.2.2 浅层地下水循环 ··· 66
  - 2.2.3 深层地下水循环 ··· 69
  - 2.2.4 河道水循环 ·· 69
  - 2.2.5 水库水循环 ·· 72
  - 2.2.6 池塘/湿地水循环 ··· 74
  - 2.2.7 植物生长模拟 ·· 77
  - 2.2.8 人工过程模拟 ·· 83
  - 2.2.9 地表/地下水耦合模拟 ·· 89
- 2.3 本章小结 ·· 94

第3章 MODCYCLE模型农田单元尺度研究应用 ································ 96

- 3.1 研究目的 ·· 96
- 3.2 试验设置与思路 ··· 97
  - 3.2.1 试验区情况 ·· 97
  - 3.2.2 试验观测项目 ·· 97
- 3.3 试验数据分析 ··· 100
  - 3.3.1 土壤参数实测数据 ··· 100
  - 3.3.2 生育期内气象情况 ··· 101
  - 3.3.3 生育期分层土壤含水率变化 ··· 102
  - 3.3.4 降雨前后土壤水分运移变化 ··· 103
  - 3.3.5 土壤含水率随土壤深度变化 ··· 104
- 3.4 田间尺度水循环模拟验证 ··· 104
  - 3.4.1 埋深2m以上土壤含水量对比验证 ······································· 105
  - 3.4.2 土壤剖面分层含水率对比验证 ·· 105
  - 3.4.3 叶面积指数和株高对比验证 ··· 106

3.5 田间水循环规律分析 ························· 107
　3.5.1 土壤水循环通量分析 ······················ 107
　3.5.2 降雨/灌溉量与土壤含水率响应定量分析 ········· 108
　3.5.3 生育期蒸散发定量分析 ···················· 109
3.6 本章小结 ································· 110

第4章 MODCYCLE 模型区域尺度研究应用一 ········· 111
4.1 区域自然及社会概况 ·························· 111
　4.1.1 自然地理 ····························· 112
　4.1.2 气象水文 ····························· 112
　4.1.3 水利工程 ····························· 115
　4.1.4 社会经济 ····························· 115
4.2 区域水资源状况 ···························· 117
　4.2.1 地表水资源量 ·························· 117
　4.2.2 出入境水量 ··························· 117
　4.2.3 地下水资源量 ·························· 118
　4.2.4 东部平原地下水动态及漏斗分布 ·············· 119
4.3 区域水循环模拟构建 ························· 120
　4.3.1 空间数据及其处理 ······················· 121
　4.3.2 主要水循环驱动数据 ····················· 126
4.4 模型率定与验证 ···························· 138
　4.4.1 匡门口断面径流量验证 ···················· 138
　4.4.2 出境水量验证 ·························· 139
　4.4.3 浅层地下水位变化过程验证 ················· 139
　4.4.4 关键水资源特征量对比 ···················· 141
　4.4.5 水量平衡检验 ·························· 143
4.5 基于水循环模拟的邯郸市水循环规律分析 ············ 144
　4.5.1 降水量年际变化 ························ 144
　4.5.2 ET 量空间分布 ························ 145
　4.5.3 地表产流量空间分布 ····················· 146
　4.5.4 土壤蓄变与地下水埋深变化 ················· 147
　4.5.5 山区平原水循环通量规律分析 ··············· 149
4.6 变化环境下邯郸市水循环响应预测 ················ 151
　4.6.1 变化环境因子识别 ······················· 151
　4.6.2 预测方案设置 ·························· 153

4.6.3 区域总水量平衡特征 ································· 154
4.6.4 水循环要素变化特征 ································· 155
4.6.5 平原区地下水补排分析 ······························· 157
4.6.6 地下水位响应 ··· 158
4.6.7 地表径流量响应 ······································· 159
4.7 本章小结 ··· 160

第5章 MODCYCLE模型区域尺度研究应用二 ············· 162

5.1 区域概况及现状分析 ····································· 162
5.1.1 区域概况 ··· 162
5.1.2 区域水资源情况 ····································· 170
5.2 区域水循环模拟构建 ····································· 175
5.2.1 空间数据及其处理 ·································· 175
5.2.2 主要水循环驱动 ····································· 183
5.3 模型率定与验证 ··· 196
5.3.1 水量平衡检验 ·· 197
5.3.2 关键水资源量对比 ·································· 198
5.3.3 出境流量验证 ·· 198
5.3.4 ET量对比 ··· 199
5.3.5 产量对比 ··· 200
5.3.6 浅层地下水位验证 ·································· 202
5.4 基于水循环模拟的天津市水循环规律分析 ············ 203
5.4.1 降水量年际年内变化规律 ························· 203
5.4.2 区域蒸散发分析 ····································· 204
5.4.3 地表产流量空间分布 ······························· 210
5.4.4 蓄变量年际分布 ····································· 211
5.5 本章小结 ··· 211

第6章 主要结论与展望 ··· 214

6.1 研究工作总结 ··· 214
6.2 存在的问题和研究展望 ··································· 214

参考文献 ·· 216
索引 ··· 230

第 1 章 绪 论

水资源问题直接关系到国计民生和社会经济的可持续发展，水资源时间与空间的变化又直接取决于对水循环规律的认识。近几十年来，由于全球气候的变化和人类活动的加剧，地球上的水循环和水资源状况发生了深刻的改变，很多地区发生了严重的水问题和水危机。在很多国家和地区，水问题已经成为严重制约社会经济发展的重要因素，因此对变化环境的水循环研究是 21 世纪水科学一个十分重要的发展方向。

1.1 水文科学研究的发展前沿

水资源安全是国际水资源研究的热点问题，它不仅与水循环有直接联系，而且关系到人类及其生存环境对水资源的基本需求、生态环境需水要求、国家粮食安全、水的价值及水的科学管理问题（陈家琦和王浩，1996；夏军和朱一中，2002）。因此，对受人类活动影响剧烈地区的水循环与水资源安全研究，是 21 世纪国际、国内资源环境学科领域一个十分重要的方向性问题。水资源是基础性的自然资源和战略性的经济资源，国家已将水资源列为与粮食、石油资源并列的三大战略资源之一。中国目前人均水资源量只有 2300m^3，约为世界人均水量的 1/4，是全球人均水资源量最缺乏的国家之一。我国 81% 的水资源集中在南方地区，而北方地区只占有 19% 的水资源，且受季风气候的影响，大气降水的季节分布也极不均匀，因而水资源利用率较低。目前全国 300 多个城市缺水，缺水量超过 54 亿 m^3。水循环是联系地球系统"地圈-生物圈-大气圈"的纽带，是全球变化三大主题"碳循环、水循环、食物纤维"中的核心问题，受自然变化和人类活动的影响，水循环决定水资源的形成及与水相关的生态系统与环境的演变规律（夏军和朱一中，2002；高彦春和王长耀，2000）。因此，研究我国目前的水循环状况，对于合理开发和利用水资源就显得尤为重要。

在国际上，特别是 20 世纪 90 年代以后国际有关组织实施了一系列国际水科学计划，如国际水文计划（IHP）、世界气候研究计划（WCRP）、国际地圈生物圈计划（IGBP）等，目的是从全球、区域和流域不同尺度，通过交叉学科途径，探讨环境变化下的水循环及其相关的资源与环境问题（刘苏峡和刘昌明，1997）。

IGBP 代表国际地球科学发展前沿，水文循环的生物圈方面（biosphere aspects of hydrological cycle，BAHC）是 IGBP 的核心之一。进入 20 世纪 90 年代末，变化环境（即全球变化与人类活动影响）中的水文循环与水资源的脆弱性研究成为热点。前沿问题突出反映在：水文循环的生物圈方面，人类活动影响下的水资源演变规律，水与土地利用/覆被变化、社会经济发展之间的相互作用，水资源可持续利用与水安全等。变化环境下的水文循环及其生态环境演化过程、人-地关系的影响研究，是国际地球科学积极鼓励的创新前沿领域。

国际知名的英国水文研究所在 20 世纪 80 年代末开始了生态水文学方面的科学研究。Baird 等针对水循环与生态环境退化问题，出版了《生态水文学：陆生环境、水生环境与水分的关系》专著。90 年代末，英国水文研究所正式改名为"生态水文学研究中心"。

20 世纪末，不符合可持续水资源利用的模式和环境问题导致严重的水资源安全问题，已引起各国政府的高度重视。90 年代后，日本十分重视并称其为"健全的水循环系统"研究，即"以流域为整体，以自然变化加健全方式的人类调控的水循环方式，将用水、防洪、治污目标统一协调，使水能够达到最佳利用的水循环系统"。例如，日本东京等都市化变化过程中所谓"健全的水循环系统"被定义为：需要统一考虑"洪水发生时"、"平时水需求利用"、"自然环境保护的生态用水"、"发生地震火灾紧急用水"和"水道的旅游利用"的水循环最佳的途径，包括修建必要的水工程措施对水循环的调控。

2000 年 3 月，在荷兰海牙（Hague）召开了"第二届世界水论坛及部长级会议"。会议主题是："水的安全：从洞察到行动。"全世界 140 多个国家首脑或部长，3000 多名科学家出席会议。21 世纪水安全面临 7 个主要挑战：满足基本需求（meeting basic needs）、保护生态（protecting ecosystems）、食品安全（securing the food supply）、水资源共享（sharing water resources）、处理灾害（dealing with hazards）、水的价值（valuing water）和科学管水（governing water wisely）。因此，水资源安全已经成为水资源研究的国家前沿热点，受到世界范围的瞩目。

2001 年 7 月在荷兰举办了两个大型国际会议。一个是由 IGBP、WCRP 和国际人文计划（IHDP）联合举办的"全球变化科学大会"。两大主专题是：①一个不断变化的地球的挑战：对全球变化的科学理解；②展望未来：地球系统科学与全球可持续性。另一个是第六届国际水文科学大会，主题是"一个干旱地球新的水文学"，热点问题有两个。①环境变化与水文循环问题。例如，环境变化作用下的水循环规律，如何认识气圈-水圈-生物圈的相互作用关系，生态环境退化的主要驱动力。②人类活动对水循环、水资源演变的影响。它需要研究：人类经济活动产生的各种用（耗）水和调水行为是如何作用和影响水循环的自然规律的，它们的作用主要对水资源产生哪些影响，有什么地区、区域特征规律，如何量化人类活动对水文水资源变化的影响等重要问题。

2002 年 7 月 11～18 日，在瑞典的斯德哥尔摩召开了每年一度的世界水周（World Water Week），主题是"平衡竞争的水资源使用"。它是可持续发展的基本需求。大会举办了涉及流域中水竞争的优先原则、工业水污染、水价、水与能源的综合管理、都市动力学、可居住城市与水的 7 个研讨会。

2005 年 4 月 3～9 日，国际水文科学协会（IAHS）第七届科学大会在巴西的伊瓜苏召开，以"面向不确定性的水的可持续性"为主题，讨论了气候变化的水文响应研究，地表-地下水资源可持续利用研究，土地利用/覆被变化对水文过程、水量和水质影响研究，生态水文学等关注的热点问题及水文学研究的新进展。

联合国教科文组织国际水文计划（UNESCO-IHP）提出的第七阶段规划（2008～2013

年），将研究重点定位于"水：压力下的系统与社会响应"，分项主题包括全球气候变化、流域与浅层地下水、水资源管理与社会经济、生态水文学、环境可持续性等。

2013年7月22~26日，第九届国际水文科学大会在瑞典哥德堡举行，IAHS正式发布并启动了"2013~2022十年科学计划"——Panta-Rhei，主题是"处于变化中的水文科学与社会系统"（Panta Rhei-Everything Flows：Change in Hydrology and Society——The IAHS Scientific Decade 2013-2022），进一步明确加强水文演变与人类社会活动之间联系的研究。

我国在"六五"期间设立了"华北地区水资源评价"项目；在"七五"期间设立了"华北地区及山西能源基地水资源研究"项目；在"八五"期间设立了"黄河治理与水资源研究"项目；在"九五"期间设立了"西北地区水资源合理开发利用与生态环境保护研究"和"黄河中下游水资源开发利用及河道清淤关键技术研究"项目，进一步将水资源开发利用与区域经济发展和生态环境保护结合起来。

在中国科学院系统，自20世纪60年代以来，不断加强以禹城综合农业实验站、栾城农业生态实验站等为代表的华北水资源农业生态实验基地建设。在"九五"期间开展了中国科学院重大项目"中国华北水资源变化与调配"。2001年在中国科学院知识创新方向性项目中，支持了"华北水循环与水资源安全"研究。

《中华人民共和国国民经济和社会发展第十个五年规划纲要》（简称"十五"规划）中强调了水的问题和水利在国民经济发展的地位和作用。为了缓解北方缺水的严重问题，在"水利建设"方面，指出要加紧南水北调工程的前期工作，适时建设跨流域调水工程，采取多种方式缓解北方地区缺水矛盾。同时，强调了"重视水资源可持续利用"和"加强生态建设"及"保护和治理环境"的问题。国务院前总理朱镕基强调，必须正确认识和处理实施南水北调工程同节水、治理水污染和保护生态环境的关系，务必做到"先节水后调水、先治污后通水、先环保后用水"的"三先三后"的基本原则。

2001年年初，水利部、国家海洋局、国家气象局和国家环保局等四个部委联合在国家科学技术部立项，拟开展"中国水资源安全保障系统的关键技术研究"。其关键技术指：海水利用技术、污水利用途径、洪水利用途径（通过水库调度行为等）及人工降雨利用技术。

973计划分别在1999年、2006年、2009年立项了"黄河流域水资源演化规律与可再生性维持机理"、"海河流域水循环演变规律与水资源高效利用"、"气候变化对我国东部季风区陆地水循环与水资源安全的影响及适应对策"等项目，开展了一系列变化环境下的水资源演变规律、水循环模式及水资源安全应对等基础研究。

2010年7月9日，全球变化研究国家重大科学研究计划启动实施大会在北京召开，应急启动了全球变化研究国家重大科学研究计划，并开展了"气候变化对黄淮海地区水循环的影响机理和水资源安全评估"等研究项目。2012年5月14日，科学技术部提出《全球变化研究国家重大科学研究计划"十二五"专项规划》（国科发基〔2012〕627号），主要研究任务是：全球变化的事实、过程和机理研究，人类活动对全球变化的影响研究，气候变化的影响及适应研究，综合观测和数据集成研究，地球系统模式研究。

总之，从发展趋势看，变化环境的水循环规律是当今国际水科学前沿问题，是人类社会经济发展活动对水资源需求所面临的新的基础科学问题，而水资源供需平衡破坏带来的用水基本需求得不到满足、生态用水被挤占、工农业城市发展水的需求矛盾，使得水资源安全成为资源与环境科学领域国内外突出的研究课题。

1.2 人类活动对水循环的影响

水循环是水资源形成的基础，自然的水循环过程是地球大气圈、岩石圈和生物圈在漫长的地质历史时期形成的。大气圈构成海-陆间水分大循环的主要路径，岩石圈是水分的赋存空间、涵养场所和径流通道，生物圈则是水分消耗利用的服务主体。自然状况下水分主要是在热力学势能和重力势能的自然驱动下不断循环的，这种循环长期以来在太阳辐射、地球公转和自转，以及植物生态系统发育的自然规律支配下保持相对的稳定性，其发生显著变化的时间周期可能以千万年乃至地质年代尺度计。然而自从人类社会出现以来，随着其自身影响能力的不断增强，对生物圈、岩石圈和大气圈的干预越来越强烈，水循环系统的各个层面均受到深刻影响，原本长时间尺度演变的水循环格局在工业革命后的二三百年内即发生显著变化。如今，人类活动已经成为水循环运动的主要驱动力之一，水循环过程也从自然过程沿着非稳定路径过渡到自然-社会过程。人类活动对水循环过程的干预，有积极的影响，但也带来了若干不良后果，若对其后续影响缺乏认识和定量评估，则会危及区域性、全球性的水安全问题。目前的全球变化国际研究计划，既包括气候的、生态的内容，又包括水文实验机理研究和人文社会的内容；不仅从水循环演变的机理层面开展研究，也对全球长期变化进行监测、评估和预测。

人类活动对水循环的干预作用主要体现在如下3个方面。

1.2.1 温室气体排放对气候和大气环流过程产生影响

温室气体排放包括氟利昂、二氧化碳（CO_2）、氧化亚氮（N_2O）、甲烷（CH_4）、臭氧（O_3）、氢氟碳化物、全氟碳化物、六氟化硫等的排放，来源多为世界重工业。温室气体一旦超出大气标准，便会造成温室效应，使全球气温上升。据联合国政府间气候变化专门委员会（IPCC）的统计，人类活动燃烧的化石燃料，引起的每年全球二氧化碳变化就达237亿t。自从工业革命时代以来开始大量燃烧煤炭和石油产品，如今大气中的二氧化碳水平比过去65万年高了27%，而1970~2004年，人类活动导致全球大气中的温室气体浓度上升了70%。目前全球变暖已是不争的事实，据IPCC评估，到21世纪末，全球地表平均增温1.1~6.4℃，全球平均海平面上升幅度为0.18~0.59m。

以增暖为主要特征的全球气候变化，将导致大气系统能量增加，水汽循环速率增加，稳定性减弱，不仅显著影响海-陆之间的水汽通量，干旱、洪涝等极值天气过程发生频率也越来越大，对国民经济的影响程度越来越深。包为民和胡金虎（2000）根据黄河上游地理、气候特征，提出了一个考虑封冻、融雪、变径流系数的大尺度流域水文模型，检验了模型的合理性和有效性，进而分析了"温室效应"将对黄河上游2030年河川径流资源产生的影响。康玲玲等（2001）利用黄河上游宁蒙灌区近50年气温、降水资料，分析揭示了气候干暖化的趋势，根据气温、降水和灌溉面积与耗水量的关系，建立了气候因素和灌溉面积等其他因素与耗水量的关系式，计算分析了近20年气候因素和其他因素变化对灌溉耗水量的影响。朱利和张万昌（2005）对汉江上游区水资源对气候变化的响应开展了研究，发现径流的变化规律为气温增加4℃，径流减少4%，降水增加10%，径流增加12%；蒸发的变化规律为温度增加4℃，则蒸发变化7%，降水增加10%，则蒸发变化2%。张利平等（2010）根据IPCC第四次评估报告中大气环流模型多模式输出结果，研究了南水北调中线工程水源区水文循环过程对气候变化的响应，认为百年内不同发展情景下的径流将有增大趋势，变化幅度为7%~13%，蒸发将增加4%~5%，且呈先增加后减少的趋势。

1.2.2 改造下垫面性状对水循环的陆面过程产生影响

下垫面包括大的地形地貌特征、微地貌形态、陆地表面植物覆盖率和分布、土壤质地等。水分的下渗、产流、蒸发、径流汇集等均在下垫面产生，因此下垫面性状是影响水循环陆面过程的控制性因素。大的地形地貌特征为高原、山地、平原、丘陵、裂谷系、盆地等，一个地区大的地形地貌一般要经过地质年代尺度的水文地质环境塑造才能形成，从人类活动的时间尺度上看可以把它们看作基本不变的下垫面因素。然而微地貌形态、土地利用变化、地表覆被变化、土壤性质等在人类对土地资源的开发利用过程中是能够在短时间尺度内发生显著变化的，包括山区水土保持工程、坡改梯工程、土地开荒、城镇化进程、道路建设、围湖造田等。

Rogers（1998）指出，土地利用/土地覆盖变化主要从4个方面影响水循环：形成洪水、形成干旱、造成河流及地理特征变迁、影响水质。例如，大规模城镇化造成下垫面不透水面积比率大幅增加，形成高产流、低渗透的水文特性，使得城市内涝的风险增大。袁艺和史培军（2001）以深圳市为例，应用SCS模型对该市部分流域进行降水-径流过程的模拟，分析土地利用变化对流域降水-径流关系的影响。在美国加利福尼亚州，土地利用的变化导致本地植物种群迅速被外来物种代替，由此带来的土壤水资源损失（干旱化）占降水量的15%~25%（Gerlach and Riee，2003）。刘贤赵和黄明斌（2003）用Horton产流模型分析黄土丘陵地区的土壤入渗时发现，林地土质疏松有机质含量高，稳定入渗率是耕地和撂荒地的2.7倍和4.0倍。庞靖鹏等（2010）研究了密云水库流域土地利用变化对产流和产沙的影响，发现与1990年相比，采取退耕还林、还草后，1995年的土地利用条件下的径流量略有下降，然而泥沙量却有大幅度的减少。陈利群等（2011）分析了我国主要城市暴雨内涝的成因，认为全球变暖、城市不透水面积扩大、雨洪消纳能力不足、管理体制等是城市内涝问题的主要成因。

1.2.3 人工大规模取用水直接干预水循环路径

人工大规模取用水对水循环的干预包括两个方面：一是工程的新建直接影响水体形

态、滞留时间和循环路径；二是取用水过程直接改变水分的分布范围、消耗方式和回归途径。例如，原本快速流动的地表径流被水库等蓄滞工程层层拦截，增加了地表水体的面积，并按照人类的意愿控制其下泄时间。人工河流和渠道的新建引导水分脱离天然河道向耕作土壤灌溉，将原本沿河流分布的水量向面上分布，强化其水分消耗获得作物产出。含水层的开采使本来需要长距离、长时间才能到达排泄区的地下水提前到达地表，地下径流形成更多的局部流动系统（围绕开采中心的降落漏斗）。跨流域调水甚至将原本不属于同一流域的水量进行人工传输，显著改变了调水流域和受水流域的水文节律和水量格局。总之，在人类的干预下，地表径流和地下径流的方向发生了很大的变化，这些分离的水分在输运过程中往往形成新的水循环分支，最终小部分回到天然地表水体，大部分通过土壤蒸发消耗掉或转变为生物体和人造产品。这种水循环的再分配效应必然会剥夺生态系统的用水量，对长期以来形成水文节律和生态节律的耦合造成影响，使生态环境退化，从而使天然水循环中的生物因素发生变化。此外，水作为物质循环的载体之一，水循环所携带的盐分等矿物质由于水循环路径的改变，其迁移方向和迁移量也发生变化，可能在一些新的区域富集，而原来作为汇水的区域由于水源退化或湿度减小而发生化学环境变迁，这些都对水循环的生物因素有很大的影响。人工大规模取用水导致径流过程大幅变更，加之水污染过程叠加，对生态与环境造成的影响，已成为国内外关注与争论的焦点问题。例如，围湖造田可以导致湖泊萎缩（任立良等，2001；高迎春等，2002）；天然地表和地下径流的减少可能导致湖泊、河流及泉的衰退和消亡（魏钟义和汤奇成，1997；王志国等，2002）；河流流量、流速、水深等水动力学环境的变化使珍贵物种急剧消亡（危起伟等，2007）；入海河口由流量引起盐度变化、水位变化等导致河口生态系统失衡、生物群落大幅衰退等（童春富，2004）。

1.3 变化环境下的水循环研究挑战

水是全球物质和能量循环的血液，水的循环更新促使地球各圈层之间和海陆之间的物质运动和能量交换，塑造地表形态，影响全球的气候和生态，维持全球水的动态平衡。长期以来，全球水分是在太阳辐射、重力势能、分子热力学动能等自然力的驱动下不断循环更新的，并维持着相对稳定的状态，发生显著变化的时间尺度以地质年代计。然而，随着人类社会的出现和发展，随着农业与工业经济活动对生物圈、岩石圈和大气圈的干预能力不断提高，自然水循环过程正越来越强烈地受到干预而以一定的非稳定路径向人工–自然复合型的新平衡态过渡，并衍生出各种资源、环境、生态、社会、经济问题。正如国际地圈生物圈计划的主席 Berrien 所说，全球水文循环（global hydrological cycle）是一个"问题群"（problematque）。目前全球从政府组织到科学界对于干预水循环的后果已经空前重视，在已经开展和正在开展的各项全球变化国际研究计划中，不仅包括气候的、生态的内容，也包括水循环的和人文的内容，不仅从地质历史长期演变的角度，也从人类干预短期效应（相对）的角度审视全球变化趋势。

水循环是联系地球各圈层的纽带，水文学在全球变化研究中的重要性毋庸置疑。伴随着人口膨胀、水资源短缺、环境污染加剧和气候变化影响日益凸显，水文科学研究领域不断拓展并趋于综合。一方面，水循环的研究正不断从一个巨大的框架发展成兼顾各种水文微观过程的丰满体系；另一方面，以水为纽带的综合研究也不断从不同学科领域，包括气象学、水文学、土壤学、水文地质学、生态学、水环境学在内的各个片段汇集。越来越多的实验、模型和科学发现在流域尺度上发生交叉融合，体现出一种前所未有的整合趋势。在这个过程中我们可以看到，气候变化和当前高强度人类活动的影响是两个重要的整合驱动因素，即变化环境的主题强烈吸引着不同领域的学者和科研人员参与到这一过程中来，相互碰撞、相互启发、相互借鉴，极大促进了不同学科的发展和协同。

在 21 世纪，伴随变化环境主题，水科学面临的挑战和发展问题包括以下几个方面：一是环境变化下的水圈、生物圈、能量圈交互界面过程变化的认识问题，以及对其带来的影响的正确判断；二是对强人类活动作用下的水循环演变机理的认识和定量化的问题，包括不同时间尺度和空间尺度的；三是水循环物理过程在不同尺度（宏观、中观、微观）上的联系、影响与作用机理；四是土地覆被变化下的陆地水循环过程和空间格局改变。回答上述问题，迫切需要建立认识陆地水循环演化格局的空间信息支撑系统、陆地水循环过程变化的实验研究支撑系统和可定量描述自然变化/人类活动影响的分布式水循环模型等。这需要在充分利用现代科学技术，开展国家/国际的水文科学实验、变化环境下的水文水资源理论创新研究（夏军，2002）。

1.4　流域水文模型研究进展概述

水文科学是地球科学的组成部分，也是现代技术科学的一个领域。水文科学是研究地球上水的起源、存在、分布、循环、运动变化规律的科学。从 1851 年摩尔凡尼（Mulvaney）提出的推理公式或 1856 年达西（Darcy）定律算起，水文科学体系已发展了 100 多年。如今，水文科学已发展成由一系列分支学科组成的涉及整个水资源，并与多个边缘学科相互渗透的与社会科学紧密联系的一门综合性学科（叶守泽和夏军，2002）。由于水文现象的复杂性，同时受大气、下垫面和人类活动的多重影响，实践中又往往要求对水文现象和水文要素做出定量的预估，再加上多个边缘学科的引进，水文科学发展的系统性、综合性不断加强。

水资源是人类经济社会生活与生产的基础性要素，而水循环是水资源形成的基础。水循环的存在，使人类赖以生存的水资源得到不断更新，成为一种再生资源。因此对于水文和水资源研究而言，对一定时空范围内水循环的强度和系统水分的储存量变化做出正确的评估和预测是其重要的学科内容。由于流域尺度一般都较大，而且限于水文机理的复杂性和水文系统的显著相关性，从实践的角度看，目前我们只能直接基于野外人工实验研究流域水循环的某个局部过程或小尺度的微观过程，而无法再现和推演大尺度的整体水循环过程。因此基于各个水文循环片段的实验观测数据和自然规律的认知，通过模型推理的方式去认识流域水循环的整体过程和各部分之间的联系、演变趋势等，成为水循环研究的重要手段。

目前对于水分在地球不同圈层的输运和储存过程，学术界已经发展了十分丰富的计算模型（王旭升，2004）。一方面，水循环的研究正不断从一个巨大的框架扩展成一个兼顾微观水文过程的丰满体系；另一方面，越来越多的实验、模型公式和科学发现不断从大气水、地表水、土壤水和地下水的不同环节汇集到一块，促进水循环在流域尺度上发生交叉和融合，呈现前所未有的整合过程，流域水文模型就是不同学科之间交叉融合后的集大成者，是水文学研究与现代计算机技术相结合的产物，在水文学发展历史长河中其出现具有划时代的意义（芮孝芳，2011）。目前流域水文模型已逐步成为探索水文规律、解决经济社会可持续发展中遇到的水问题的重要工具。对流域水文模型的研究始终是围绕着提高精度、更好地模拟和预测而进行的，尤其是分布式水文模型所揭示的水文物理过程更接近客观世界，在研究人类活动和自然变化对区域水循环时空过程的影响、水资源形成与演变规律等方面具有独特的优势，成为水文模型发展的必然趋势。

1.4.1 水文研究与水文模型

人类对自然规律的认识总是从最基础性的观测开始的。在尼罗河、幼发拉底河、恒河和黄河这些古老文化发祥地的遗迹中，我们可以看到这一时期已经开始了原始的水文观测，最早的水位观测出现在中国和埃及。约公元前22世纪，中国传说中的大禹治水，已"随山刊木"（立木于河中），观测河水涨落。此后，战国时李冰设于都江堰的"石人"、隋代的石刻水则、宋代的水则碑等，表明水位观测不断进步。最早的雨量观测于公元前4世纪首先在印度出现，中国于公元前3世纪的秦代已开始有呈报雨量的制度，到了1247年，已有了较科学的雨量器和雨深计算方法，并开始用"竹笼验雪"以计算平均降雪深度。明代刘天和在治理黄河工作中，已采用手制"乘沙量水器"测定河水中泥沙的数量。诚然，这些原始的水文观测和水文知识是肤浅零星的，但也代表了古人对水文规律有意识的摸索，标志着水文科学的萌芽。

国际上，特别是西方国家认为以17世纪进行的有史以来首批重要的定量水文量测为标志，作为科学水文学的开始。1674年，法国的佩罗（Perrault）（转引自陈家绮，1986）在塞纳河流域测量了3年降水量，得出降水量是河流流量的6倍，并在其《泉水之源》一书中发表了该结论。随后马利奥特（Mariotte）（转引自杨胜天和赵长森，2015）对该结果进行了验证。1663年，雷恩（Wren）和胡克（Hooke）（转引自阮士松，2007）创制了翻斗式自记雨量计。1687年，哈雷（Halley）（转引自赵玲玲等，2013）创制测量水面蒸发量的蒸发器，并对地中海地区的蒸发进行了量测，证明了注入地中海径流的不足部分消耗于蒸发。这些近代水文仪器使流量、流速、蒸发、降水的观测达到了一定的精度，为推动水文及水力学机理的研究奠定了重要基础。17世纪末，牛顿提出黏性阻力和惯性阻力的定义，并给出了牛顿黏性定律，为此后经典水力学的发展提供了契机。

18~19世纪是经典水动力学迅速发展的时期，运用数学分析的理论流体动力学和依靠实验的应用水力学都得到了长足的发展。1726年，伯努利（Bernouli）（转引自常秀芳和李高，2007）首次以动能与压强势能相互转换的形式确定了流体运动中速度与压强之间的关系，以方程的形式揭示了流体运动中的普遍规律。1775年，欧拉（Euler）（转引自柯葵和朱立明，2009）在《流体运动的一般原理》中，将牛顿运动定律用于刚体和理想流体的运动方程，这被看作是连续介质力学的开端。1791年，梅瑟利（LaMetherie）（转引自王大纯等，2006）开始测量岩石的渗透性，将入渗水区分为地表径流和深部储存，这是最早的水均衡概念。1851年，爱尔兰水文学者摩尔凡尼（Mulvaney）提出的根据设计降雨强度推求设计洪峰流量的推理公式，用于城市小流域排水系统的设计，这可以看作最早的降雨径流模拟工作。1856年，达西（Henry Darcy）通过渗透试验得出水在多孔介质中的渗透定律，即著名的达西公式，该公式构成了地下水动力学最基本的定律。1863年，裘布依（Dupuit）以达西公式为基础提出了Dupuit假设，忽略地下水的垂向分速度来计算，把达西定律推广用于求解实际问题，为开采井的稳定流计算奠定了基础。1883年，雷诺（Reynolds）根据试验提出了针对流体力学的雷诺公式，以雷诺数作为判别层流和紊流两种流态的标准，流体力学的定量发展向前迈了一大步。1889年，曼宁（Manning）提出了明渠稳定流公式（曼宁公式），为涉水工程阻力计算奠定了理论基础，并一直被水力学、河流动力学等理论研究与实际工程沿用至今。

20世纪前半叶是应用水文学的快速发展时期，在水循环的各个环节都有了很大突破。首先蒸发研究更系统，更具理论价值。1926年，波文（Bowen）提出第一个理论公式，其中将蒸发通量的潜热和能量通量的感热通过一个比值联系起来，这就是著名的波文比，是蒸发研究脱离经验公式的显著进步。1935，桑思韦特（Thornthwaite）提出用月平均气温估算蒸发量的经验公式，并在此后进行了进一步的改进。1948年，彭曼（Penman）在热量平衡和湍流扩散的基础上，提出了无平流水汽输送条件下的潜在腾发概念及潜在腾发估算的混合公式，为蒸发计算建立了物理学基础，至今仍是计算作物需水量和区域蒸散发应用最广泛的公式之一。在土壤非饱和水分运动研究方面，1907年，伯金汉姆（Burkingham）引进土壤水基质势概念，建立了非饱和水分运动的驱动力基础。1911年，Green-Ampt建立了饱和入渗理论公式，将水分在土壤介质中的入渗量与土壤渗透能力联系起来，该公式至今在水文产流研究应用方面仍然很广泛。1931年，理查德（Richards）建立控制非饱和土壤水的等温输送的基本方程，提出一种量测土壤水基质势的方法，并且研究了土壤水运动的滞后现象，奠定了土壤水动力学的基础。在饱和地下水分运动方面，1935年，泰斯（Theis）提出了地下水向承压水井运动的非稳定流公式，使井流的研究从稳定流进入了非稳定流阶段，是地下水动力学发展史上又一个里程碑。在流域产流机理方面，1933年，霍顿（Horton）提出降雨产流的入渗理论，认为降雨径流的产生受控于两个条件，即降雨强度超过地面下渗能力和包气带的土壤含水量超过田间持水量，并提出了霍顿产流入渗公式，开始了流域产流从经验向推理的过渡。1932年，谢尔曼（Sherman）提出流域响应的单位线方法，与霍顿产流理论相结合，形成完整的流域水文推理和计算体系，开创了流域降水-径流响应的定量途径。克拉克（Clark）在等流时线基础上，通过一个概念性蓄水单元调蓄，建立单位线的推理方法，开创了单位线的理论研究时期。在河道水文过程演算方面，1939年，麦卡锡（McCarthy）提出马斯京根洪水演算方法，1941年，梅耶（Meyer）提出河槽蓄量法。以上两种方法是河道水文过程演算的经典水文学方法，1951年，速水

（Hayami）进一步提出物理意义更强的扩散相似法，即河道水文过程演算的动力学方法。马斯京根法和河槽法被证明是扩散相似法的简化形式。至此，有关流域水循环大气过程、土壤过程、地表过程、地下过程的相关水文理论基础和计算体系大致建立，流域水文模拟研究进入初期探索时期。

20世纪50～70年代是概念性水文模型蓬勃发展的时期。伴随系统理论的发展，水文学家开始尝试把流域水循环的各个环节作为一个整体来研究，并提出了"流域水文模型"的概念。50年代，南希（Nash）首先提出用单一水库或串联水库的方式对离散形式的单位线推导过程进行简化的方法，试图克服单位线法的线性时不变系统缺陷，在当时催生了很多萌芽时期的概念性水文模型，如串联线性水库、线性河道、非线性水库等。随后一些水文学家借助以上思路开始考虑用变量子系统的概念来发展水文模型，先后开发了许多著名的概念性水文模型，如Stanford模型、HBV模型、API模型、新安江模型、SSARR模型、ARNO模型、SCS模型、HEC-1模型等。同时期，对时间序列分析方法和卡尔曼滤波技术的运用也成为概念性水文模型发展的另一类方式。该时期水文模型研究发展的另一方面是对流域产流实验机理的进一步探索。例如，1963年，休伊特（Hewlitt）和希尔伯特（Hilbert）开展的排水期斜坡土壤水分和能量实验；1969年，班森（Betson）开展的暴雨径流产流面积实验；1970年，邓恩（Dunne）和布莱克（Black）的小流域透水土壤产流实验。这些研究大大丰富了对流域产流过程的认识，提出了若干不同于Horton产流入渗理论的降雨产流机理，并突出认识到流域部分面积产流概念和山坡非饱和水分侧向运动的重要作用。

20世纪80年代后，随着计算机技术和一些交叉学科的发展，流域水文模拟的研究方法也开始产生了根本性的变化。该时期内，计算机技术、空间技术、遥感技术等发展迅速。一方面，计算机的运算能力得到了很大提高；另一方面，遥感（RS）、全球定位系统（GPS）、地理信息系统（GIS）的应用，使得流域尺度信息数据在获取能力和处理能力上也有了长足发展。人们开始不满足通过经验公式或回归方程的方式研制水文模型，而是试图将获取到的丰富的流域信息数据与水循环的物理机理相结合，研究水循环从流域局部到整体、从环节到系统之间的水分转化关系，从而能够从更微观、更基础、更本质的角度去揭示流域水循环的内在过程和机理。在这种背景下，基于物理机理的分布式水文模型开始受到人们的青睐，尤其是由欧洲共同体（简称欧共体）资助开发的分布式水文模型SHE的诞生，拉开了国际上关于分布式水文模型研究和开发的序幕。相对概念性模型，分布式水文模型能够基于地形数据清晰反映流域汇流路线，基于土地覆被数据反映土地利用变化，基于土壤数据反映产流特性，而且模型参数物理意义更加明确，对流域水文过程的描述更加细致和系统，并能够与水生态、水化学过程相结合研究流域尺度物质迁移输送过程，因而成为现代水文学研究的热点，并得到了广泛的应用。国外主要的分布式水文模型包括SHE模型、IHDM模型、TOPKAPI模型、SWAT模型、VIC模型等。

进入21世纪，随着国际水文科学协会（IAHS）PUB计划项目的启动，使分布式水文模型的研究和开发又迎来了二次快速发展。PUB以解决无观测资料地区水文预测问题为主要科学目标之一，这就要求分布式水文模型一方面在模拟原理尺度上向超精细化发展；另一方面无资料地区水文预测较依赖于气候模式对气象数据的反演，因此在应用尺度上向宏观大尺度发展。而且伴随着人们对流域生态问题、水质污染问题的重视，分布式水文模型与不同学科之间的交叉融合趋势越来越明显。如今，分布式水文模型在与全球气候模式（GCM）、区域气候模式（RCM）、流域土壤侵蚀、流域污染物/农药运移、植被生态循环等过程的耦合研究方面发展很快，与GIS、RS等技术的结合也越来越紧密，模型越来越朝功能丰富、界面友好的方向发展。

1.4.2 水文模型的分类及特点

用数学的方法去描述和模拟水文循环的过程，产生了水文模型的概念，水文模型的产生是对水文循环规律研究的必然结果。自20世纪50年代中期提出流域水文模型的概念以来，目前全世界已有数以百计的流域水文模型，其中有较大实用价值的有70个（Singh et al.，2002），而比较流行的也有15个。

水文模型根据不同的标准有多种分类（何延波和杨琨，1999）。如水文模型可以根据模型参数的确定性进行分类，若其参数是确定的，则是确定性模型；若模型的参数是随机的，则为随机模型。水文模型也可按照其研究的时间尺度和空间尺度来分类，按照研究的时间尺度，水文模型可分为时水文模型、日水文模型、月水文模型和年水文模型；按照研究的空间尺度则可将水文模型分为小流域水文模型、中流域水文模型和大流域水文模型。此外，水文模型也可按照研制的目的来分类，如管理模型、规划模型和预测模型等。目前较为简单和流行的方法是按照模型结构和参数的物理完善性对水文模型进行区分，即"白箱型"模型、"黑箱型"模型和"灰箱型"模型。"白箱型"模型即研究水文系统本身的性质与结构的模型，它对水文系统进行明确的物理定义；"黑箱型"模型即只研究水文系统与外界的信息交换情况，而不研究水文系统内部的性质与结构的模型，即输入-输出型模型，这种模型对水文系统的输入、输出有明确的限定，其内部结构为一系列转换函数；"灰箱型"模型是介于"黑箱型"和"白箱型"模型之间的模型，既具有一定物理意义但又在某些方面只能设置经验参数来表达的模型。

"黑箱型"模型的特点是输入-输出间有不含任何物理意义的转换函数。这种模型在输入-输出间建立一种统计关系。这主要包括：单位过程线模型、频率分析模型、回归分析模型、实时预报模型等，也包括神经网络模型。这种模型在数据区范围内效果很好，因为它将数据之间隐含的物理意义用统计关系进行表达。但是用于外延预报，则成为纯数学表达，所以效果较差。

"白箱型"模型的特点是模型结构和模型参数具有明确的物理意义，可以更准确地描述水文过程，具有很强的适应性。分布式水文模型比较趋近于"白箱型"模型，一般用严格的数学物理方程表述水文循环的各子过程，参数和变量中充分考虑空间的变异性，并着重考虑不同单元间的水平联系，对水量和能量过程均采用偏微分方程模拟。当前分布式水文模型已经可以描述水循环的各个阶段，如气候和天气、暴雨系统、降水、地面漫流、蒸散、暴雨地面漫流、地下水、河网汇流，以及海湾与河口的潮汐等。由于其模型参数和模型结构具有物理基础，便于模拟土地利用、土地覆盖、水土流失变化的水文响应及面源污染、陆面过程、气候变化影响评价等方面的应用，在无资料或缺资料地区推广应用的优势也比较明显，是水文模型发展的必然趋势。

"灰箱型"模型介于"黑箱型"模型和"白箱型"模型之间，大多数概念性模型属于"灰箱型"模型，一些半分布式的模型也可视为"灰箱型"模型。此类模型用概化的方法表达流域的水文过程，具有一定的物理基础，也具有相当的经验性，模型结构简单，含有较少的变量，多数情况下每个变量代表一种水文过程，且多采用非线性水库的概念表达流域对水分的蓄滞过程。常见的这类模型有 IEM4、HBV、SMD、TANK、新安江等。"灰箱型"模型计算原理简单，相对灵活，实用性强，但主要参数只有抽象意义，物理意义不强，多数需要反复调算和率定，另外对具体水循环过程刻画不足限制了其应用面。

1.4.3 分布式水文模型与 GIS

GIS 是介于信息科学、空间科学和地球科学的交叉学科与新技术学科，是专用于地理空间信息处理和管理的计算机技术系统。GIS 是一种有效地收集、存储、分析、再现空间信息的信息系统，它不仅利用属性数据，更重要的是利用空间数据，将地理空间模型化并存储在计算机中，便于对地理信息的快速查询、空间分析，以达到对研究对象进行描述、模拟和预测的目的。

自 20 世纪 70 年代起，美国田纳西流域管理局利用 GIS 技术处理和分析各种流域数据，为流域管理和规划提供决策服务，GIS 开始应用于水文学及水资源管理（王疆霞等，2003）。进入 80 年代后，随着计算机技术的飞速发展，GIS 在水文学及水资源管理领域的发展也非常迅速，美国测绘研究会（ACSM）及美国摄影测量与遥感学会（ASPRS）1986 年年会时，在 GIS 专题交流中已有一些将 GIS 应用于水文学及水资源管理中较有实用价值的系统与理论研究成果；国际水文科学协会于 1993 年 4 月在奥地利维也纳召开了 GIS 在水文学及水资源中的应用专题国际会议，并出版了论文集；1995 年 7 月在美国科罗拉多大学召开水资源系统的模拟与管理专题学术讨论会，其中包括 GIS 的应用子专题；1996 年 4 月又在维也纳召开了 GIS 在水文学及水资源中的应用专题国际会议。这些会议为有关的研究和决策部门提供实用的 GIS，此外还对 GIS 在各部门的可用性做出了评价。

一个完整的地理信息系统一般由硬件、软件、平台、信息功能模块 4 个要素组成。一般习惯将 GIS 特指作为特定软件系统开发工具的通用地理信息系统平台，而将在 GIS 平台上开发的用于实际应用目的的数据、模型和计算机程序的总和称为地理信息系统，作为一种 20 世纪 60 年代才开始出现的新兴技术，GIS 表现出了巨大的发展潜力，经过 30 多年的发展，今天的地理信息系统从硬件、平台、信息、功能直到应用领域等方面都发生了革命性的变化。国内外应用较多的 GIS 产品有 Arc/Info、MapInfo、GenaMap、Idrisi 等（王疆霞等，2003），这些都是经过市场检验，有一定特色和长处，比较成熟的商业软件。在国家支持下，我国也在开发自己的 GIS 平台，如北京大学的 Citystar、中国地质大学（武汉）中地公司的 MapGIS 等。但总的来说，国内的 GIS 软件还不成熟。目前，GIS 的发展表现出工具多样化、操作简单化、信息超平台化和网络化的趋势。

  由于水文数据的时空分布复杂,涉及地形、地貌、地质构造、水文地质条件、河流水系、水文气象、土壤、植被和水利工程等诸多因子,反映这些因子及各因子间相互关系等的数据量十分庞大,而且有些因子随时间变化很快,其获取、存储、查询、处理费时、费力,GIS 为解决上述问题提供了有利的技术手段。目前,GIS 对水文数据管理包括时空数据的综合、矢量与标量数据的综合、遥感数据处理及作为水文模拟基础的 GIS 数据管理等。同时,利用 GIS 提供的基本空间分析功能(叠置分析、缓冲区分析等)对空间信息进行各种复杂的空间运算,可实现多元地理信息的叠加分析,以及图形与属性的双向查询,从而了解空间实体的空间分布特征和空间关系。随着 GIS 的交互式图形处理和自动制图工具的较好运用,增强了数据管理与分析的可视性,将数据管理水平提高到了一个新高度。GIS 工具在水文模型中如下几方面能发挥重要作用(万洪涛等,2001):①空间数据管理。②由基础数据层生成新数据层,如用地形数据计算坡度、坡向、汇流路径,利用水系计算河网密度等工作,没有 GIS 的支持是十分困难的。③为模型参数的自动获取提供可能。流域水文模型大多是空间分布式模型,其求解往往需要大量的空间参数,用常规方法获取这些参数是极其烦琐的,利用 GIS 的数据采集及其空间分析能力,可以方便地生成这些参数。另外,GIS 与遥感相结合更为流域水文模型提供大量常规方法无法得到的信息。例如,从遥感数据中提取研究区的土地利用图,然后根据土地利用图得到各计算网格的糙率系数等。④为水文建模提供技术支持。水文模型的求解往往采用有限差分、有限元等数值解法,求解时要将研究区剖分成规则格网或不规则格网,这与 GIS 采用栅格数据结构和不规则三角网管理空间数据的方式非常相似。另外,GIS 中有不少格网自动生成算法可用于生成水文模型中的计算网格。⑤GIS 有利于分析计算的过程及结果可视化表达。

  GIS 不仅可以管理空间数据,用于模型的输入输出,而且可以将水文模块植于 GIS 系统,用户只需根据 GIS 开发的界面操作,不需涉及水文模型本身。其结合有 3 种方式,即 GIS 软件中嵌入水文分析模块、水文模型软件中嵌入部分 GIS 工具及相互耦合嵌套的形式。通过 GIS 提取流域基本特征,不仅可以与传统的概念性水文模型相结合,更重要的是为分布式的水文物理模型研制提供了平台。目前,已出现了许多商业化的集成软件和专业软件,如 ESRI 提供的 Hydro 模块,可以在 Arc/info、Arcview 中直接调用;RSI 提供的 RiverTools,目前发展到 2.4 版本,它的一个特点是可以处理很大的 DEM 数据;GarbrechtJ、MartzW 的 TOPAZ 工具等,这些工具在流域地形处理方面功能非常强大。还有 WMS 模型系统(吴险峰和朱学愚,2002),它是美国 Brigham Young 大学环境模型实验室(EMRL)开发的专业水文模拟处理软件,提供水文模拟全过程的工具,包括流域、子流域的自动生成,几何参数的计算,水文参数(如汇流时间、降雨深等)的计算等,并能实现模拟结果的可视化。

1.4.4 分布式水文模型与 DEM

  数字高程模型(OEM),是流域地形、地物识别的重要原始资料。DEM 的原理是将流

域划分为 M 行、N 列的四边形，计算每个四边形的平均高程，然后以二维矩阵的方式存储高程，在 DEM 中每一个四边形称为单元（cell），DEM 包含说明性信息和基本数据两个方面的内容。前者的内容包括流域的左上（或右下、中心）点坐标、单元的大小、行数、列数等，后者是流域单元的平均高程。在实际应用中每个单元的平面坐标（X, Y）则根据单元所在的矩阵位置根据四边形的几何特征计算。DEM 主要有 3 种存储形式（顾用红等，2001）：格栅（grid）、图像（bil）和 ASCII。

DEM 目前应用最广泛的是基于流向分析和汇流分析的流域特征提取技术。Jenson 和 Domingue（1988）设计了应用该技术的典型算法，该算法包括 3 个过程：流向分析、汇流分析和流域特征提取。一个 DEM 单元周边有 8 个相邻单元，因此通过单元间的高程差确定单元的流向成为可能，但由于测量精度、DEM 单元尺寸或地区地形方面的因素，DEM 中经常出现的"洼地"和"平地"现象是流向分析中的主要难点。所谓"洼地"即某个单元的高程值小于任何其所有相邻单元的高程，"平地"指相邻的 8 个单元具有相同的高程。该算法在流向分析之前，将 DEM 进行"填充"，将"洼地"变成"平地"，再通过一套复杂的迭代算法确定"平地"的流向。经过这样的处理之后，就可以确定每个单元的 8 个可能流向。汇流分析的主要目的是确定流路。在流向栅格图的基础上生成汇流栅格图，汇流栅格图中每个单元的值代表上游汇流区内流入该单元的栅格点的总数，即汇入该单元的流入路径数（NIP），NIP 较大者，可视为河谷，NIP 等于 0，则是较高的地方，可能为流域的分水岭。在流域汇流栅格图的基础上，就可以很方便地提取流域的各种特征参数。例如，模拟流域水系，可以设置一个 NIP 阈值，大于该值的格点为沟谷线上的点，连接各个沟谷线上的点就形成了河网。在汇流矩阵（汇流栅格）上求子流域的方法如下：从河谷单元或孤立的洼地单元开始，向上游搜索所有流向该单元的单元，这些单元构成以开始单元为流域出口的子流域。模拟出水系及流域边界后，利用 GIS 的相关函数，就可以很方便地得到流域的各项特征参数，如河流的长度、坡降、流域面积等。国外研发了许多能生成数字流域的成熟算法和软件，如 ESRI 提供的 ArcHydroTools 模块，RSI 提供的 RiverTools、GarbrechtJ，MartzW 的 TOPAZ 工具等。在国内由于 GIS 起步稍晚一些，但水文与 3S 技术的结合是我国水文模型研究的必然发展趋势，并且能否善于利用较成熟软件也是一个影响实验进程和精准度的重要条件。

分布式水文模型能够考虑水文参数和过程的空间异质性，将流域离散成很多较小单元，水分在离散单元之间运动和交换，这种假设与自然界中下垫面的复杂性和降水时空分布不均匀性导致的流域产汇流高度非线性的特征是相符的，因而所揭示的水文循环物理过程更接近客观世界，更能真实地模拟水文循环过程，是水文模型发展的必然趋势。分布式流域水文模型最显著的特点是与 DEM 结合，数字高程模型存储的地形信息，为流域水系信息参数的自动化提取提供了可能（吴险峰，2002）。通过 GIS 可以提取流域的基本特征，包括下垫面特征、水系、河网等，并可以依据河网等级对流域进行任意的子流域的划分或者进行网格化划分，不仅可以与传统的概念性流域水文模型相结合，管理提供基本的数据信息，并实现输入输出功能，更重要的是为分布式的水文物理模型研制提供了平台。由 GIS 可以实现不同数据的可视化结合、数据转换，并可以减少模型输入时的数据误差。

1.4.5 分布式水文模型与遥感技术

遥感技术是20世纪60年代以后发展起来的新兴边缘学科，是一门先进、实用的探测技术。在水循环领域，基于物理机理的分布式水文模型和大尺度水文模型等都需要大量时空分布数据的支持，而人工观测费时费力，使遥感观测的数据逐渐成为分布式水文模型中必不可少的数据之一。作为一种信息源，遥感技术可以提供土壤、植被、地质、地貌、地形、土地利用和水系水体等许多有关下垫面条件的信息，也可以获取降雨的空间分布特征、估算区域蒸散发、监测土壤水分等，这些信息是确定产汇流特性和模型参数所必需的。只有获得详细的地形、地质、土壤、植被和气候资料，对大范围流域气候变化和土地利用产生的水文影响研究才有可能。通过遥感技术，能够弥补传统监测资料的不足，在无常规资料地区可能是唯一的数据源，大大丰富了水文模型的数据源。国外早期的研究主要是利用遥感资料提取流域地物信息、估算水文模型参数等，如进行土壤分类，应用一些经验性的模型估算融雪径流、估算损失参数等，后期主要集中在适应于遥感信息的水文模型开发和研制。国内也有这方面的应用尝试，主要集中在运用遥感资料获取流域水文模型的输入和率定有关参数方面。

值得一提的是，在遥感信息中，土地利用/覆被变化（land-use/coverchange，LUCC）是与水循环研究密切关联的基础数据（徐宗学，2010）。水文循环作为联结地球上各圈层的重要纽带，对不同时间和空间尺度的水文循环都会产生一定的影响。土地覆被变化直接引起近地表的蒸散发、截留、填洼、下渗等因素的改变而导致产汇流的变化。LUCC 研究中，首先要求分布式水文模型能够与 GIS 技术和遥感数据紧密结合，这样能够很好地从遥感数据获取和分析 LUCC 数据，并且能够表达土地利用的时空差异特征及其对水文过程的影响；其次是能够模拟土地覆被变化条件下的水文过程变化，模型参数能够反映土地覆被变化的时空变化特征。LUCC 及其影响研究是 IGBP 研究的核心科学问题之一，研究 LUCC 对水文循环的影响，对于揭示区域及全球尺度水文循环规律、相互影响机理、生态安全格局等有十分重要的意义。此外，LUCC 对产汇流的改变也将引起流域水量、产输沙、水质、洪水过程等发生改变。

遥感测雨技术也是当前具有重要应用前景的一个方向。对降雨量的空间分布的准确描述，是开发分布式水文模型的重要条件。传统的定点测雨的雨量站一般难以给出复杂多变的降雨空间分布，测雨雷达则不同，它可以直接测得降雨的空间分布，提供流域或区域的面雨量，并具有实时跟踪暴雨中心走向和暴雨空间变化的能力。尽管在当前科学水平下，测雨雷达的精度还有待提高，但它仍然是测雨技术必然的发展方向之一。雷达测雨只是遥感测雨技术中的一种，应用卫星遥感测雨技术也在研究之中。大力发展雷达和卫星遥感测雨技术势在必行，相信随着雷达和卫星遥感测雨技术的进步，将会有力地推动分布式水文模型的研究和应用。

总之，随着遥感技术的发展，多元、更为可靠和更高时空分辨率的遥感数据已经成功地应用到了地学研究领域。如今，遥感不仅能够为分布式水文模型提供 DEM、LUCC、雪盖等空间信息，而且还能够利用遥感手段获取降雨时空分布、解译降水信息、遥测水位和水面变化、反演蒸散发和土壤水等水文信息，极大地丰富了模型基础数据获取的手段和数据量。遥感与 GIS 的结合更是为遥感数据的使用提供了极大的便利，借助于 GIS 功能处理并利用多源时空分布数据不仅省时省力，而且能够极大地提高模型的交互能力，为研究和决策提供更为直接的信息和过程。从当前分布式水文模型发展及应用研究来看，也都表明提高分布式水文模型对遥感数据的利用能力及与 GIS 平台的耦合程度是发展的必然趋势。

1.4.6　国内外主要分布式水文模型简介

在计算机技术、GIS 技术、遥感技术等的支持下，流域模型的各种研究、开发和应用工作层出不穷。其中美国和欧洲等发达国家和地区在流域模型研究方面占有重要的地位，而发展中国家在该方面的研究相对落后，具有一定影响力的模型较少，有关国外流行的水文模型，徐宗学（2009）在其《水文模型》一书中有较详细的总结和对比。我国自 20 世纪 70 年代后期在水文模型研究方面取得了快速全面的发展，90 年代以来模拟技术较以往有了很大的飞跃，而对分布式水文模型的研究则是在 90 年代后期才开始的。

1979 年，Beven 和 Kirbby 提出了以变源产流为基础的 TOPMODEL 模型（Beven and Kirbby，1979）。TOPMODEL 以地形空间变化为主要结构，基于 DEM 推求地形指数，用地形指数或土壤-地形指数来反映下垫面的空间变化对流域水文循环过程的影响，描述水流趋势。模型基于重力排水作用径流沿坡向运动原理，模拟径流产生的变动产流面积概念，尤其是模拟地表或地下饱和水源面积的变动。TOPMODEL 模型结构和概念比较简单，优选参数少，充分利用了容易获取的地形资料，而且与观测的物理水文过程有密切联系。模型已被应用到各个研究方面，并不断发展、改进，反映了降雨径流模拟的最新思想。但 TOPMODEL 并未考虑降水、蒸发等因素的空间分布对流域产汇流的影响。此外，该模型在干旱-半干旱地区水文模拟效率较低，需要用户根据具体情况进行必要的修改。

Todini 提出的 TOKPAPI 模型是一个以物理概念为基础、具有相对较少参数的全分布式降雨径流模型。模型根据由 DEM 推求的流水网，通过几个结构相似的非线性水库方程描述流域降雨-径流过程中不同的水文、水力学过程，模型的参数可在地形、土壤、植被或土地利用等资料的基础上获得。主要特点是采用将水动力学方法和流域地形相结合的思想，假设土壤及地表网格内侧向水流运动可用运动波模型来模拟，将建立在空间点上的假设在一定空间尺度上进行积分，转变初始微分方程为 3 个串联的"结构相似的"非线性水库微分方程，分别描述土壤层的水流、饱和或不透水层的陆面径流及河道水流过程，从而得到整个流域的水文过程特性，模型参数都具有一定的物理意义。该模型在国外应用较多，国内也有一些学者对其改进工作进行了研究。

欧洲水文模型 SHE（Abbott et al.，1986）是第一个具有代表性的物理性分布式水文模型（王旭升和陈崇西，2004），其核心部件是一个在矩形网格（grid）上的二维地表径流模型、竖立在每个网格单元内的一维土柱模型和矩形网格二维地下水（潜水）有限差分模型，此外还包含雪盖模型和冠层截流模型。SHE 对坡面流、河道流、土壤渗流和地下径流都采取较严格的水动力学瞬变偏微分方程描述，具有很好的物理基础，应用了数值分析技术。SHE 的土壤水一维渗流是独立运行的，以潜水面作为边界条件，通过土柱水均衡分析来确定与饱和带的交换水量。由于潜水面是变动的，这需要模拟技巧。SHE 采用了 Belmans 等（1983）提出的一套算法，其中饱和带也被纳入土柱的水均衡计算范围。另外，饱和带水流为水平方向，可以独立运行，由包气带模型提供补给量。

SWAT 是美国农业部（USDA）农业研究中心（ARS）开发的一个模型，开发者为 JeffArnold，1991 年推出首个版本。SWAT 是一个具有很强物理机理的、长时段的流域水文模型，在加拿大和北美寒区具有广泛的应用。它能够利用 GIS 和遥感提供的空间信息，模拟复杂大流域中多种不同的水文物理过程，包括水、沙和化学物质的输移与转化过程。模型可采用多种方法将流域离散化（一般基于栅格 DEM），能够响应降水、蒸发等气候因素和下垫面因素的空间变化以及人类活动对流域水文循环的影响。SWAT 可以模拟流域内多种不同的物理过程。由于流域下垫面和气候因素具有时空变异性，为了便于模拟，SWAT 模型将流域细分为若干个子流域，在每个区块内采用集中参数模型（概念模型）计算水均衡再进行汇总。SWAT 的一个优势是采用现代 Windows 界面，是一个模型和 GIS 的综合型系统，它模拟了水和化学物质从地表到地下含水层再到河网的运动过程，可以用于流域尺度的水质水量模拟。

VIC 模型是美国华盛顿大学、加利福尼亚大学伯克利分校及普林斯顿大学共同研制的大尺度水文模型。该模型是一个基于空间分布网格化的分布式水文模型，其网格化便于同气候模型和水资源模型嵌套以评价气候变化对水资源的影响。VIC 模型是一个具有一定物理概念的水文模型，主要考虑了大气-植被-土壤之间的物理交换过程，反映土壤、植被、大气中水热状态变化和水热传输。VIC 模型最初仅包括一层土壤。1994 年，梁旭等将其发展为两层土壤的 VIC-2L 模型，但缺乏对表层土壤水动态变化的描述，且未考虑土层间土壤水的扩散过程。VIC-3L 针对这两点不足进行了改进，其主要特点包括同时考虑陆-气间水分收支和能量收支过程，同时考虑两种产流机制（蓄满产流和超渗产流），考虑次网格内土壤不均匀性对产流的影响，考虑次网格内降水的空间不均匀性，考虑积雪融化及土壤融冻过程等。

新安江模型是 20 世纪 70 年代初我国以赵人俊为首的水文学家和工程师，结合当时国内外水文科学的相关技术进展，整合成体现"流域分单元、蒸散发分层次、产流分水源、汇流分阶段"的产流和汇流计算方法的一个水文模型，成为当时国内水利科学领域一项具有重大影响的科学研究成果（芮孝芳等，2012），并通过 1980 年在牛津召开的国际水文预报学术讨论会推向世界。模型开发因与中国自主设计、自主施工、自主管理的第一座大型水力发电站——新安江水电站有关故而得名。该模型按照三层蒸散发模式计算流域蒸散发，按蓄满产流概念计算降雨产生的总径流量，采用流域蓄水曲线考虑下垫面不均匀对产流面积变化的影响。在径流成分划分方面，对三水源情况，按"山坡水文学"产流理论用一个具有有限容积和测孔、底孔的自由水蓄水库把总径流划分成饱和地面径流、壤中水径流和地下水径流。在汇流计算方面，单元面积的地面径流汇流一般采用单位线法，壤中流和地下水径流的汇流则采用线性水库法。河网汇流一般采用分段连续演算的马斯京根法或滞时演算法。新安江模型不仅在国内广泛使用，而且受到世界气象组织的推荐，纳入其水文业务综合系统（HOMS）的分件，新安江模型的研制成功并被广泛使用，是中国在20世纪对世界水文科学做出的重要贡献之一。

贾仰文等（2001）开发了WEP模型，并在多个流域得到验证和应用。2003年，在国家"十五"科技攻关重点项目"黑河流域水资源调配和信息管理系统"中，针对我国内陆和流域的特点，对WEP模型进行了改进，特别是增加了积雪融雪模块和干旱地区灌溉系统模拟模块，以正方形网格为计算单元，形成IWHR-WEP模型，模型经验证后为水资源调配提供径流预报。2003~2004年，在国家重点基础研究发展规划项目中，开发了耦合天然水循环过程与人工侧支水循环过程的大尺度流域分布式水文模型WEP_L，采用子流域内等高带为基本计算单元，研究黄河流域水资源评价和人类活动影响下的水资源演变规律。

刘昌明等（2008）建立了一种具有多种功能的水文水资源模拟系统（HIMS）。该系统包括分布式与集总式模拟，具有模型定制功能，能满足不同时空尺度和适应不同自然与人文环境的模拟。在产、汇流计算中，HIMS系统汇总与集成了当前比较成熟的多种水文模拟方法，其中有水力学方法和水文学方法，包括物理的、概念的和系统理论方法等，其中包括新研发的一些模型。基于河网的空间拓扑关系，系统综合考虑土地利用和土壤类型空间分布，将研究区域离散为若干个计算单元（如子流域或网格单元），每个单元包含一汇流河道，单元之间通过河网进行连接。在径流模拟的基础上，集成泥沙、水质、生态、农业等其他专业通用模型，可扩展其应用范围。

夏军（2002）建立了分布式时变增益模型（DTVGM）。时变增益（TVGM）产流的概念认为，降雨径流的系统关系是非线性的，其中重要的因素是产流过程中土壤湿度（即土壤含水量）不同所引起的产流量变化。通过建立水文非线性系统增益因子与流域土壤湿度之间的联系，可以在单元尺度上建立一种结构简单、理论上可以等价于过去比较复杂的水文非线性系统模拟（Volterra非线性泛函级数）的概念性模型。DTVGM将单元时变增益通过DEM/GIS以分布式的形式拓广到流域上，结合蒸散发、融雪等物理过程模拟，在流域单元网格上进行非线性地表水产流计算，并基于水量平衡方程和蓄泄方程建立土壤水或（和）地下水产流模型。在汇流计算方面，通过DEM提取的汇流网格进行分级网格汇流计算，从而得到流域水循环要素的时空分布特征及流域出口断面的流量过程。

任立良（2000）等建立了基于DEM的数字流域水文模型，该模型的基本结构是：在流域栅格DEM数据上，应用数字高程流域水系模型（DEDNM）的原理和方法自动提取流域水系，构建数字流域，主要过程包括凹陷区的识别处理、平坦部位水流流向设定、子流域集水单元勾画、河网生成、河网与子流域编码及河网拓扑关系的建立；然后对生成的每一集水子流域应用新安江模型建立产流模型，再根据河网结构拓扑关系，采用分段马斯京根法，建立数字河网汇流模型，构成了数字水文模型，并在淮河史灌河流域进行了实例应用研究，计算的黄泥庄站时流量过程和蒋集站日流量过程均能与实测过程较好地拟合。

李兰（2000）等提出了一种分布式水文模型，模型包括各小流域产流、汇流、流域单宽入流和上游入流反演、河道洪水演进四个部分。水源分坡面流、壤中流和地下径流，考虑了产流随空间和时间变化的分布特征，能计算产流的多种径流成分的物理过程。将数学物理问题与洪水预报结合，给出了流域产流、河道汇流、水库洪水演进三个动态分布预报耦合模型，不仅可以用于分析降水径流规律，还可以用于洪水预报。该模型在丰满、龙河口和陆浑等水库流域得到应用。

郭生练等（2001）提出了一个基于DEM的分布式流域水文物理模型，该模型将流域划分为网格单元，详细描述了网格单元的截留、蒸散发、下渗、地表径流、地下径流、融雪等水文物理过程，在每一个网格上用地形高程来建立地表径流之间的关系。模型的结构中，植物截留过程引入了描述植物截留能力的物理参数——植物蓄积容量；流域的蒸散发主要考虑了太阳辐射、日云量、反射率、植物叶面指数、可供土壤水、大气温度等因素；用一维圣维南方程的运动波近似法模拟坡面水流运动，用运动波模型模拟地下径流。

杨大文等（2000）开发了基于坡面流单元所构造的模型GBHM，在流域范围内，从源头到单元流域出口的汇流路径被划分为若干流带，每个流带中又包含着若干河段。假定在每一流带中任一河段的两边具有对称坡面，并且这些坡面几何相似。模拟过程中将坡面流单元概化为垂直河流方向的梯形土柱，各土柱上水分运动由地表快速流运动，包括土壤水运动在内的SPAC系统和地下水运动构成。假定流带中的所有坡面产流都直接排入单元流域主河道，将河网简化为主河道系统，在其中进行径流演进，径流演进采用一维动力波模型的连续方程和动力方程。

唐莉华等（2002）在北京市水土保持生态环境建设的科技项目中，提出了一个针对小流域的分布式水文模型，包括产汇流和产输沙模型，这是一个典型的具有很强物理基础的分布式水文模型，该模型包括了从降雨到流域出口径流过程的各子过程，由林冠截留模型、降雨入渗模型、坡面径流模型、地下水径流模型和河道汇流演进模型构成，主要过程用有限差和有限元法求解。

1.5 目前水文模型热点问题和进展方向

1.5.1 水文尺度效应

尺度问题及其影响主要是由于空间属性的异向性。异向性在小尺度范围内小而在大尺度范围则较大（何延波和杨琨，1999）。显然，异向性在陆地和全球尺度范围内是最大的，而在实验室范围内是最小的。造成空间属性异向性主要是气候、气象、地形、地质、土壤、土地利用和土地覆盖类型的空间分布的差异性。Song和James（1992）（转引自雷晓辉，2001）总结出用于水文模型研究中的五种尺度：①实验室；②山坡；③流域；④盆地；⑤大陆和全球尺度。实验室尺度的水文模型用水力学（水动力学）方法加以表达，而且通常是一维的。山坡水文模型结合地表流与地下流，还可以包括土壤孔隙中的壤中流，因而可以是二维或甚至是三维的。流域水文模型增加地形因子用以模拟地面径流，增加地质因子用以模拟基流，而且常常将大流域划分成具有均一性的小部分。盆地水文模型在结合流域径流的基础上考虑了存储和传输路径方案。大陆和全球尺度的水文模型注重于大气过程及其与地表过程的相互影响。

水文尺度是指水文过程、水文观测或水文模型的特征时间或长度，水文尺度问题则是指水文系统在不同尺度之间进行尺度转换时所遇到的问题。从水循环运行的规律看，水文过程在不同尺度上是不同的，即不同尺度下数学表达式是有区别的（刘贤赵，2004）。这是因为水文过程是一个具有高度非线性化的巨系统，而且这个系统具有重要的尺度层次性。根据尺度层次性，不同层次尺度也就具有相应的水文过程。例如，在微观尺度层次上的水文过程可用水动力学方程进行描述，但在中观/宏观尺度层次上，水文过程的总体响应不同于微观尺度上单个土体的叠加，需用新理论进行解释。观测的尺度往往是由水文研究的主要目标与观测系统的可行性决定的，Bloschl 等（1995）曾对水文观测尺度进行过直接的描述。不同尺度观测下的现象或过程的稳定性和变动性将直接影响使用数据对现象的定性和定量解释。例如，Wood 基于 $0.1\sim1.0\text{km}^2$ 的野外观测，发现非饱和土壤水参数空间变异达两个多数量级。这一方面说明水文空间变异性的显著性，同时也暗示水文现象或过程的模拟精度依赖于观测的尺度。

从水文尺度问题的形成看，小尺度上建立的基本理论和确定的重要参数不能上延至大中流域或全球尺度的原因有两个方面。一是水文条件（如流域的地形地貌、土壤类型、植被条件、土地利用状况和流域前期储水特征）的空间异质性和水文通量的时空非恒定性（如降水、蒸散发在流域空间的不均匀性与分散性）导致大多数水文过程具有显著的空间异质性，Dunne 等曾列举的一个径流过程峰形对降雨过程响应随流域面积增大而减弱的例子就是很好的佐证。二是水文学的理论和模型具有高度的尺度特性，在某一尺度上建立的模型一般不能移植到高一级或低一级时空问题中求解。尺度转换就是要对具有时空变化的尺度要素进行数学物理上的处理，以及在气候、水文和生态模型之间建立转换关系，建立所谓的尺度联结桥。尽管近年水文过程的尺度转换理论和方法有了新的进展，但真正适合于水文尺度转化的方法不多，如外推和缩微方法。但这两种方法在使用过程中依赖多方面的假设，其应用受到很大的限制。原因是从小尺度延展到大尺度时，小尺度上的水文过程机理在大尺度上几乎模糊到一种无法辨认的程度；反过来，大尺度上的水文机理在微观尺度上同样产生变异，如 GCM 模型给出的大范围的水文气象参数无法满足区域尺度上的水文分析和水资源规划。

如何考虑空间尺度的不均一性和实现尺度转换成为目前水文科学研究的焦点和最具挑战性的问题。自 20 世纪 90 年代初水文尺度问题被正式提出后，尺度问题在水文科学中一直受到广泛的关注和重视。在第 21 届、第 22 届国际地球物理与大地测量（IUGG）大会上，国际水文科学协会专题讨论了水文尺度、地下水、人类活动影响、可持续性与冰雪水文等五大问题，特别注重水流和污染物负荷的尺度效应，出现了把尺度从点的物理机制扩散到面上的 VPC 模式和简单的水量平衡模式，并考虑把大尺度的水流输送融入全球气候模式中。一些重要的水文国际刊物也相继推出专刊讨论尺度问题。国际地圈生物圈计划的核心项目——水文循环的生物圈方面（BHAC 计划），把实验小区尺度水文生态变化过程（植被–大气–水文过程）的模拟，分析推广到考虑陆面地貌和不均匀分布的空间尺度上，并建立区域尺度陆面过程的参数化方案。

总之随着尺度问题的研究进展，不同尺度的水文规律或特性将会被不断地认识和采用新的理论方法量化（如地貌尺度的分形律、水文动力学参数的尺度化律等）。通过高新技术的应用和水文学基础理论的发展，过去主要应用在微观尺度水文学的物理方法，将会逐步向流域和全球的中观或宏观尺度扩展，不同尺度的水文规律和它们之间的某种新的过渡规律，会得到新的认识（叶守泽和夏军，2002）。

1.5.2 不确定性研究

水循环过程受众多自然因素和人为因素影响，决定了水循环系统的变化性和复杂性。水文模型作为研究流域水文循环过程及其演化规律的重要工具，对高度复杂的水文过程进行概念化和抽象化，采用相对简单的数学公式或物理方程描述各种水文过程，往往存在"失真"现象，这必然导致水文模型存在一定的不确定性。水文模拟与预测中的不确定性定量研究是水文模拟技术向前发展的必经之路，如何减少预测中的不确定性，已成为全球变化条件下的水文科学研究的前沿课题，其中大尺度水循环系统模拟的不确定性研究更是当前水科学研究的重点和热点。

对于一个水循环系统模型，不仅仅包括输入信息和输出信息，还有模型结构或模型方程公式、初始条件、模型参数及其他的模型组成部分，由此可知，水文系统模拟的不确定性来源大体上可以分为四类：模型输入资料不确定性、模型结构不确定性、模型参数不确定性及用于率定资料的不确定性。这些不确定性问题直接影响了水文循环系统模拟的不确定性（宋晓猛等，2011）。

模型输入的不确定性是指，输入数据的质量是影响水循环模型不确定性的主要因素之一。输入资料众多（如降雨资料、土壤资料、蒸散发资料、植被情况及其他气象数据等）且各种数据质量不同、精度不一，成为影响预测结果的一个不确定性因素。模型结构的不确定性是指，水文现象具有高度复杂性和非线性，使用简单的数学公式来描述内部规律，存在许多假设和概化，对水文内部循环过程的认识还不完善，数学公式或物理方程对水文循环过程机理描述的缺陷，造成模型结构本身的不完善，对模型模拟结果产生极大影响。模型参数的不确定性是指，当前技术水平条件下，很多模型参数很难通过实测得到，往往需要通过实测数据进行优化率定。由于其受天文、气候、下垫面和人类活动等众多因素的综合影响，所以模型参数常常表现为不确定性、高维度非线性和复杂性，成为不确定性的主要来源。率定资料的不确定性与输入数据的不确定性类同。

针对以上不确定性，很多学者开展了相关研究。Butts（2004）等讨论了模型结构对水文模拟预测的不确定性影响，提出了两个问题：第一是不同的模型结构运行的结果不同，是否有一个协调的方案使模型结构复杂性和模型预测能力达到最佳组合；第二是如何比较模型结构与其他方面的不确定性影响。结果发现，模型的执行能力强烈依赖于模型结构，分布式演算过程和降雨过程成为模型执行能力的主导过程，同时模型结构的不确定性影响与其他方面的影响同样重要，建议评价模型不确定性时不能忽略模型结构的不确定性影响。Lin 和 Beck（2009）针对复杂动力水文模型的结构不确定性问题进行了相关探讨，提出模式结构不确定性分析的主要问题是：如何区分不确定的来源和说明预测时的模型误差与不确定性，其提出的 TVPs（time-varying parameters）方法是将模型结构参数看成随机过程而不是随机变量或常量，其随时间而变，以此来评估模型结构是否有假设上的缺点或疏忽造成的不确定性。

参数敏感性分析有助于识别影响模拟结果的主要因子，避免调参工作陷入混乱无章，便于更好地理解、评估和减少不确定性。现阶段处理参数敏感性的方法主要有三种，即随机方法、模糊方法和区间分析方法（苏静波，2006）。随机方法、模糊方法需要较多的统计数据来描述不确定性参数的概率分布或隶属函数。Hossain 和 Anagnostou 针对 GLUE 方法在参数不确定性分析中的巨大计算负担，不能有效满足大尺度的水文模型计算要求，提出了一种随机插值方法改进 GLUE 的抽样方法，且可有效地表示非线性参数之间的相互作用，应用结果显示其减少了至少 15%~25% 的计算量，且计算精度也有所提高。在对水文现象了解不完全、对参数的认识不充分的情况下，区间分析方法是一种较好的描述不确定性的方法（李丹等，2011）。区间分析方法只需已知参数的上下界，抛弃了寻优思想，认为模型参数不是唯一确定的，计算结果是包含可行解集的一个最小区间集合，这样能为更准确地评估所得结果提供一定的依据。

此外数据同化技术作为一种有效的减少不确定性的手段已经被大气科学、海洋科学和水文科学广泛应用。例如，Reichle 等（2002）运用集合卡尔曼滤波对水文模型中的土壤湿度进行数据同化研究，结果显示极大地提高了预测的精度，模拟误差比同化前减少了 55%。Ni 等（2004）分析了基于物理模式的动力学水文模型的不确定性问题，采用蒙特卡罗模拟方法针对模型参数和模型输入的不确定性影响进行分析，结果表明表层土壤渗透系数对模拟结果的影响较为显著。

1.5.3 不同系统的耦合

水循环深刻地影响着全球生态系统的结构和演变，影响着自然界中一系列的物理、化学和生物过程，也影响着人类社会的进步和人民的生产生活，在地圈-生物圈-大气圈的相互作用中占有显著的地位。随着全球变化研究的展开及深入，作为研究地球上水的循环转换及分配规律的水文科学面临着挑战和发展机遇。水文学家越来越认识到在全球尺度水文学中，放射性物理学、地球物理、流体动力学、降水过程、微气象学、植物生理学和生态学的重要性。近代水文学的研究已越来越注重系统性和整体性，将水圈、大气圈、生物圈视为一个有机的联系体，从地球系统角度研究气候-水循环-生态影响-气候变化的相互作用，并预测未来趋势的变化和对人类社会经济的影响。在这样的方法论和研究趋势下，水文学作为地球物理科学的一个分支，与地学中其他相关学科的交叉和联系越来越紧密。因此水文模型不仅在水循环研究领域有着重要的地位，如水资源开发利用、农业灌溉、防洪减灾、水库调度等，在与水循环有关的其他系统的模拟研究中，水文模型也发挥着重要作用，水土流失、面源污染、土地利用变化影响、生态系统健康评价、气候变化影响等均需要水文模型的支持。加强水文模型与其他系统模型的耦合研究，以充分利用水文模型的研究成果是值得深入研究的工作，也是当今的研究热点。

1.5.3.1 气候模型与水文模型的耦合

变化环境下定量评估流域水循环响应是合理利用和调配流域水资源的基础。在气候变化和大规模的人类活动的共同作用下，流域的气象条件、下垫面特性都发生了明显变化，显著地影响了流域水循环特性，同时大规模的人类活动在改变流域水循环的同时，也改变了流域的水、热通量，对区域气候产生了一定的反馈作用。气候-水文耦合模拟是研究变化环境下流域水循环响应及其对区域气候反馈作用的重要工具，开发气候-水文耦合模式不仅可以提高大气模式和水文模式的预报精度及延长水文模式的预报期，而且可用于研究水循环对气候变化及人类活动的响应。在大气模式中建立既能有效描述水循环时空演变过程并对一定区域范围内的水文水资源进行定量评估的大尺度水循环模拟系统成为全球变化研究中的热点问题。21世纪以来，国际地圈生物圈计划、世界气候研究计划（WCRP）、全球能量和水循环实验（GEWEX）等都将陆气耦合大尺度水循环模型作为其主要内容之一，进行了一系列大尺度陆面水文模型的对比测试及其与气候模式之间的耦合应用研究。

目前用于气候模拟研究的主要有大气环流模式（GCM）、海气耦合模式（CGCM）及区域气候模式。大气环流模式和海气耦合模式主要用于全球尺度，在对气候平均态、气候变化机理和年际预测方面取得了很好的效果。为解决全球模式的水平分辨率较低，难以较细致地模拟出时间空间尺度范围相对较小的区域气候的具体特点的问题，又发展了RCM模式。大气-水文模式的耦合研究始于20世纪90年代，国内外用于气候影响评价的分布式水文模型不仅有传统的降雨径流模型，如SWAT、DHSVM等，而且还有专门开发的月水量平衡模型、陆面过程模型等，如VIC、TOPX、AVIM等。根据水文模型的输出结果是否对数值预报模式形成反馈，可将耦合方法分成单向耦合和双向耦合。单向耦合法较简单，是目前水文学者采用的主流方法。在单向耦合研究中，大气模式与水文模式分别独立运行，由于二者对陆面参数的取法不同，水文模式不能实时地利用大气强迫改进对蒸发的计算，而大气模式也不能分享借鉴水文模式模拟的径流、土壤湿度等结果实时验证并修改其对陆面过程模拟的精度，进而又影响了大气模式的边界层结构和降水预报精度。Karsten等（2002）将五个数值天气预报模式和一个陆面分布式水文模型WaSiM-ETH分别作了单向耦合，研究耦合模式在洪水预报中的应用，并指出耦合预报的结果因数值预报模式和挑选洪水场次不同而异，预报降水的位置和雨量即使仅有较小误差，也将导致流量预报的巨大误差，耦合模式的改进将主要依靠大气模式的改进。双向耦合恰是为解决单向耦合的不足而产生的，在单向耦合的基础上，将建立的水文模型嵌入数值预报模式的陆面模块，使数值模式与水文模式共用相同的陆面过程机理，数值模式提供当前运行时段的气象要素预报给水文模型，经运行水文模型，将其计算的土壤湿度、径流量等又反馈给大气模式，而大气模式根据反馈的信息不断改进初始边界条件，进而可向水文模式提供下一步长的气象输出。大气模式与水文模型的双向耦合克服了单向耦合的不足，可提高降水和洪水预报的精度。Yu等（1999）采用双向耦合模型系统（MM5/HMS）模拟了三场洪水，能很好地模拟雨型和流域出口流量过程，并建议次网格的空间不均匀性在大气水文耦合模式研究中必须被考虑；Lin 等（2002）采用双向耦合（MC2/CLASS＊/GUH）系统成功重建了一场暴雨洪水过程线，显示了大气水文耦合模式预报暴雨洪水的能力并能提供较长的预见期。

虽然当前在气候-水文耦合模拟研究中取得了很多进展，但仍面临一些问题。一是尺度不匹配导致的耦合模拟精度问题，主要反映在气候模式与水文模型间的尺度不匹配上。由于气候模式计算网格的空间尺度一般远大于机理性水文模式的计算网络，气候模式与水文模型的耦合模拟中需要对降水、蒸发等交换量进行尺度转换，在增加耦合模型计算量的同时也影响了模型的精度。二是不确定性问题。虽然气候变化情景包含了更多的未来气候变化信息，但是基于假定的大气环流模式建立的气候变化情景自身就有着很大的不确定性，未来社会经济发展对全球气候影响、自然生态植被覆被变化等都存在众多未知因素。在气候变化水文影响评价中，气候-水文耦合模拟不仅要克服数据、耦合机理、模型结构和参数率定的不确定性问题，而且还要减小生态水文对变化环境响应的不确定性。

1.5.3.2 水文模型与水动力学模型的耦合

水文模型一般是流域尺度，主要的模拟功能和目的是对流域的产汇流进行模拟预测，因此一般比较宏观。水动力学的研究尺度一般是小尺度或微观尺度，主要用于对水的流态、流向、水位、流速等进行详细的模拟。虽然目前有的物理分布式水文模型也部分考虑了动力学公式的应用，如在土壤渗流方面用一维土壤水下渗 Richards 方程、坡面漫流方面采用二维扩散波方程、河道汇流考虑动力波方程等，但此类模型仅在流域尺度较小、数据资料分辨率较高的情况下才有较好的适用条件，难以推广到较大的流域。在某些水文模拟应用实践中，一方面要求对流域来水做出准确预报，另一方面又要对水流、水位等水文要素在流域的某个局部区域进行详细研究，这就产生了将水文模型与水动力学模型进行耦合的需求。例如，在感潮河网地带，河道湖泊密布，地势低洼易涝，区域受季风活动和潮汐作用影响显著，其河道水量与来自上游地区的产水和本地降水产流都有重要关联。河道水流在汛期往往出现上游洪水、当地暴雨、下游潮汐综合影响的情形，为研究其防洪排涝问题，需要采用水文模拟与河网水动力模拟的耦合方式。再如，河口区域的水位、流速分布、流态是影响河口区冲淤变形、泥沙输移、污染物扩散、咸潮上溯的重要因素，通常需要采取多维水动力学模型进行模拟，而其水量又取决于河口上游区域的来水，在某些应用情景下也需要结合来水预报进行耦合模拟。另外在一些特殊河段，由于水库、闸坝等水利工程建设的因素或河宽、河深等本身形状有巨变的情况，而需要对该河段的水流特性开展研究时，单一的采用水文学的洪水预报方法不能满足要求，此时也需要考虑水动力学的耦合问题。

从结构上来讲，水文模型与水动力学模型耦合的方式有两种：紧密耦合和松散耦合，前者是指将两种模型的基本控制方程联合起来求解计算，一般这需要水文模型具有偏微分方程级别的物理机理，且耦合难度较大，仅在有特殊需求的情况下应用。后者则意味着两种模型的求解过程是分开的，相互之间仅通过节点进行数据交换，对水文模型要求放宽许多，方式比较灵活，物理分布式和概念性的、半分布式的水文模型一般都能适用。目前普遍采用的是松散耦合形式，其中水文模型与水动力学模型各自形成计算模块，先进行流域面上的水文模拟，获得进入河道的洪水流量过程，然后采用水动力学模型进行河道内、湖泊、河口或特定区域的洪水演进模拟。

将水动力学模型引入水文模型中，以模拟复杂条件下的河道水流状态的研究有很多（许继军等，2007）。在美国水文工程中心推出的 HEC-RAS 模拟软件中，已将水动力学模型与水文模型结合起来。1998 年，中国和澳大利亚在长江中下游防洪决策支持系统项目建设中，将新安江模型与 MIKE11/MIKE21 河道洪水演进水动力学模型相结合来进行洪水预报作业。李致家等（2005）在建立南四湖流域洪水预报模型时，首先采用分布式的新安江模型来模拟各支流水文站以上流域的流量过程，而后采用马斯京根法演算到支流出口与主河道相交处，接着采用一维的非恒定流水动力学模型进行主河道的洪水演进模拟，进入湖区后则采用二维的非恒定流水动力学模型来模拟。游立军等（2014）以闽江上游的宁化渔潭境内的一个小流域作为研究对象，首先利用流域面雨量和流量率定该流域的 TopModel 模型参数，根据实地调查结果确定不同风险等级的临界流量，然后利用已率定的模型参数确定临界流量对应的临界面雨量，同时将临界水位输入 FloodArea 淹没模型得到淹没水深和面积，并利用 GIS 平台对不同隐患点进行风险评估。

1.5.3.3　水文模型与地下水数值模型的耦合

用来刻画水循环地下过程的模型是水文地质模型，或称为地下水系统模型。相对陆面水文模型而言，地下水系统的模拟具有更加古老和成熟的经验，积累了包括有限差分、有限元、边界元、有限解析、有限体积等在内的数值分析方法（陈崇希和唐仲华，1990），对非均质含水层的处理也相当细致。国内外有许多地下水数值模拟软件和程序（吴剑锋等，2000；魏占民，2003），比较著名的有 MODFLOW、FEFLOW、GMS 等。

分布式水文模型的优势在于可以模拟大气水-土壤水-地表水-地下水的一体化过程，但除了极少的物理分布式水文模型（如 SHE）之外，多数分布式水文模型地下水模拟部分都进行了一定程度的弱化，一般仅作为流域产流模拟的辅助计算部分，如仅考虑水量转化过程中的水量平衡过程，采用均衡模式（水桶模式）处理等，不考虑地下水侧向流动过程及地下水位变化，这将导致水文模型出现一些适用性的问题。一般来说，水文模型的核心目的是研究流域的产-汇流响应关系，在流域主要为山丘区时，由于山丘区通常风化壳较薄，地下水含水层一般不发育且山丘区地形较为陡峭，地下水多以潜流的形式存在并转化为地表径流的一部分，所以对地下水模拟部分的弱化有助于减轻模拟工作量，降低模拟难度。然而在流域包含的平原区面积较大时，地下水的潜水蒸发、降水入渗量、生态植被对地下水的利用等垂向通量的作用大大增强，地下水位/埋深成为影响这些通量过程的重要参数。此外人类活动也主要位于平原区，地下水的生产生活开采等对平原区含水层水分的干预十分显著，而地下埋深状况作为平原区下垫面条件之一对流域降水-产流响应有直接影响。因此在这种情况下，水文模型缺乏地下水部分的详细模拟将大大影响其应用效果。

另外，对于单纯的地下水数值模型而言也存在显著的不足，缺陷源于地下水数值模型仅从地下水自身循环的观点看待地下水，模型基本上不包含地下水与土壤水、地表水之间水分转化量的任何处理，而认为这是模型建立时需给出的模拟条件，是模型使用者在模型之外需处理的。一些地下水数值模拟所需的关键数据，如降水入渗补给量、灌溉渗漏补给量、河道渗漏补给量等，需要在地下水数值模拟中以输入数据的形式显式输入。在较小时空尺度地下水数值仿真分析时，如堤防渗流、矿井疏干排水、地下水水源地评价等，由于这些补给量数据在地下水流动循环中不占有主导地位，所以对模拟可靠度的影响较小。但在地下水数值模拟的研究区空间尺度较大（如区域或流域）、仿真期较长（如多年状况）时，这些数据是地下水流动循环的主要通量，此时数据的合理性和精度是影响地下水数值模拟可靠性的重要因素。由于下垫面条件和地表岩性参数的复杂性、气象变化和人类活动等因素的影响，直接确定这些数据十分困难，精度也难以保证。

关于水文模型与地下水数值模型的耦合，目前主要的耦合方式有两种。

一种是文件交换形式耦合方式。先用水文模型计算出地下水数值模拟所需的前期数据信息，再将数据信息处理成符合地下水数值模拟要求的数据文件格式，最后地下水数值模型读入上述数据文件完成整体模拟过程。该方式属于松散数据耦合式的解决方案，既有优点也有缺点，优点在于通过水文循环模拟将土壤水、地表水对地下水的动态影响纳入地下水数值模拟过程中，同时由于仅是水文模型与地下水数值模型之间文件交换形式的松散耦合，该技术方法的灵活性较大，也比较容易实现。可以选取不同复杂程度的水文模型与地下水数值仿真系统进行耦合，只需要将水文模拟的输出按地下水数值模拟的输入要求改造成相应的文件格式即可。同时地下水数值模型也可以选用不同的方案，如有限差分形式、有限元形式等。缺点在于若研究的地下水问题较为复杂，时间步长要求较小，则交换文件有可能十分庞大，一方面提高了对计算系统存储容量的要求，另一方面庞大的交换文件也会引起传输之间的不便，同时文件交换还会严重影响地下水数值模拟的工作效率。还有一个本质的不足是，通常这种耦合方式只能实现从水文模拟到地下水数值模拟的单向数据信息传递，地下水数值模拟的数据信息无法同步反馈到水文模拟过程中实现双向作用过程，因此耦合的应用效果有限。

另一种是网格式交互的水文模拟与地下水数值模拟方法，这类耦合方式的代表有MIKE-SHE、IGSM、MODHMS等，属于强耦合方式。主要实现思路是将水循环模拟时的网格单元与地下水数值模拟时的网格单元构成严格的一一对应关系，通过每个网格单元内数据的同步交互，可实现水文模拟与地下水数值模拟的统一。目前的主要不足在于两个方面：一是对水文模型和地下水数值模型的要求比较严格，如两者都必须基于相同的离散方式，而且必须共享同一单元剖分。问题在于离散单元尺度太大时水文模拟将产生明显的尺度效应，影响模拟精度，应用过程中需要将离散单元控制在较小尺度范围内。二是对于面积较大的流域或区域，建模时离散单元的规模将十分庞大，导致运行十分耗时，这样对硬件系统的存储能力和计算能力要求都很高。基于以上原因，网格式交互的水文模拟与地下水数值模拟耦合方式虽然比较先进，但仍然只适合在较小尺度的流域/区域上应用，目前对于大尺度流域水文模拟和地下水数值模拟的耦合方法尚有待进一步研究。

1.5.3.4　水文模型与水质过程耦合模拟

水环境非点源（NPS）污染是指降雨（尤其是暴雨）产生的径流冲刷地表的污染物，

通过地表漫流等水文循环过程进入各种水体，引起含水层、湖泊、河流、水库、海湾及滨岸生态系统等的污染。与点源污染相比，非点源污染具有形成过程复杂、随机性大、机理模糊、分布范围广、影响因子复杂、潜伏周期长和危害大等特点。随着工业和生活污染源等点污染源的有效控制，非点源污染已成为水体污染的主要因素。例如，美国目前有60%的河流和50%的湖泊污染与非点源有关（程炯，2006）。在我国随着近几十年来人口增长、农业生产集约化程度提高、化肥和农药等使用量大幅增加等，河流、湖泊富营养化的情况也日趋严重，典型的如太湖、东湖、巢湖和滇池流域等。

随着水环境污染问题的突出，非点源污染研究越来越受到重视，并且成为环境科学、水文学领域的热点问题之一。西方国家从20世纪70年代开始就对非点源污染进行了研究，并且发展了许多非点源污染模型。80年代以来，我国也逐渐认识到非点源污染的存在及其危害性，先后在云南滇池、武汉东湖、上海苏州河、北京密云水库等地点开始了非点源污染的控制研究，但相比之下，我国非点源污染模型研究正处于起步阶段，模型研究基本上以引用国外模型，进行验证和模拟应用为主，在研究的深入程度、影响力等方面比较有限。随着我国对水资源质量和水环境保障需求的逐步上升，以及对控制非点源污染问题的逐步重视，适合中国流域特点的非点源模型的研究也必将逐渐繁荣起来。

非点源污染模型在分类上可分为经验型模型和过程型（物理型）模型。经验模型是通过建立污染负荷与流域土地利用或径流量之间的经验关系，并通过该经验系数来识别土地利用或流域非点源污染负荷的模型，这类统计模型对数据的需求比较低，能够简便地计算出流域出口处的污染负荷，表现了较强的实用性和准确性，因而在非点源污染研究早期得到了较为广泛的应用。然而经验型模型不考虑污染的中间过程或内在机制，因此一般仅适用于年均污染负荷量的计算，不适合短期计算，同时在自然、人为因素与试验区差异较大的区域较难推广使用。过程型（物理型）模型相比经验型模型复杂得多，它以某一过程或系统的内在机理为基础，以非点源污染的发生、迁移转化和影响的具体过程为框架进行构建。由于过程型模型能够对整个流域系统及其内部发生的复杂污染物迁移转化过程进行定量描述，所以可以帮助人们分析非点源污染产生的时间和空间特征，识别其主要来源和迁移路径，预报污染产生的负荷及其对水体的影响，也可以评估土地利用变化及不同管理与技术措施对非点源污染负荷和水质的影响等，使得模型的应用面和作用大大提高。

从过程和机理上研究非点源污染涉及物理、生物、化学等多种复杂过程，涉及多学科的综合研究，现有的非点源污染模型普遍结合了较为新颖的、成熟的有关非点源污染物在土壤、水体等不同组分中运动和迁移的理论和方法，并成为目前非常活跃的研究领域。不同要素、不同过程的集成是过程型（物理型）非点源污染模型逐步机理化和系统化的一大趋势。一个完整的过程型（物理型）非点源污染模型一般由水文子模块、土壤侵蚀子模块和污染物迁移转化子模块构成（胡雪涛，2002），其中水文过程是描述非点源污染的基础，水的运动为污染物提供了迁移的介质和能量，因此水文路径也是污染物迁移的路径，其描述的合理性和准确性直接影响到非点源污染模型的模拟结果。除随水流进入水体的溶解性的污染物外，一些非溶解性的污染物通常吸附在土壤颗粒上，因而暴雨侵蚀土壤从而携带污染物进入水体也是非点源污染的重要途径，土壤侵蚀子模块主要用于描述这一过程。污染物迁移转化子模块则用于描述各类污染物在各类介质及迁移途中发生的各种可逆的、不可逆的物理化学变化，包括分解/固持、吸附/解吸附、悬浮、挥发、微生物作用、耗氧/复氧等。

在水文模拟部分，流域离散方式、地表径流、地下径流、汇流等环节水文过程的模拟方式与土壤侵蚀、非点源污染过程模拟密切相关，因此对于过程型（物理型）非点源污染模拟而言，与其相互耦合的水文子模块要能够真实地模拟离散空间单元上的径流成分，并要能够很好地将泥沙、营养物输移耦合到水文过程中。大多数分布式水文模型能够满足上述需求，因此近十几年来，分布式水文模型逐渐成为非点源污染模拟的重要工具和平台，其中包括用于暴雨场次模拟的 ANSWERS、AGNPS 等；用于长时期连续模拟的 STORM、HSPF、SWAT、WEPP、MIKE-SHE、BASINS 等（马蔚纯，2003）。

总结而言，经过 30 多年的发展，非点源模型逐步从经验型过渡到过程型（物理型）模型，其应用尺度也从小区逐步扩大到了大流域，从单次暴雨发展到了长期连续模拟，至今已有较丰富的模型体系和方法。虽然如此，非点源污染的成分复杂、类型多样，又具有不同于点源的特征，排放的分散性导致其地理边界和空间位置不易识别，污染物的迁移过程不仅与水文条件和侵蚀条件有关，还与污染物在土壤中的物理、化学形态及分布等密切相关，而污染物各物理、化学形态之间的转化及在土壤中分布的变化过程是十分复杂的，对非点源污染各组分、各过程的相互转化、影响因素的精确描述非常困难，人们对它的了解仍然十分有限，因此非点源模型仍具有很大的不确定性。甚至有时在应用过程中发现过于精细的描述非但没有增加模型的精度，反而可能造成更大的误差，而且使模型的输入增加，操作更为复杂，运行成本上升。这一方面表明了自然界中物质迁移转化机理和规律尚需人们进一步研究探索，如基于实验室和小尺度区域的研究理论及参数能否适用在流域尺度上；另一方面说明在机理尚未彻底明晰的情况下，现阶段非点源污染模型的模拟框架和复杂程度规模可能尚需控制在合理的表征水平上，一味追求过程的精细化和影响因素的复杂化有时会适得其反。尽管如此，过程型（物理型）非点源污染模型仍是未来发展的必然趋势，毕竟对于事物内部机理和规律的基础认知是科学研究的追求。另外就现阶段的模型应用情况看，过程型（物理型）非点源污染模型即使不能在各个方面都精确得到模拟结果，但仍足以满足当前水环境管理的需要。

1.5.3.5 水文模型与生态过程耦合模拟

陆地植被生态过程（碳循环、植被动态生长等）与水文过程通过各种物理和生物学过程发生交互作用，其密切联系和交互作用渗透到水、热、碳等物质和能量传输的各个环节。一方面，植被通过生物物理过程与生物化学循环作用于水循环过程，植物主要的生理过程，如光合作用、呼吸作用、养分循环，对水分限制具有高度敏感性；另一方面，水是植被生长的驱动力和制约因素，水循环过程尤其是土壤水的时空变化决定了植被的生长动态、形态功能和空间分布格局。"生态水文"（eco-hydrology）一词由 Ingram 于 1987 年首次使用，用来描述和解释苏格兰地区泥炭湿地中的水文过程和特征（Peter，1998）。

生态-水文学以一个完整而独立的学科面貌出现，而为科学界所公认是 20 世纪 90 年代，即在 1992 年 Dublin 世界水与环境大会上正式提出以后（高富，2009）。生态-水文学是描述生态格局和生态过程的水文学机制的一门新的交叉学科，其核心是在不同的时空尺度上揭示不同环境条件下生态系统与水的相互作用关系，为解决流域水资源危机和生态环境问题提供理论支持。生态-水文学包括水生生态系统和陆生生态系统生态水文学的研究，前者研究水文过程、生态过程和生物功能之间的关系，后者研究发生在土壤和冠层与水循环相关的生态过程，强调蒸散发和热力学的能量平衡（赵文智和程国栋，2008）。我国学者开始采用生态-水文学概念，开展生态-水文学相关的独立研究工作则是进入 21 世纪之后的事情。王根绪等（2001）首先在《地球科学进展》发表《生态-水文科学研究的现状与展望》，随后严登华等（2001）、赵文智和程国栋（2001）、武强和董东林（2001）、夏军等（2003）也分别在相关期刊上发表了关于生态-水文学研究的介绍文章。在生态-水文学领域，流域生态水文模型是定量评估环境变化流域生态水文响应的重要工具。通过定量刻画植被与水文过程的相互作用及全球变化对流域生态水文过程演变的影响机制，为流域水资源管理和生态恢复提供科学支撑，已成为国际水文计划和国际地圈生物圈的热点研究课题。

植被冠层气孔行为和土壤水运动是植被与水文相互作用中最为关键的两大过程。由于植物光合作用与蒸腾作用同时受气孔行为的影响，形成光合作用-气孔行为-蒸腾作用耦合机制。土壤水运动又取决于地表的水循环过程，由此将大气过程、植被生态过程和水循环过程耦合在一起形成一个整体。生态-水文模型最通常的做法是将土壤-植被-大气系统界面的水分过程、碳循环，以及物质与能量通量，即所谓的 SVAT（土壤-植被-大气）模式与水文模型相结合。国际上主要的生态-水文模型包括荷兰开发的 ITORS 模型及 DEMNAT 模型；澳大利亚联邦科学与工业研究组织（CSIRO）研发的 TOPOG-IRM 模型等。关于生态-水文模型及其发展，章光新做了一定归纳。夏军等（2003）研制水-生态耦合模型，应用于博斯腾湖水资源的可持续管理。吕达仁等（2002）对内蒙古半干旱草原土壤植被大气相互作用进行了实验观测研究，并对该地区的气候-生态相互作用进行了数值模拟。左金清等（2010）对位于甘肃中部黄土高原地区的半干旱草地进行了地表土壤热通量的计算，分析了其对能量平衡的影响。

目前水文模型与生态过程耦合模拟方面，一个显著的问题是由于对植被-水文之间交互作用的复杂机理认识尚不完整，现有大多数水文-生态耦合模型目前只能在单向上做到植被生态过程及其格局变化对流域水文过程的影响，而难以逆向反映出水分条件变化对植被生态格局、物种分布及其演替过程的影响，即在模型中如何合理刻画生态水文交互作用和双向动态耦合是生态水文模型构建的难点。近年来，一些学者提出了基于生态水文最优性理论来模拟植被-水文相互作用机制，为生态水文的耦合模拟提供了新的思路。生态水文最优性假设认为，在自然选择的进化压力驱使下，植被在适应环境的过程中形成最优的水分利用策略等以得到生产的最大化，植被与水文的相互作用存在最优化机制。Eagleson（2002）最早将生态最优性理论引入植被与水文相互作用的研究中，提出生态水文的最优化原理（假设）。这一理论提出后引起了较大反响，学者们开始探索不同的气候条件和生态系统条件下生态-水文优化机制及水文优化机制的定量化表达，如以植被在生长季内生产最大化为最优性假设、以植被"净碳"（NCP）最大为最优性假设、以植被最大化水资源利用和最小化水胁迫等假设等，从而能够通过神经网络、运筹学、遗传算法、进化算法等优化方法表达水分与植被生态系统之间相互依存和相互制约的关系。目前，基于最优化机制建立的生态水文模型仅在点上进行应用，在流域尺度尚缺乏研究，将其推广应用到流域尺度建立流域尺度的生态水文最优性模型将是未来流域生态水文模型发展的重要趋势（陈腊娇等，2011）。

1.5.4 缺资料地区水文模拟

水文模型在流域水文预报中起着重要的作用，但其得到良好应用的前提是在所应用的流域或区域必须具备相当的数据资料基础。目前，许多国家和地区的流域水文站网分布密度及其观测数据不足，一些基础性的数据由于各种自然因素或人为因素的限制而无法获得；而在人类活动强度较大的地区，基于历史积累资料的模拟和预测不能够反映人类活动的影响，不能够为水资源管理和预测提供科学依据而形成了新的缺资料地区，给水资源的科学管理带来很大的困难。在此背景下，国际水文科学协会在 21 世纪启动了第一个重点研究计划（2003~2012 年），即无观测资料流域的水文预报（prediction in ungauged basins，PUB）。PUB 计划以减小水文与水资源预测预报中的不确定性为核心，旨在探索水文模拟的新方法，改进径流、泥沙和水质等预报精度，从传统的基于观测数据进行模型率定朝机理探究的方向转变，实现水文理论的重大突破，以满足各国国民经济生产和社会发展的需要，特别是发展中国家。PUB 计划有两大目标：一是检验和完善现有模型或方法以提高其在缺资料地区的适应性并减小其预报的不确定性；二是开发新一代能够模拟不同时空尺度水文及其相关的生物、化学等过程的模型或方法，并减小其不确定性（徐宗学，2010）。PUB 问题的解决途径有以下三个方面。

1）流域数据资料的获取手段需要有突破。而 PUB 计划的研究重点是如何不通过降雨径流率定就能够获得缺资料流域的水文模型参数，需要指出的是，在 PUB 计划中定义的所谓缺资料地区，并不是任何资料都是缺失的或无法获取的，实际上一个完全信息空白的流域是无法进行水文模拟的。缺资料地区缺的只是传统手段观测的流域资料及历史累计的水文资料，如土壤水实验对于土壤渗透性、持水性、粒径的测定，水文地质钻孔对于含水层分布特征的测定，抽水试验对含水层导水能力的测定，各径流站、雨量站、蒸发站等对研究区水文气象数据的测定等。在传统水文观测手段无法企及或没有历史基础的情况下，可充分利用现代计算机和高新空间技术的发展进行某种程度的弥补和替代，如地质雷达技术、电阻率层析成像勘查技术、植被遥感影像解译技术、遥感测雨技术、遥感蒸发技术等获取流域特征参数和基础水文资料。

2）水文模型的发展需要进一步加强物理机理和模拟方法的研究。经验型、概念型的模型由于太过于依赖历史资料的率定，对于无资料地区的直接的水文模拟实际上是不太适合的，除非有其他研究程度较高的类似流域的信息供参照。相反基于物理机理的分布式水文模型是进行无水文资料区域的径流模拟的一种有效手段，特别是地形、土壤性质、土地利用和覆被等数据库资料的不断完善，使基于物理机制的分布式水文模型的部分参数可直接使用。然而虽然当前分布式水文模型研究业已有了很大发展，但由于尺度效应、流域产流机理及水循环转化机制的复杂性、不同介质和因素的综合影响、人类活动干扰等，一些基础性的理论和模拟技术问题尚未完全突破，导致当前的分布式水文模型尚远未达到所谓的"白箱模型"无须率定就能准确模拟的程度，只能是部分程度的接近，模拟参数和模拟结果不确定性依然存在。因此进一步加强水文及其相关过程的动力学机制和机理，以及合理的水文模拟技术的研究，促进水文模型向真正"白箱模型"发展是解决PUB问题的根本。

3）在流域水文资料短缺、现阶段水文模型不确定性尚未得到根本解决的情况下，如何进行模型参数识别和模拟效果评价的问题。目前对缺资料地区水文模型参数识别常用的方法主要为区域化方法（regionalization），即通过某种途径，利用有资料流域的模型参数推求缺资料流域的模型参数，从而对缺资料流域进行预报（李红霞等，2011）。常用的区域化方法有参数移植法、参数回归法、插值法、平均法等，其中参数移植法和参数回归法是最常用的两种方法。参数移植法通过选择与研究流域相似的有资料流域作为参证流域，然后将参证流域率定的模型参数移植到缺资料流域，作为其模型参数。参数回归法根据有资料流域的模型参数和流域物理属性之间的定量关系，建立二者之间的回归方程，然后利用缺资料流域的流域属性推求其模型参数。综合来说，参数移植法是对参数的整组移植，而参数回归法是对每一个参数分别确定，二者原理不同，各有优缺点。实际应用过程中虽然区划化方法已取得了很大的研究进展，但在参数的不确定性、方法的选择和改进等方面还存在着一定的问题，如对于参数移植法相似流域的标准如何确定，参数回归法模型参数与哪些流域属性有关等尚无定论，未来在参数不确定性、尺度转换及多种信息源利用等问题仍需进一步研究。

1.5.5 并行运算研究

随着地理信息系统和遥感技术的发展，分布式水文模型所需的地形、植被、土壤等空间数据的获取日益方便，并且分辨率越来越高，促使分布式水文模拟的空间范围越来越大，所采用的时空分辨率越来越精细。与此同时，模拟涉及的流域过程也越来越多，从传统的单一水文过程模拟逐渐扩展到生态、土壤侵蚀和非点源污染等多过程耦合的流域系统综合模拟。大流域、高分辨率、多过程耦合的分布式水文模拟计算量巨大，传统串行计算技术不能满足其对计算能力的需求。另外，随着并行计算软硬件技术的发展，并行计算的门槛不断降低。在硬件方面，多核处理器、图形处理器（graphic processing unit，GPU）和计算机集群等并行计算设备已成为普通用户容易获取的计算工具（卢风顺等，2011）。在软件方面，MPI（message passing interface）、OpenMP（open multi-processing）、CUDA（compute unified device architecture）、OpenCL（open computing language）等并行编程标准和编程库降低了并行编程的难度（贾海鹏等，2012），提高了并行程序的可移植性。在信息基础设施的利用方面，网格计算技术在科学研究中得到越来越广泛的应用（Wang et al.，2009；Zhao et al.，2013）。这些并行计算技术的发展为开发并行化的分布式水文模型，解决大范围、高分辨率分布式水文模拟的性能瓶颈问题提供了良好的条件（刘军志等，2013）。

很多学者开展了分布式水文模型的并行运算研究。由于不同分布式水文模型的模型结构和模拟方法区别较大，总体来说分布式水文模拟的并行运算方法取决于模型的单元划分方式及其空间关系、子过程计算的独立性。分布式水文模型将流域划分为很多模拟单元（如子流域、坡面、栅格等），可以在考虑模拟单元之间计算依赖关系的基础上，将不同模拟单元的计算任务分配到多个计算单元上进行空间分解方式的并行计算。然而模拟单元之间的空间依赖关系是影响并行可行性的主要因素。如果同一个模拟时段内某个子过程的计算过程在模拟单元之间不需要进行任何数据交换，即单元间的独立性较强，则是最简单情况，仅需将计算负载合理分配到不同核心上即可。例如，对于子流域划分类型的模型（如SWAT模型、新安江模型等），子流域之间通常是弱耦合的，即各个子流域间坡面过程是相互独立的，每个子流域的降水截留、融雪、蒸散发等子过程在同一模拟时段内相互独立不相互影响，不同子流域坡面产流过程的模拟完全可以并行。而对于网格形式划分类型的模型，这类模型模拟单元间的依赖性很强，基本是强耦合型的（如SHE等）。由于各个模拟单元之间的水分流动需要考虑相互作用关系，包括扩散波坡面汇流过程、三维地下水侧向流动过程等都需要通过隐式迭代的方法联立求解涉及多个模拟单元的方程组。该类模型并行算法的思路主要在矩阵方程求解的优化上，如分块矩阵并行等，取决于所需求解方程组的数学特点。

Apostolopoulos等（1997）用有向无环图表达子流域之间的计算依赖关系，对基于子流域的水文模型可并行性进行了分析，给出了并行计算单元数无限多情况下的最大理论加速比，并指出河道汇流是并行计算的主要限制因子，河道汇流过程与坡面过程的计算时间之比越小并行效率越高。Yalew等（2013）以子流域为调度单元，利用EGEE（enabling grids for E-science projects in Europe）网格计算环境进行了SWAT模型的并行计算。由于各个子流域的坡面过程计算是相互独立的，该研究首先将各个子流域的坡面过程计算任务提交到网格系统进行并行计算，然后汇总坡面过程计算结果并根据上下游关系进行河道汇流过程的并行计算。在划分的子流域数为423的情况下，对多瑙河流域进行38年模拟的并行计算加速比达到7.7。在采用紧密耦合型汇流方法的分布式水文模型方面，Cheng等（2005）实现了一个基于有限元的二维地表径流和三维地下径流耦合模型的并行化，其主要工作是在求解线性方程组时基于MPI采用区域分解的方式进行了并行计算。该并行模型在8个计算节点的情况下加速比为5.3，在16个计算进程的情况下加速比为6.72。Kollet等（2006）采用MPI实现了基于有限差分的二维地表径流和三维地下径流耦合模型ParFlow的并行化，在100个计算进程的情况下加速比达到82。

目前，分布式水文模型的并行计算研究总体尚处于起步阶段，但多核处理器、GPU等新型硬件架构，MPI、OpenCL等并行编程标准及网格等信息基础设施的快速发展已经为该领域的研究提供了良好的软硬件条件，在下一步研究中应综合考虑模型计算特点和硬件平台特点，研发能充分利用这些新型硬件架构并行计算能力的高性能分布式水文模型并行算法。此外由于分布式水文模型包括输入输出在内的数据规模较大，并行运算过程中数据的频繁读写对并行效率的影响很大，甚至超出纯计算任务所需时间，需要发展相应的高效数据读写方法。最后包括生态和非点源污染的多过程耦合模拟系统的并行化研究也是一个重要方向。

1.5.6 城市区水文模拟

中国正在经历快速的城市化过程，随着经济社会结构变革，包括农业人口非农业化、城市人口规模不断扩张，城市用地将不断向郊区扩展，城市数量不断增加。据 2009 年国家统计局的报告，城镇人口占总人口的比重已经从 1991 年的 27% 增长到了 2008 年的 46%，年平均增长速度超过 1 个百分点。估计到 2015 年，我国的城市化水平将超过 50%，2025 年将达到 60% 左右。

大量人口涌入城市，有限的地域范围内居住密度剧增，下垫面属性改变，物流、用水、排水集中，城市的发展带来三大方面的水问题：一是城市水资源紧张；二是水环境污染压力增大；三是城市雨洪灾害问题。城市三大水问题的研究逐渐促成了水文学的一个分支，即所谓的城市水文学（urban hydrology），这是研究发生在大中型城市环境内部和外部，受到城市化影响的水文过程，为城市建设和改善城市居民生活环境质量提供水文依据的学科。城市区是人类活动最为集中的地区，在流域下垫面构成中是十分特殊的一类，体现在其产/汇流特性及人工系统控制上。

在产/汇流特性方面，首先城市所在的流域部分，其大部分面积为不透水面积所覆盖，如屋顶、街道、人行道和停车场等，下渗率极小，滞蓄能力大大降低。人工开挖的河流及对河流的人工改造，改变了流域汇流的水动力条件。城市中的河流往往被裁弯取直、疏浚和整治，道路、居民区均设置大量汇流管网和排水沟道，使得城市的排水和汇流效率提高，径流量加大，洪峰提前。城市中的污染源分为点污染源和非点污染源两类，点污染源是在离散点上废水的集中排放，城市中工业排放的废水和居民生活污水都是点污染源。非点污染源是由人类活动产生的污染物堆积于街道上再由暴雨径流沿程运送到河流、湖泊而形成。大气中沉降和城市活动产生的尘土、杂质等各类污染物聚集在不透水面上，最后在降雨过程中被冲刷随地表漫流进入地表水体。这些变化加剧了城市本身及下游地区的洪水威胁及水环境压力。

在人工系统控制方面，城市排水系统是处理和排除城市污水和雨水的工程设施系统，是城市公用设施的重要组成部分，在整个城市除涝、水污染控制和水生态环境保护体系中作用十分重要。城市排水系统包括三个子系统（程伟平，2006）。一是径流收集系统，包括房屋水落管，庭院场地、街道的边沟及小下水道等，降雨时产生的地面径流将通过径流收集系统汇入雨水井。二是城市管网排水系统，各雨水井将收集的雨洪径流和污染物，通过城市排水沟渠和地下管网输送、排泄出去。在传输过程中，管网排水系统不断汇集分布在不同地点的雨水井的入流或其他支管的入流，管网中的径流量逐渐增大，污染负荷量也发生变化。管网排水系统的分类有合流制和分流制两类，其中合流制指雨洪排水管网和排污管网一体化，无雨的旱季通过截留设施将污水送往污水处理厂进行处理后排出，洪水季节超出截留的水量直接排入收纳水体。分流制则把污水和雨水分开，各自设计一套管网排水系统。三是受纳水体系统，包括河流、湖泊和海洋等，接纳由排污口或合流制管网排水系统的溢流口排出的水量和污染物质。

城市具有政治、经济、科技、文化等多方面的功能，而且人口密集，资产集中，一旦遭受洪涝灾害，直接损失和间接损失均比较严重。发展城市水文模拟技术，对城市排水系统进行设计、对极端降水情况下的雨涝风险进行预测评估等具有重要价值及意义。然而鉴于城市下垫面的特殊性，传统水文模型对于城市水文模拟而言不太具有适用性。其中一个重要原因是城市区的尺度问题，城市区尺度一般较流域尺度要小，在流域尺度上看城市区仅为位于流域不同部位的斑块，因此虽然类似于 SWAT 等模型均将城市下垫面单独作为土地利用的一种进行水文模拟，然而这个过程是比较宏观和粗糙的，仅在城市下垫面上考虑透水区和不透水区产流的区别，不能详细对城市区内部复杂的降水产流、雨洪/污水收集、管网输移、口门排泄等复杂水文过程进行模拟。因此城市水文研究实际上很长一段时间是作为水文学的分支独立发展的。一般认为，城市水文研究起源于 20 世纪 60 年代（张建云，2014），美国和西欧发达国家由于工业化程度不断提高，城市规模持续扩大，引发了一系列新的水文问题，超出了传统水文学的研究范畴，由此产生了一个新的课题，使得人们逐渐关注与城市化相关的水文学研究。此后，欧美发达国家和地区相继开展了相关工作，如联合国教科文组织发起的"国际水文 10 年"（IHD，1965~1974 年）包括特殊自然条件下专门水文问题的研究也涉及了城市水文学方面的问题。1967 年以后，城市水文学发展较快，逐步建立了一些具有城市水文特点的分析方法，先后提出了多种能统一考虑防洪、排水、供水和水质控制的城市水文学模型。比如芝加哥流量过程线法（CHM）、公路研究所法（TRRL）、伊利诺伊城市排水模拟模型（ILLUDAS）、伊利诺伊雨水管道系统模拟模型（ISS）、辛辛那提大学城市径流模型（UCURM）、雨水管理模型（SWMM）、雨水径流模型（STORM）、水力公司模拟模型（HYDROSIN）等，另外还有 LAVRENSON（澳大利亚）、CAPEPAS（法国）、QQS（德国）、RATIONAL（俄罗斯）、WFP（英国）及众多的水质模型（卞艳丽等，2009）。

这些城市水文学模型的主要特色在于结合了城市区汇流系统的特点。一是将地表排水和地下管网排水进行了有机结合，发展了所谓的双层模型。二是在模拟过程中对管网水体有压/无压流的水力学计算。大多数城市水文模型还整合了水质模块，可用于城市某一单一降水事件或长期的水量和水质模拟。通过模型的应用可以针对不同标准的洪水设计排水系统的规模、为控制洪水设计滞洪设施的规模、提供排水管网的最优控制设计、评估管网溢流产生的入渗和入流给公共卫生环境带来的影响，对雨季所导致的污染负荷的减少设计最优管理措施等。

目前城市化进程不断加快，由于气候变化和"热岛效应"，城市遭遇极端暴雨袭击的可能性和造成重大灾害的风险也逐渐增大，城市水文模型在模拟预报城市内涝洪灾的作用凸显。但模拟城市雨洪是复杂的时空问题，相对于自然排洪过程，由于下垫面条件和地下排水管网、泵站等人工设施的影响，过程差别很大，应用中这些模型也暴露出一些不足：

模型主要应用于规划设计,用于暴雨灾害预测预报的较少,基于 GIS 的积水模拟功能偏弱;对模型数据的细度要求很高,多数模型参数复杂、计算速度较慢等。另外,模型几乎没有考虑系统可靠性,缺少风险分析及损失分析模块,实现的功能还比较局限,尚需进一步发展和改进(朱冬冬等,2011)。

1.6 发展趋势总结

流域水文模型为应用物理数学和水文学知识,在流域尺度范围内,对降水径流及其相关过程进行局部或综合模拟,从而达到确定流域水文响应的目的。

流域水文模型最初是从流域降水-径流响应关系为出发点研究的,以洪水预报为主要目的,产-汇流机制是流域水文模型的精髓,从相对简单的概念性、经验性的"黑箱式"水文模型直到当前基于物理机制的各种分布式水文模型,产-汇流过程模拟都是构成模型的核心机制之一。然而近年来由于水资源可持续理念的深入和强化,以及随着人类活动干预的逐渐增强导致流域水资源数量的显著衰减和水资源质量的持续恶化,人们逐渐从关心洪水过程转向关心水资源的形成、利用与管理,以及与水有关的生态环境的问题,尤其近 20 余年来,人类活动干扰对水循环的影响、变化环境下的水循环/水环境演变等新学科命题成为当今水科学界的重大研究方向。由于现代水循环表现出越来越明显的循环结构、循环路径、循环参数的二元特性,仅仅包含坡面产汇流过程和河道演算的水文/水循环模型已不能完整地描述这些地区的水文循环过程,深入研究和考虑人类活动影响在模型中的表达成为模型发展的必然需求。受研究发展动向引导,水文模型从初期产-汇流模拟预报逐渐发展成为兼顾各种微观水文过程的丰满体系,后期发展的一些水文模型如 SHE、SWAT、VIC、WEP 等,其模型理念已经逐步脱离了传统水文模型研究仅以产-汇流机制为主的框架,转向重点研究流域或区域不同形态和介质中水分的循环转化机制,并形成与环境、生态、气象等学科领域的深度交叉融合。虽然这类模型仍源自于水文模型,但水循环研究的味道在模型中体现得越来越浓厚。另外,传统水文模型较少考虑的人类活动过程,也在水文模型的开发应用中得到了长足的发展。可以把这类模型称为以水循环模拟为主的水文模型或简称为水循环模拟模型。由于紧密结合了当前的研究需求,这类分布式水文模型逐步成为研究气候变化的水文响应、非点源污染过程模拟、水资源综合管理、土地利用/覆被变化的水文响应等重大科学问题不可或缺的工具。

总结近几十年来流域水文模型的发展历程,可以概括为以下五个方面的趋势:一是传统的集总式水文模型已经难以满足不同研究领域对水文模型的需求,水文模型正从集总式、经验方法向分布式、物理机制发展;二是对水循环过程的研究从单项研究向综合研究转变,模型从仅模拟降雨径流形成向集成模拟产流、汇流、产沙、输沙和水质迁移转化发展;三是重视人类活动的影响,人类对水分的干预,即人类经济社会对水的引-用-耗-排及对流域下垫面的建设改造,作为水循环整体影响不可或缺的一部分在越来越多的模型中予以表达;四是在分析全球、大陆区域和流域区域水循环系统变化的过程中,强调应用空间尺度和时间尺度的观点来客观地分析发生在不同时空尺度上的变化及其之间的联系;五是随着 GIS 和 RS 等新手段的发展，在水循环研究过程中，重视应用现代观测手段和开发数据信息系统，从传统的输入输出数据研制方式向立体的数字流域平台研制发展。

长期以来，流域水文模型在进行水文规律的研究和解决实际生产问题上发挥着重要作用，如防洪减灾、水资源可持续利用、水环境和生态系统保护等。然而目前的研究还存在很大的发展空间，水文的尺度效应问题、大流域尺度地表-地下水模拟问题、双向耦合的水文-生态模拟问题、模型不确定性问题、模型效率问题、城市区精细尺度水文模拟问题等仍需要进行突破。此外，限于水循环的复杂性和流域各方面影响因素的综合性，目前对于水循环过程本身的物理规律也还远未完全掌握，这也限制了水文模型的发展。不像地下水数值模型具有统一的模拟基础，目前各水文模型在模拟原理、模型框架上莫衷一是，模拟效果上也难以区分，这部分说明了该问题。因此尚需通过新技术和新手段加强对水文过程基本规律的研究。

在我国，水文科学的发展为国民经济的健康发展提供了坚实的基础和保障，与发达国家相比，应用中积累的经验和技术也已经相当丰富，但是在水文模拟的理论和方法研究方面与国外相比尚有差距，尤其是方便易用、扩展性好、适用性佳，综合各种水化学及生态过程并能够进行广泛推广应用的水文/水循环模型比较少见。面对当前环境变化下的水循环演变重大水文科学问题，对我国的水文科学与技术发展来说是巨大的挑战，也是良好的机遇，亟待研究新的水文理论、模拟技术和方法，不仅要注重应用研究，更要加强理论创新。

第 2 章 MODCYCLE 开发设计与模型原理

通过总结前人研究成果和自主创新，作者所带领的课题组完成了二元水循环概念模型 MODCYCLE 的编制工作，并已经能够进行实用运算。MODCYCLE 模型以 C++语言为基础，通过面向对象（OOP）的方式进行模块化开发，并以数据库作为输入输出数据管理平台。利用面向对象模块化良好的数据分离/保护及模型的内在模拟机制，该模型还实现了水文模拟的并行运算，大幅提高了模型的计算效率。该模型具有实用性好、分布式计算、概念–物理性兼具、能充分体现人类活动对水循环的干扰、水循环路径清晰完整、层次化的水平衡校验机制、面向对象模块式开发、基于数据库平台、支持并行运算等多项特色。模型开发历时近两年，完成程序代码 2 万多行，具有完全知识产权。为了验证该模型的实用性和应用效果，课题组对该模型进行不同尺度单元和不同区域单元的实例模拟分析。一是在海河平原中部衡水市结合田间试验开展了农田尺度典型单元水循环的详细研究，以期对模型的微观水文机理的合理性进行验证分析；二是分别在海河流域南系和北系分别选择了邯郸市和天津市作为区域尺度的典型单元进行了模拟研究，取得了较好的应用效果。

2.1 MODCYCLE 模型的总体设计

MODCYCLE 模型是课题组的重要原创性研究成果。该模型在开发初期立足于充分体现强烈人类活动对水循环的影响、概念性和物理性兼具、具有清晰完整的水循环转化路径、扩展性好、模型输入输出管理方便、计算效率高等理念思想进行开发工作。

2.1.1 流域离散方式

当前的分布式水文模型在空间离散技术上主要分为三类：第一类是基于网格单元的空间离散技术，如图 2-1 所示，这类水循环模拟系统包括 SHE、WEP 等；第二类是基于地形单元的空间离散技术，如图 2-2 所示，这类水循环模拟系统包括 TOPMODEL、GBHM 等；第三类是基于子流域的空间离散技术，如图 2-3 所示，这类水循环模拟系统包括 SWAT、新安江、HSPF 等。

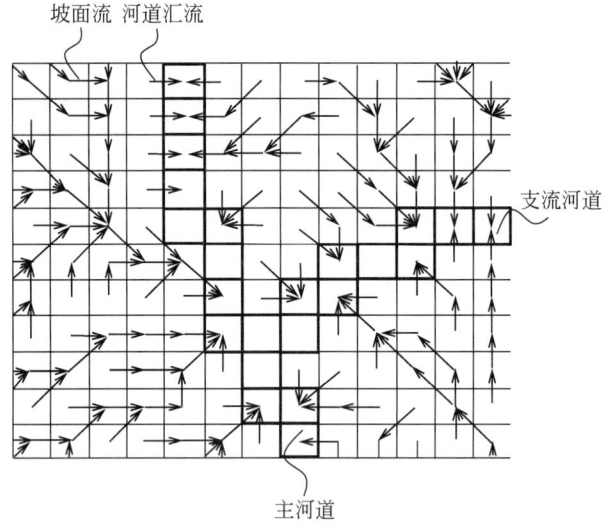

图 2-1 基于网格单元的空间离散技术示意图

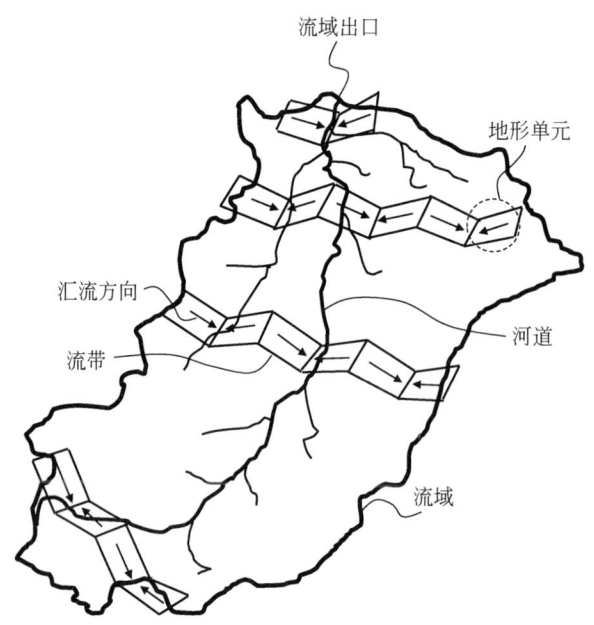

图 2-2 基于地形单元的空间离散技术示意图

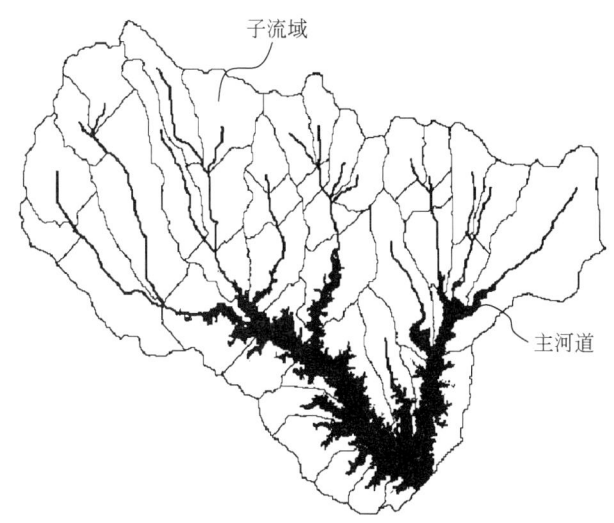

图 2-3 基于子流域的空间离散技术示意图

第一类和第二类技术出现比较早，研究历史比较长，对流域/区域空间分布的描述分别基于网格单元和地形单元，需要给出每个网格单元或地形单元上的参数。其特点是方法比较严格、物理性比较强，但因尺度效应问题对单元大小比较敏感，同时数据资料要求高，在流域/区域尺度太大时运行成本比较高，工作效率比较低，适合于在数据资料密度集中且尺度较小的流域/区域上应用。

第三类技术是近期在前两种技术的基础上发展起来的，融合了分布式和集总式的特点，其主要思想是先根据数字高程网格（DEM）分析汇流路径，再分离出空间上相对独立但具有河道水力联系的子流域，流域/区域的分布特征由子流域体现。在子流域的内部，则继续根据土地利用方式、土壤性质、水土管理的不同进行汇总并划分为多个最小模拟单元。这些最小模拟单元在子流域内部不考虑空间分布，具有集总式的特征。相对而言，基于子流域的空间离散技术比较先进和灵活。比如，汇流路径的形成只取决于 DEM 分辨率，因此在同一 DEM 的基础上，子流域划分的大小并不影响整体汇流路径格局，因此在子流域划分得较大时尺度效应不明显，所以对于大空间尺度流域/区域的模拟也能适应，突破了之前基于网格的空间离散技术对网格单元尺度的限制。再如，对子流域内部进行集中式处理，不仅适当降低了对数据资料的要求，同时简化了一些对模拟结果影响不大的流程，因此运行效率很高。由于这些优势，基于子流域空间离散技术的水循环模拟系统发展很快，目前在应用推广方面已经远远超过前两种离散技术的系统。

在对现有水文模型的空间离散方式进行对比分析的基础上，鉴于子流域空间离散技术比较流行，紧密结合了流域的拓扑结构概念，且应用起来比较直观方便，在流域空间离散方式上，MODCYCLE 模型采用的是基于子流域空间离散的方式。

2.1.2 模拟结构与水循环路径

MODCYCLE 模型为具有物理机制的分布式模拟模型。在平面结构上，模型首先需要把区域/流域按照 DEM 划分为不同的子流域，子流域之间通过主河道的级联关系构建空间上的相互关系。其次在子流域内部，将按照子流域内的土地利用分布、土壤分布、管理方式的差异进一步划分为多个基本模拟单元，基本模拟单元并不等同于一块地，实际上它是子流域内具有相同土地利用方式、管理和土壤类型的地块集合体，这些具有相同性质的地块可能分散在子流域的各处，并不相连。在模拟时基本模拟单元之间相对独立，之间没有作用关系。除基本模拟单元之外，子流域内部可以包括沼泽、湿地、池塘、湖泊等自然水体。在子流域的土壤层以下，地下水系统分为浅层和深层共两层。为简化起见，模型只模拟本子流域浅层和深层地下水系统的相互作用，子流域之间的地下水系统概化为相互独立的，彼此之间不发生水量的交换。每个子流域中的河道系统分为两级，一级为主河道，一级为子河道。子河道汇集从基本模拟单元而来的产水量，部分输送到子流域内的沼泽/湿地、池塘/湖泊，部分输送到主河道。所有子流域的主河道通过空间的拓扑关系构成模型中的河网系统，河网系统中可以包括水库，水分将从流域/区域的最末级主河道逐级演进到流域/区域出口。从这个意义而言，子流域之间是有水力联系的，其空间关系是通过河网系统构成的。图 2-4 为模型系统的平面结构示意图。

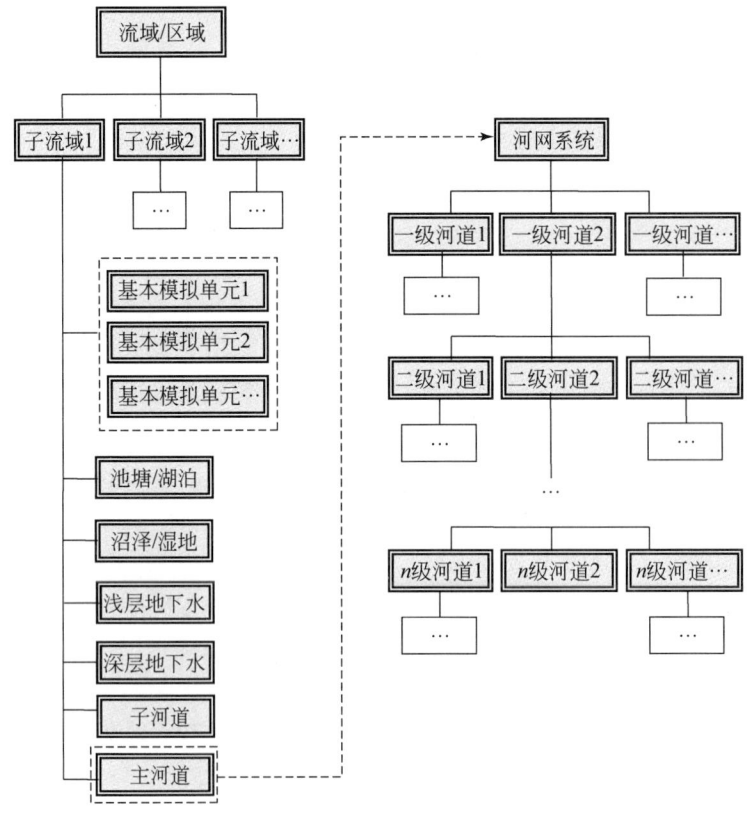

图 2-4　模型系统的平面结构示意图

在水文过程模拟方面，MODCYCLE 将区域/流域中的水循环模拟过程分为两大过程进行模拟，首先是陆面水文循环过程的模拟，控制流域陆面上的水循环过程，包括降水产流、积雪/融雪、植被截留、地表积水、入渗、土壤蒸发、植物蒸腾、深层渗漏、壤中流、潜水蒸发、越流等过程。其次是河道水文循环过程的模拟，陆面过程的产水量将向主河道输出，考虑沿途河道渗漏、水面蒸发、水库等水利工程的拦蓄等过程，并模拟不同级别主河道的水量沿着主河道网络运动直到流域或区域的河道出口的河道过程。图 2-5 为 MODCYCLE 模型模拟的水循环路径示意图。

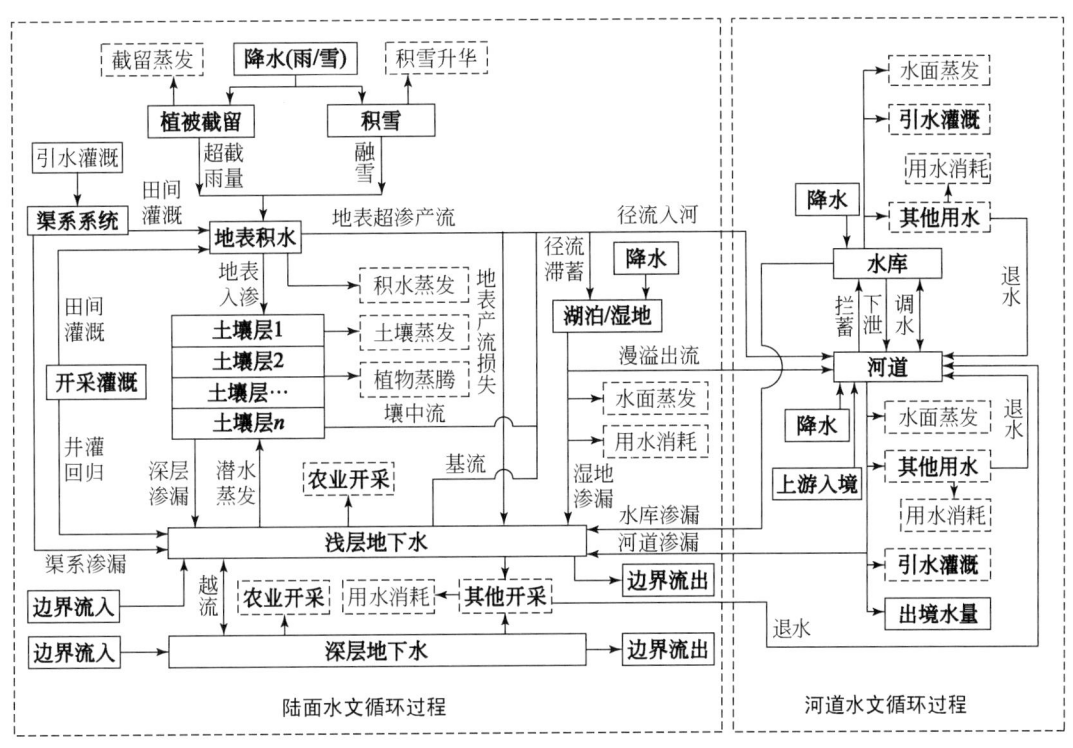

图 2-5　MODCYCLE 模型模拟的水循环路径示意图

2.1.3　面向对象的模块化

在目前多数与计算相关的模型研究中，通常采用结构化的 FORTRAN 语言进行开发，如 MIKE-SHE、新安江模型、MODFLOW 等，优点是编程语法严谨，计算效率高，特别适合于数值计算（如地下水数值模拟）等过程比较固定的模型。其缺点在于由于采用结构化的编程方式，模型的可扩展性欠佳。在当前模型发展过程中，数据输入量和类型越来越庞大和多样，计算过程也越来越复杂，特别是当前水文/水循环模型的发展比较迅速，由于涉及海量的输入数据和多过程的模拟计算，尤其需要以更加先进的理念和更加有效的数据组织方式进行模型开发，以提高模型扩展的灵活性和模型数据组织的高效性。在二元水循环概念模型 MODCYCLE 的开发过程中，选择面向对象的 C++语言进行了整体模型的开发工作，整体模型高度集成和模块化，并较好地实现了模块之间的数据分离和保护机制，提高了程序代码的清晰性和可读性，以及模型功能的可扩展性。模型由流域模块、子流域模块、主河道模块、基本模拟单元模块、水库模块等 26 个模块构成。不同模块具有自己的独立数据，并实现不同的模拟功能，模块之间则通过模块的外部接口进行相互调用。在模块管理方面，MODCYCLE 具有清晰的层次，主要的模块管理层次分为流域管理级、子流域管理级和基本模拟单元管理级三个层次。在流域管理级，流域模块主要管理气象站模块、水库模块、主河道模块和子流域模块；在子流域管理级，子流域模块主要管理基本模拟单元模块、地下水模块、滞蓄模块及气象数据管理模块；在基本模拟单元管理级，基本模拟单元模块主要管理土地利用管理模块和土壤模块。就目前而言，在水文水循环领域采用面向对象方法进行模块化开发编程的并不多见，MODCYCLE 模型可以说是水文模型面向对象开发的一次重要尝试。图 2-6 是 MODCYCLE 模型的模块管理结构。

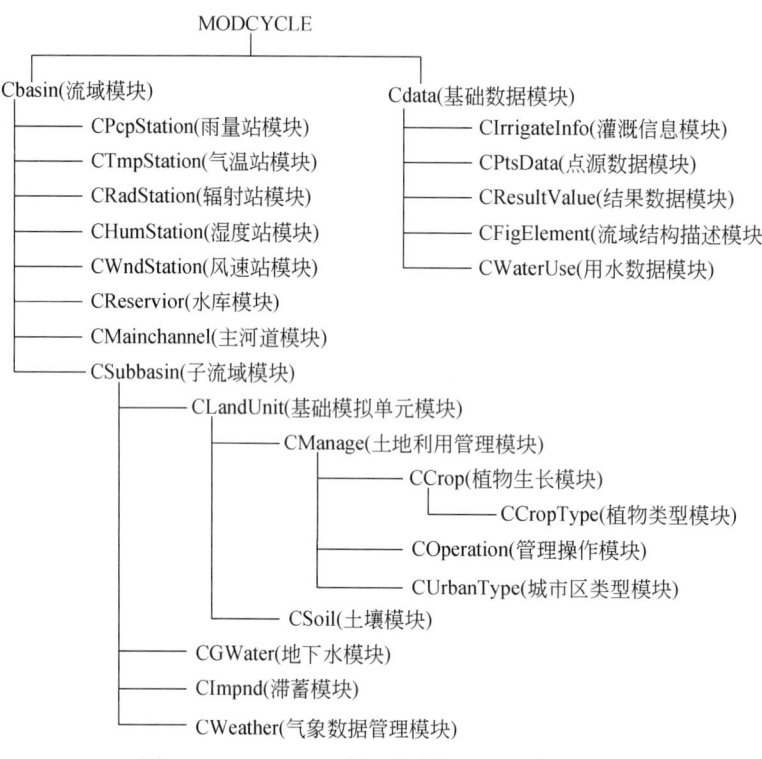

图 2-6　MODCYCLE 模型中模块之间的管理结构

对于每个模块，通过面向对象的思想统一为四部分：一是模块的对外接口，即该模块对外可见的服务功能，外部模块通过对接口的调用得到相应的反馈；二是模块内部的计算函数，主要用于模块自身内部的计算需要，内部计算函数不对其他模块公开，只被模块自身使用；三是模块数据，体现了模块自身的属性特征，模块数据只被本模块使用，外部模块对本模块数据的访问必须通过接口完成，这种特性为不同模块的数据独立性和保护机制提供了良好的支持；四是模块对其他模块的管理，模块之间的相互联系通过指针的方式进行，当某个模块拥有另一个模块的指针时，即获得对该模块的访问权。图 2-7 是 CBasin 模块的内部结构示意图。

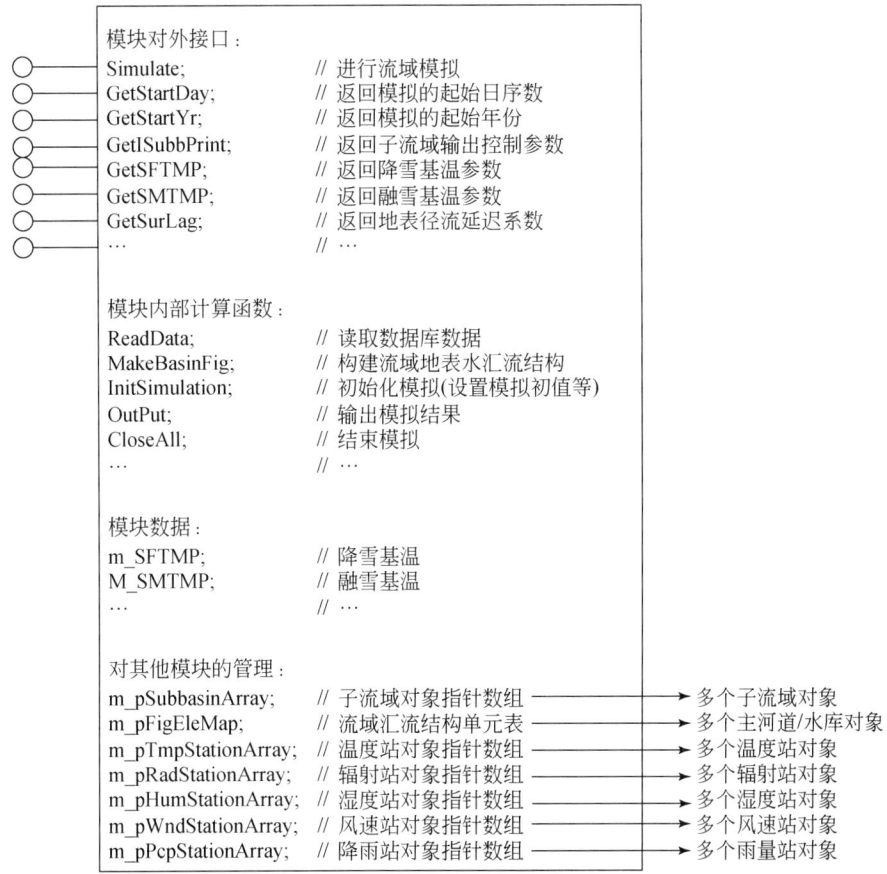

图 2-7 CBasin 模块结构示意

2.1.4 数据库支持

当前多数水文/水循环模型的输入输出接口一般采用标准 TXT 文件，主要的特点是读写的速度较快，但在后期数据管理方面不是很方便，特别是在当前水循环模型综合发展的情势下，模型数据的复杂性和多样性大大增加，对使用者而言进行数据的维护和管理成为较大的负担。为增强模型的易用性，MODCYCLE 开发时摒弃了传统计算水文/水循环模型TXT 文件方式，而采用更加先进的数据库平台方式统一进行数据管理，采用数据库作为模型的输入输出平台，通过 ADO 接口实现对 Access 数据库的访问。在输入输出数据的管理方面，MODCYCLE 模型所有输入数据和输出数据只用一个数据库文件进行管理，模型运行的数据管理方面极为简洁明了。较大程度地提高了输入/输出数据的易读性，并可借用数据库强大的检索统计功能提高输入数据修改上的便利性和输出结果数据整理上的便利性。图 2-8 为 MODCYCLE 模型数据库表，共 39 个。

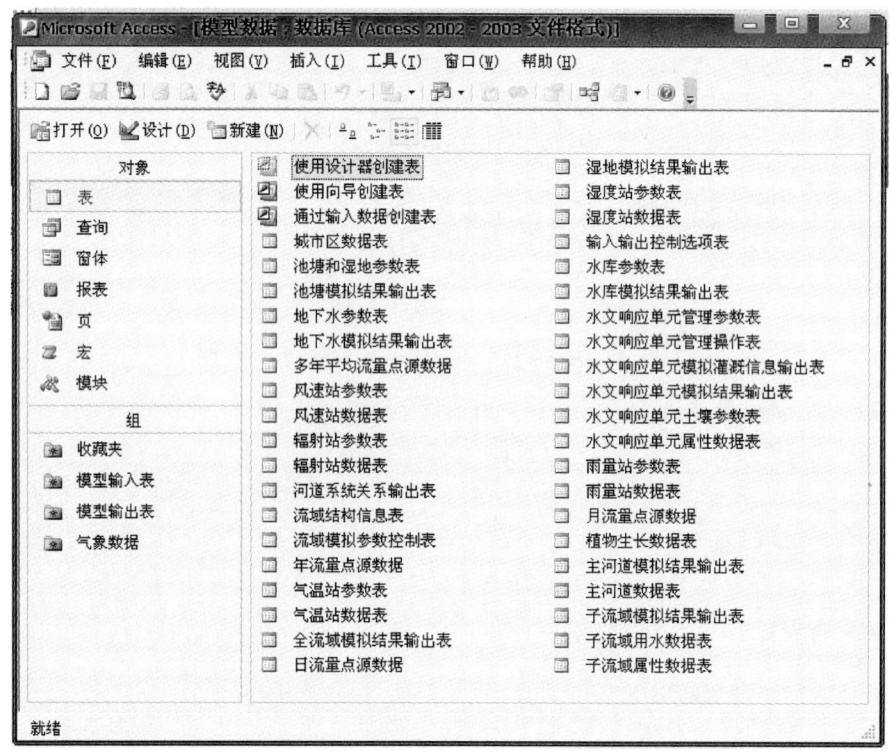

图 2-8　MODCYCLE 模型的数据库表

2.1.5　层次化的水量平衡校验机制

水文/水循环模型涉及不同时空尺度之间的水循环转化模拟，通常会产生庞大的输出结果和众多的输出项。在 MODCYCLE 模型中，模型的输出项超过 150 余项，其内容涉及水循环的各个过程。水量平衡机制是所有水文/水循环模型的核心机制，模型的正确与否，先决条件是在模拟过程中模型必须保持水量守恒。由于模拟过程和水平衡项众多，在模拟过程中对水量平衡机制进行校验并非易事。为此 MODCYCLE 模型开发出一套具有层次化的水平衡校验机制，从子流域内各水循环模拟实体层次独立水平衡校核，到子流域层次综合水平衡校核，再到全流域层次综合水平衡校核，层层水量校核之间具有严格的对应关系，形成了一套独具特色的水量平衡校验方法和体系（图 2-9）。

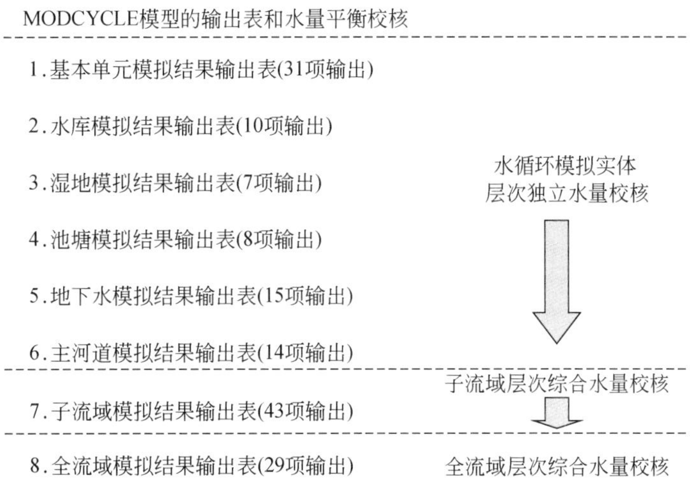

```
┌─────────────────────────────────────────────────┐
│ MODCYCLE模型的输出表和水量平衡校核                  │
├─────────────────────────────────────────────────┤
│  1.基本单元模拟结果输出表(31项输出)                 │
│                                                 │
│  2.水库模拟结果输出表(10项输出)                    │
│                                       水循环模拟实体
│  3.湿地模拟结果输出表(7项输出)           层次独立水量校核
│
│  4.池塘模拟结果输出表(8项输出)               ⬇
│
│  5.地下水模拟结果输出表(15项输出)
│
│  6.主河道模拟结果输出表(14项输出)
├─────────────────────────────────────────────────┤
│                                        子流域层次综合水量校核
│  7.子流域模拟结果输出表(43项输出)            ⬇
├─────────────────────────────────────────────────┤
│  8.全流域模拟结果输出表(29项输出)        全流域层次综合水量校核
└─────────────────────────────────────────────────┘
```

图 2-9　MODCYCLE 模型的输出项和层次化的水量平衡校核机制

2.1.6　并行运算支持

在科学计算领域，如何尽量提高模型的运算性能是一个永恒的话题。在水文/水循环模型的发展过程中，由于理论的不断发展和研究的逐渐细化，需要处理越来越多的数据，模拟越来越丰富的内容，所以对高速运算的渴求从未停止过。随着计算机硬件技术的发展，当前计算机一般都已经具备两个以上的多核心基础，在服务器领域或超级计算机中，几十乃至数千个核心的群集系统也很常见，因此发展并行运算成为近年来高性能计算的研究热点和有效手段。然而除已经具备的硬件能力，还需要软件模型本身提供并行运算的可能性。目前并行运算在气象模型方面已经有了长足的发展，但在水文/水循环模型研究方面尚很少应用。开发并行运算模型的难度在于分离出相互之间影响较小、基本可同步计算的过程，并尽可能减少数据之间的共享冲突，以实现较高的并行效率。面向对象的模块化使 MODCYCLE 模型在计算过程的分离和数据保护方面具备了较好的基础。模型的并行运算思路主要从两个方面出发：一是在子流域内部水循环转化计算阶段，各子流域的计算相对独立，计算顺序的改变对计算结果基本没影响，计算可以并行进行；二是在河网系统汇流计算阶段，如果模拟区域有多个流域出口，则向不同流域出口汇流的河道和水库构成的各个子河网系统之间也具有相对独立性，计算过程也可以并行进行。有时如跨子流域取水灌溉、跨子河网系统调水等情况会破坏以上并行环境，此时需要通过临界区代码保护等方法进行特殊处理，以使线程之间协调工作。模型并行运算时的框图见图 2-10。并行运算下模型的计算效率得到大幅提高，图 2-11、图 2-12 为 core i7920 计算平台（支持 4 核 8 线程运算）下模型并行运算时各线程 CPU 占用率，以及并行运算和非并行运算情况下的效率对比，采用的运算实例为邯郸市域水循环模拟，在并行运算环境下，模型的运算速度提高了 3.3 倍左右。

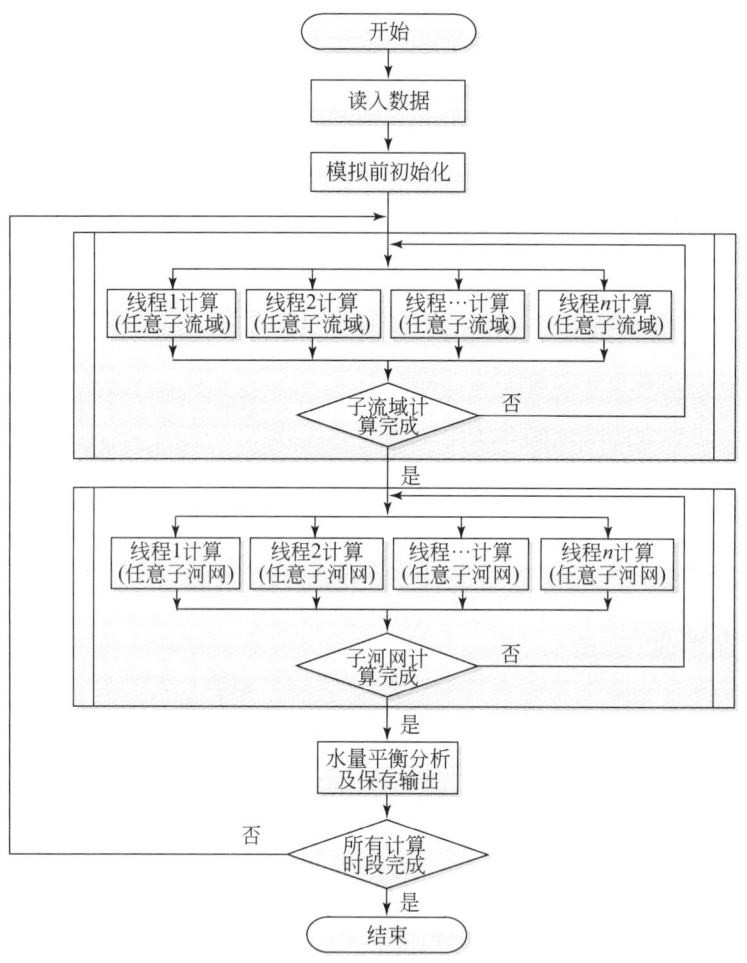

图 2-10　MODCYCLE 并行运算框图

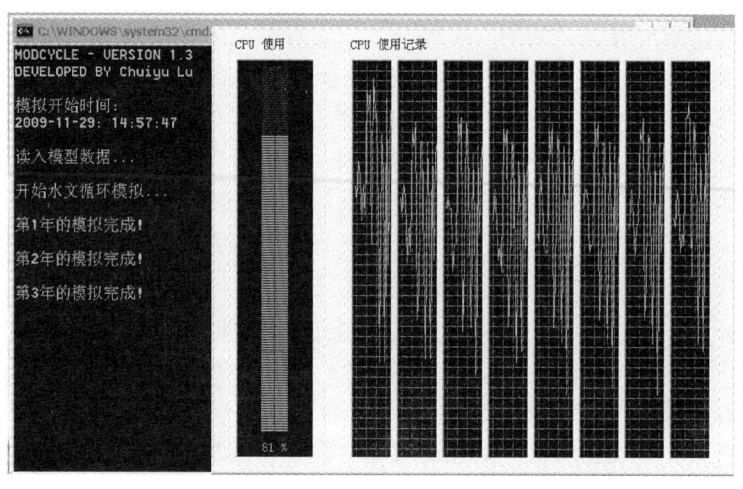

图 2-11　并行运算时各线程 CPU 占用率

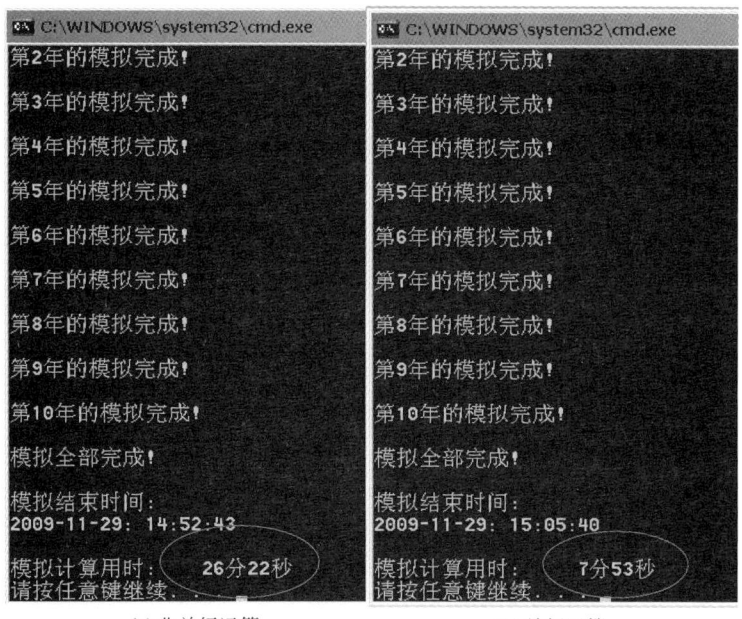

(a) 非并行运算　　　　　　(b) 并行运算

图 2-12　非并行和并行运行时间比较

2.1.7　模型的概念性和物理性

MODCYCLE 模型的概念性可从两点进行说明。首先，从模型空间结构的概化上来说，MODCYCLE 采用子流域的方式进行模拟的分布处理，只有子流域之间具有空间的水力联系，在子流域内部的水循环模拟基本单元之间，水力联系仅通过子流域的浅层地下水进行，属于弱耦合机制。这种空间概化方式有别于传统网格分布式水文/水循环模型的网格式（如 MIKE-SHE）剖分，在这种概化方式下各网格单元之间具有强空间耦合机制。其次，MODCYCLE 的概念性还体现在模拟方法上，MODCYCLE 模型较多采用概念性的计算方法，如降雨产流过程采用 Green-Tempt 方法，汇流过程采用马斯京根法等，与传统全分布式水文模型多采用求解偏微分方程的方式具有较大差别。采用概念性方法的优点在于灵活性较好，此外计算速度要快很多，不足之处在于比物理方法多一些参数的率定工作。

MODCYCLE 模型的物理性也体现为两点：一是虽然采用概念性的模拟计算方法，但这些方法通常是物理方法的简化，同样具有相应的物理基础；二是在水循环过程的刻画上比较具体，基本上大部分的水循环转化过程均对应有清晰的处理过程，保持了水循环模式的完整性和物理性。

2.1.8　模型的天然–人工二元特色

在模型开发过程中，充分考虑到模型对自然水循环过程和人工水循环过程的双重体现。具体而言，在模型模拟过程中对天然–人工水循环过程模拟体现为以下分过程和分项。

1. 自然过程的模拟

大气过程：降雨、积雪、融雪、积雪升华、植被截留、截留蒸发、地表积水、积水蒸发。

地表过程：坡面汇流、河道汇流、湖泊/湿地漫溢出流、水面蒸发、河道渗漏、湖泊/湿地水体渗漏。

土壤过程：产流/入渗、土壤水下渗、土壤蒸发、植物蒸腾、壤中流。

地下过程：渗漏补给、潜水蒸发、基流、浅层/深层越流。

2. 人工过程的模拟

模型可考虑多种人类活动对自然水循环过程的干预，主要包括如下几类。

作物的种植/收割。模型可根据不同分区的种植结构对农作物的类型进行不限数量的细化，并模拟不同作物从种植到收割的生育过程。

农业灌溉取水。农业灌溉取水在模型中具有较灵活的机制，其水源包括河道、水库、浅/深层地下水取水及外调水五种类型。除可直接指定灌溉事件之外，在灌溉取水过程中还可根据土壤墒情的判断进行动态灌溉。

水库出流控制。可根据水库的调蓄原理对模拟过程中水库的下泄量进行控制。

点源退水。模型可对工业/生活的退水行为进行模拟，点源的数量不受限制，同时可指定退水位置。

工业/生活用水。工业/生活用水在模型中通过耗水来描述，其水源包括河道、水库、浅层地下水、深层地下水、池塘五种类型。

水库–河道之间的调水。可模拟任意两个水库或河道之间的调水联系，并有多种调水方式。

湖泊/湿地的补水。可模拟多种水源向湖泊/湿地的补水。

城市区水文过程模拟。针对不同城市透水区和不透水区面积的特征，对城市不同于其他土地利用类型的产/汇流过程进行模拟。

2.2 MODCYCLE 的水循环模拟原理

2.2.1 基础模拟单元水循环

基础模拟单元代表特定土地利用（如耕地、林草地、滩地等）、土壤属性和种植管理方式的集合体，其物理原型是土壤层及其上生长的植被。模型采用一维半经验/半动力学模式对基础模拟单元的水循环过程进行模拟，时间尺度为日尺度。涉及的模拟原理包括降雨、冠层截留、积雪/融雪、地表产流/入渗、蒸发/蒸腾、土壤水分层下渗、壤中流七部分（图 2-13）。

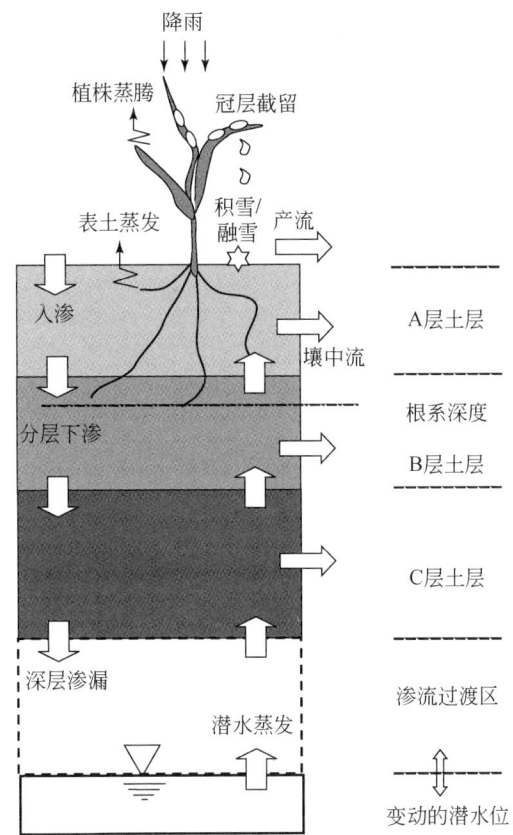

图 2-13 基础模拟单元水循环示意图

2.2.1.1 降雨

降雨/降雪是水分进入陆面水循环过程的主要机制。由于降水控制着水平衡过程，其时空分布必须被正确模拟。虽然 MODCYCLE 模型仅需要日降雨数据作为输入，但由于其产流过程采用 Green-Ampt 方法进行模拟，需要对日降雨进行日内分布。在模拟期间，日尺度降雨数据将通过双指数函数的方法按 0.5h 的时段大小进行随机分布。

日降雨量必须分配到当天中的某个时段，分配方法通过双指数函数进行。假设降雨强度将随着时间指数增长到峰值，然后指数衰落到降雨结束。在一次降雨时间中，分布函数形式如下。

$$i(T) = \begin{cases} i_{mx} \cdot \exp\left[\dfrac{T - T_{peak}}{\delta_1}\right] & 0 < T < T_{peak} \\ i_{mx} \cdot \exp\left[\dfrac{T_{peak} - T}{\delta_2}\right] & T_{peak} \leq T \leq T_{dur} \end{cases} \tag{2-1}$$

式中，i 为 T 时刻的降雨强度（mm/h）；i_{mx} 为降雨强度的峰值；T 为降雨开始后的时间（h）；T_{peak} 为从 0 开始到降雨峰值到达的时间（h）；T_{dur} 为降雨持续时间；δ_1 和 δ_2 为方程因子（h）。图 2-14 为 i_{mx} 等于 10mm/h，T_{dur} 等于 12h，T_{peak} 等于 2h，δ_1 等于 0.5h，δ_2 等于 2h 时

的日降雨强度分布曲线示例。

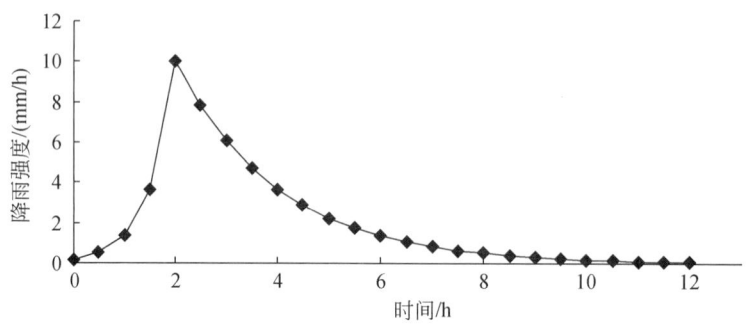

图 2-14 降雨强度日分布示例

2.2.1.2 冠层截留

植被可以显著影响蒸发蒸腾、入渗、地表径流。降雨时植被的存在会截获一部分水分。植被的这些作用与植被的密度和种类有关。

模型中植被冠层的最大截留量以日尺度动态变化，其值为植被的叶面积指数的函数：

$$\text{can}_{\text{day}} = \text{can}_{\text{mx}} \cdot \frac{\text{LAI}}{\text{LAI}_{\text{mx}}} \quad (2\text{-}2)$$

式中，can_{day} 为某日植被冠层的最大截留能力（mm）；can_{mx} 为植被完全生长时的最大截留能力（mm）；LAI 为当日的植被叶面积指数；LAI_{mx} 为植被完全生长时的最大叶面积指数。

如果某天有降雨，在降落到土表之前，降雨量首先被植被冠层截获。

$$\begin{cases} R_{\text{INI},f} = R_{\text{INI},i} + R'_{\text{day}}, & R_{\text{day}} = 0 & R'_{\text{day}} \leqslant \text{can}_{\text{day}} - R_{\text{INI},i} \\ R_{\text{INI},f} = \text{can}_{\text{day}}, & R_{\text{day}} = R'_{\text{day}} - (\text{can}_{\text{day}} - R_{\text{INI},i}) & R'_{\text{day}} > \text{can}_{\text{day}} - R_{\text{INI},i} \end{cases} \quad (2\text{-}3)$$

式中，$R_{\text{INI},i}$ 为某天初始时植被上的截留量（mm）；$R_{\text{INI},f}$ 为当天结束时植被上的截留量（mm）；R'_{day} 为当天的降雨量（自然雨量，未扣除植被冠层截留）（mm）；R_{day} 为到达土表的雨量（mm）。

2.2.1.3 积雪/融雪

模拟过程中当天降水的性质是降雨或是降雪通过日平均气温判断。降雪背景温度阈值为模型的重要参数。如果当天的平均气温低于降雪背景温度阈值，则认为当天降雪（或冻雨），否则认为是降雨。

(1) 积雪

降雪在地表以积雪的形式存储，积雪中所存储的水量称为积雪当量。当有降雪补充时，积雪当量增加；当积雪融化或升华时积雪当量减少。基本模拟单元上雪量的平衡关系为

$$\text{SNO} = R_{\text{day}} - E_{\text{sub}} - \text{SNO}_{\text{mlt}} \quad (2\text{-}4)$$

式中，SNO 是当天的积雪量（mm H$_2$O）；R_{day} 是降雪量（仅在 $\overline{T}_{\text{av}} < T_{s\text{-}r}$ 时）（mm H$_2$O）；E_{sub} 是当天的积雪升华量（mm H$_2$O）；SNO_{mlt} 是当天的融雪量（mm H$_2$O）。由于雪堆漂移、

地形阴影等作用，在特定子流域里，积雪很少能够均匀地分布在整个表面上，这使得部分子流域面积上面可能没有积雪。没有积雪的部分必须被定量出来以正确计算融雪量，即积雪覆盖度。影响积雪覆盖的因素对于一个地区而言通常年复一年是相似的，因此可根据积雪量来推断积雪覆盖度，计算公式如下。

$$sno_{cov} = \frac{SNO}{SNO_{100}} \cdot \left[\frac{SNO}{SNO_{100}} + \exp\left(cov_1 - cov_2 \cdot \frac{SNO}{SNO_{100}}\right)\right]^{-1} \quad (2-5)$$

以上公式定义了一条曲线，其中 sno_{cov} 为基本模拟单元上的积雪覆盖度；SNO 为基本模拟单元上的积雪当量（mm H_2O）；SNO_{100} 为积雪覆盖度达到 100% 时的积雪当量阈值；cov_1 和 cov_2 为曲线形状的系数因子。通过曲线方程上已知的两点计算，第 1 点为 95% 的积雪覆盖度，积雪当量等于 SNO_{100} 的 95%；第二点为 50% 的积雪覆盖度，积雪当量与 SNO_{100} 的比值为用户的输入值。

（2）融雪

融雪和降雨一起用来计算地表径流量和入渗量，融雪在模型中假设全天 24h 之内都是平均的。融雪量是空气和积雪温度、融雪速率和积雪覆盖度的函数。

1）积雪温度。积雪温度是日平均气温的函数，为气温的阻尼方程（Anderson，1976）。前一天的积雪温度对当天的影响由一个滞后因子 l_{sno} 确定，该参数表达了积雪密度、积雪厚度等因素对积雪温度的影响。积雪温度的计算如下：

$$T_{snow(d_n)} = T_{snow(d_n-1)} \cdot (1 - l_{sno}) + \overline{T}_{av} \cdot l_{sno} \quad (2-6)$$

式中，$T_{snow(d_n)}$ 为某天的积雪温度；$T_{snow(d_n-1)}$ 为前一天的积雪温度；l_{sno} 为滞后因子；$\overline{T}_{av}$ 为当日的平均气温。当 l_{sno} 接近 1.0 时，当天的气温对积雪的温度影响权重加大。当积雪的温度超过阈值 T_{mlt}（由用户给出）的时候积雪才会融化。

2）融雪方程。用线性方程描述融雪过程：

$$SNO_{mlt} = b_{mlt} \cdot sno_{cov} \cdot \left[\frac{T_{snow} + T_{mx}}{2} - T_{mlt}\right] \quad (2-7)$$

式中，SNO_{mlt} 为当天的融雪量（mm H_2O）；b_{mlt} 为当天的融雪因子（mm H_2O/℃）；sno_{cov} 为积雪覆盖度；T_{snow} 为当天积雪的温度（℃）；T_{mx} 为当天最高气温（℃），T_{mlt} 为融雪基温（℃）。

融雪因子 b_{mlt} 可根据夏至和冬至的最大值进行季节变化。

$$b_{mlt} = \frac{b_{mlt6} + b_{mlt12}}{2} + \frac{b_{mlt6} - b_{mlt12}}{2} \cdot \sin\left[\frac{2\pi}{365} \cdot (d_n - 81)\right] \quad (2-8)$$

式中，b_{mlt6} 为 6 月 21 日的融雪因子(mm H_2O/℃)；b_{mlt12} 为 12 月 21 日的融雪因子(mm H_2O/℃)；d_n 为当天的日序数。

2.2.1.4 产流/入渗

MODCYCLE 模型中产流/入渗过程的模拟通过 Green-Ampt 方程（Green and Ampt，1911）进行模拟，但加入了地表积水控制改进。

(1) Green-Ampt 入渗/产流方程

Green-Ampt 方程用来模拟土层表面存在超渗雨量时的入渗过程。假设土壤为均质，而且前期含水量均匀分布在整个土壤剖面中，当水分入渗到土壤中时，模型假设湿润峰以上的土壤都是完全饱和的，并且湿润峰处将土壤含水率分布截然分开。

Green-Ampt 方程中入渗速率定义为

$$f_{\text{inf},t} = K_e \frac{F_{\text{inf},t} + \psi_{\text{wf}} \Delta \theta_v}{F_{\text{int},t}} \tag{2-9}$$

式中，$f_{\text{inf},t}$ 为 t 时刻的入渗速率；K_e 为有效水力传导度（mm/h）；ψ_{wf} 为湿润峰处的土壤水负压（mm）；$\Delta \theta_v$ 为湿润峰两端的土壤含水率差值（mm/mm）；$F_{\text{int},t}$ 为 t 时刻累积的入渗量（mm H$_2$O）。

当降雨强度小于入渗速率时，该段时间内所有的降雨量都入渗到土壤中，累积的入渗量计算如下。

$$F_{\text{inf},t} = F_{\text{inf},t-1} + R_{\Delta t} \tag{2-10}$$

式中，$F_{\text{inf},t}$ 为当前时刻的累计入渗量；$F_{\text{inf},t-1}$ 为前一时刻的累计入渗量；$R_{\Delta t}$ 为时段内的降雨量。

因为 $f_{\text{inf},t} = \dfrac{\mathrm{d}F_{\text{inf},t}}{\mathrm{d}t}$，所以根据式（2-9）有

$$\frac{\mathrm{d}F_{\text{inf},t}}{\mathrm{d}t} = \frac{K_e F_{\text{inf},t} + K_e \psi_{\text{wf}} \Delta \theta_v}{F_{\text{inf},t}} \tag{2-11}$$

对式（2-11）进行积分可得

$$F_{\text{inf},t} = F_{\text{inf},t-1} + K_e \cdot \Delta t + \psi_{\text{wf}} \cdot \Delta \theta_v \ln \left(\frac{F_{\text{inf},t} + \psi_{\text{wf}} \Delta \theta_v}{F_{\text{inf},t-1} + \psi_{\text{wf}} \Delta \theta_v} \right) \tag{2-12}$$

式（2-12）左右两端都有未知数 $F_{\text{inf},t}$，可通过迭代求解方法进行计算。

Green-Ampt 方程的有效水力传导度 K_e 采用 Nearing 等建立的一种利用饱和渗透系数和 SCS 曲线值 CN 计算，以考虑土地利用对有效水力传导度的影响。

$$K_e = \frac{56.82 \cdot K_{\text{sat}}^{0.286}}{1 + 0.051 \cdot \exp(0.062\text{CN})} - 2 \tag{2-13}$$

湿润峰处的土壤水基质势 ψ_{wf} 为土壤孔隙率、土壤中砂和黏土比例的函数：

$$\begin{aligned}
\psi_{\text{wf}} = 10 \times \exp[& 6.5309 - 7.32561\phi_{\text{soil}} + 0.001583 m_c^2 + 3.809479 \phi_{\text{soil}}^2 \\
& + 0.000344 m_s \cdot m_c - 0.049837 m_s \cdot \phi_{\text{soil}} + 0.001608 m_s^2 \cdot \phi_{\text{soil}}^2 \\
& + 0.001602 m_c^2 \cdot \phi_{\text{soil}}^2 - 0.0000136 m_s^2 \cdot m_c - 0.003479 m_c^2 \cdot \phi_{\text{soil}} \\
& - 0.000799 m_s^2 \cdot \phi_{\text{soil}}]
\end{aligned} \tag{2-14}$$

式中，ϕ_{soil} 为土壤的孔隙率（mm/mm）；m_c 为土壤中黏土的比例；m_s 为土壤中砂的比例。

湿润峰两端的土壤含水率差值 $\Delta \theta_v$ 在每天的初始时刻计算，表达式为

$$\Delta \theta_v = \left(1 - \frac{\text{SW}}{\text{FC}} \right) \cdot 0.95 \phi_{\text{soil}} \tag{2-15}$$

式中，SW 为土壤剖面的含水率与凋萎含水率之间的差值（mm），FC 为土壤剖面处于田间持水率时的含水量（mm）。

以上在求解 Green-Ampt 方程时对于每个计算时间步长，模型都计算进入土壤中的水分。没有进入土壤中的水分都被认为是地表径流量，将每个计算时段的地表产流量进行累积，即得到当天的地表产流量。当天地表产流量的计算公式为

$$R_{day} = Pcp_{day} + Irri_{day} - F_{int, day} \tag{2-16}$$

式中，R_{day} 为当天的地表产流量（mm）；Pcp_{day} 为当天的降雨量（mm）；$Irri_{day}$ 为当天的灌溉量（mm）；$F_{int, day}$ 为当天的地表入渗量（mm）。

（2）地表积水因素的影响

从以上 Green-Ampt 方程的推导过程中可以发现，该计算过程并未考虑地表积水过程，影响地表产流量的控制因素主要是降雨/灌溉强度和地表的入渗能力，只要是地表产流，就认为是有效的地表径流，这也是目前多数应用该方程的水文模型的通常做法。在现实情况下由于下垫面因素的复杂性，地表发生积水的现象很常见。自然情况下地表存在小的坑洼、树根、枯枝对地面径流的阻滞等，都具有一定的地表滞蓄作用，特别在人类活动区如农田，一般都有田埂存在，更是具有较强的积水能力。在降雨/灌溉能力超出土壤入渗能力时，地表虽有自由水产生，但不能形成径流，而是通过地表积水的形式存在。随着积水深度的增加，在超出地表滞蓄能力之后才开始产流。

为刻画积水过程，模型中设置地表的最大积水深度参数，作为影响入渗量的重要参数，只有当地表的积水深度超过地表最大积水深度时才能形成地表产流。因此原地表产流公式在 MODCYCLE 模型中被修正为地表积水公式：

$$Pnd'_{day} = Pcp_{day} + Irri_{day} - F_{int, day} \tag{2-17}$$

式中，Pnd'_{day} 为当天末的潜在积水量（mm）；其他符号意义同式（2-16）。

当天的地表产流量的计算通过地表最大积水能力判断。

$$\begin{cases} R_{day} = Pnd'_{day} - Pnd_{mx}, & Pnd'_{day} > Pnd_{mx} \\ R_{day} = 0, & Pnd'_{day} \leq Pnd_{mx} \end{cases} \tag{2-18}$$

式中，Pnd_{mx} 为地表的最大积水能力（mm）；其他符号意义同式（2-17）。

在计算完当天的地表产流量后，当天的地表积水量可计算为

$$\begin{cases} Pnd_{day} = Pnd_{mx}, & Pnd'_{day} > Pnd_{mx} \\ Pnd_{day} = Pnd'_{day}, & Pnd'_{day} \leq Pnd_{mx} \end{cases} \tag{2-19}$$

式中，Pnd_{day} 为当天末的地表的实际积水量（mm）。

当天在地表没有入渗的水量 Pnd_{day} 将与次日的地表降雨、灌溉量一起作为地表潜在入流量继续模拟地表入渗过程。

目前多数水文模型通常不考虑地表积水因素的影响，本模型通过积水过程机理和过程的刻画进行了修正，可使入渗/产流模拟更加贴近实际情况。

2.2.1.5 蒸发蒸腾

MODCYCLE 模型的蒸发蒸腾是一个集合的概念，具体包括植株蒸腾、表土蒸发、积水蒸发、冠层截留蒸发、积雪升华五种类型。在计算实际蒸发蒸腾之前，首先需要计算当天的潜在蒸发蒸发量，以此作为同一的基准计算实际蒸发蒸腾。

(1) Penman-Monteith 公式

MODCYCLE 模型使用 Penman-Monteith 公式计算潜在腾发量，该公式需要太阳辐射、最高/最低气温、相对湿度和风速五项气象数据。Penman-Monteith 具有日内尺度、日/旬尺度和月尺度多种计算方式，一般而言时间尺度越小该公式的精度越高。

Penman-Monteith 公式的形式为

$$\lambda E = \frac{\Delta \cdot (H_{net} - G) + \rho_{air} \cdot c_p \cdot [e_z^0 - e_z]/r_a}{\Delta + \gamma \cdot (1 + r_c/r_a)} \tag{2-20}$$

式中，λE 为潜热通量 [MJ/(m²·d)]；E 为蒸发速率 (mm/d)；Δ 为饱和气压-温度曲线的斜率，de/dT (kPa/℃)；H_{net} 为净辐射 [MJ/(m²·d)]；G 为地中热通量 [MJ/(m²·d)]；ρ_{air} 为空气密度 (kg/m³)；c_p 为常压下的比热容 [MJ/(kg·℃)]；e_z^0 为高度 z 处的饱和水汽压 (kPa)；e_z 为高度 z 处的实际水汽压 (kPa)；γ 为湿度表常数 (kPa/℃)；r_c 为植物阻抗 (s/m)；r_a 为空气动力阻抗 (s/m)。

对于充分灌溉的植物，在大气中，风速剖面对数分布的情况下，Penman-Monteith 可以写为

$$E_0 = \frac{\Delta \cdot (H_{net} - G) + \gamma \cdot K_1 \cdot (0.622\lambda \cdot \rho_{air}/P) \cdot (e_z^0 - e_z)/r_a}{\lambda[\Delta + \gamma \cdot (1 + r_c/r_a)]} \tag{2-21}$$

式中，λ 为汽化潜热 (MJ/kg)；E_0 为作物潜在蒸腾速率 (mm/d)；K_1 为有因次的系数（主要是使公式分子的两项具有相同的单位，如果 u_z 的单位为 m/s，则 $K_1 = 8.64 \times 10^4$）；P 为大气压 (kPa)。

Penman-Monteith 的计算需要知道以下 10 个分项：汽化潜热 λ、饱和气压-温度曲线的斜率 Δ、净辐射 H_{net}、地中热通量 G、湿度表常数 γ、组合项 $K_1 \cdot (0.622\lambda \cdot \rho_{air}/P)$、高度 z 处的饱和水汽压 e_z^0、高度 z 处的实际水汽压 e_z，植被阻抗 r_c 及空气动力学阻抗 r_a。以下逐一给出相应计算方法。

第一，汽化潜热。汽化潜热 λ 为将水从液态转化为气态所需要吸收的能量。汽化潜热为温度的函数，可根据式 (2-22) (Harrison, 1963) 计算：

$$\lambda = 2.501 - 2.361 \cdot 10^{-3} \cdot \overline{T}_{av} \tag{2-22}$$

式中，$\overline{T}_{av}$ 为当天的平均温度 (℃)，计算公式如下。

$$\overline{T}_{av} = \frac{T_{min} + T_{max}}{2} \tag{2-23}$$

式中，T_{min} 为当天的最低气温 (℃)；T_{max} 为当天的最高气温 (℃)。

第二，饱和气压-温度曲线的斜率。通过对饱和水汽压曲线（见饱和水汽压的计算）进行求导，可得饱和水汽压曲线的斜率计算公式 (kPa/℃)：

$$\Delta = \frac{4098e_0}{(\overline{T}_{av} + 237.3)^2} \tag{2-24}$$

式中，e_0 为当天的饱和水汽压 (kPa)。

第三，净辐射。为得到净辐射，需要分别计算入射和反射的短波辐射，以及净长波辐

射（或温度辐射）。根据能量平衡关系，其计算公式如下。

$$H_{net} = H_{day}\downarrow - \alpha \cdot H_{day}\uparrow + H_L\downarrow - H_L\uparrow \tag{2-25}$$

或

$$H_{net} = (1-\alpha) \cdot H_{day} + H_b \tag{2-26}$$

式中，H_{net} 为净辐射 [MJ/(m²·d)]；H_{day} 为当天到达地表的短波太阳辐射 [MJ/(m²·d)]；α 为短波反射率或反照率；H_L 为长波辐射 [MJ/(m²·d)]；H_b 为净长波辐射的收入，箭头表示辐射方向。

1）短波辐射。短波辐射可以通过仪器进行直接测量，或根据日照时数通过以下经验公式计算。

$$H_{day} = \left(a_s + b_s \frac{n}{N}\right) \cdot H_0 \tag{2-27}$$

式中，H_{day} 为短波辐射 [MJ/(m²·d)]；n 为日照时数（h）；N 为最大可能日照时数（h），即白昼长度 T_{DL}；a_s 和 b_s 为回归常数，a_s 和 b_s 随大气状况（湿度、尘埃）和太阳倾角（纬度和月份）而变化。当没有实际的太阳辐射资料和经验参数可以利用时，一般使用 a_s =0.25，b_s =0.50；H_0 为日地球外辐射量 [MJ/(m²·d)]，计算公式如下。

$$H_0 = \frac{118.104}{\pi} E_0(\omega_s \sin\phi\sin\delta + \cos\phi\cos\delta\sin\omega_s) \tag{2-28}$$

式中，E_0 为地球的偏心修正系数；ω_s 为日落时角（rad）；ϕ 为计算地点的纬度；δ 为日偏角。计算公式如下。

$$E_0 = 1 + 0.033\cos(2\pi d_n/365) \tag{2-29}$$

$$\omega_s = \arccos(-\tan\phi\tan\delta) \tag{2-30}$$

$$\delta = \arcsin\left\{0.4\sin\left[\frac{2\pi}{365}(d_n - 82)\right]\right\} \tag{2-31}$$

式中，d_n 为日序数。

2）净长波辐射。净长波辐射的计算公式为

$$H_b = -\sigma \cdot T_k^4 \cdot [0.34 - 0.139\sqrt{e}] \cdot \left[0.9\frac{H_{day}}{H_{MX}} + 0.1\right] \tag{2-32}$$

式中，H_b 为净长波辐射 [MJ/(m²·d)]；σ 为斯施特藩-波耳兹曼常数，数值为 4.903×10^{-9} [MJ/(K·m²·d)]；e 为实际水汽压（kPa）；T_k 为平均气温的热力学温度（K）；H_{day} 为短波辐射 [MJ/(m²·d)]；H_{MX} 为晴空太阳辐射 [MJ/(m²·d)]，计算公式为

$$H_{MX} = (a_s + b_s) \cdot H_0 \tag{2-33}$$

第四，地中热通量。地中热通量在几个小时的时间内可以有显著的变化，但通常在日尺度时间内变化不大，因为在上午土壤吸收能量被加热，在下午或晚上则冷却。在有植被覆盖时，10~30 天的时间段内土壤热通量的量级很小，在大多数能量平衡过程中一般都能被忽略掉。模型假设在日地中热通量的值 G 总是为 0。

第五，湿度表常数 γ。蒸发过程包括潜热和感热在蒸发体和空气中的交换。湿度表常数 γ（kPa/℃）代表了感热转变为潜热和空气流过湿度计时得到的感热之间的平衡关系。

计算公式为

$$\gamma = \frac{c_p \cdot P}{0.622\lambda} \tag{2-34}$$

式中，c_p 为常压下空气的比热 $[1.013\times10^{-3}\text{MJ}/(\text{kg}\cdot\text{℃})]$；$P$ 为气压（kPa）；γ 为蒸发潜热（MJ/kg）。

大气压力 P 的计算公式如下。

$$P = 101.3 \left(\frac{293 - 0.0065\text{EL}}{293}\right)^{5.26} \tag{2-35}$$

式中，EL 为高程（m）。

第六，组合项 $K_1 \cdot 0.622\lambda \cdot \rho_{\text{air}}/P$。当风速的单位为 m/s 时，可用根据 Jenson (1963) 等建立的公式计算组合项 $K_1 \cdot 0.622\lambda \cdot \rho_{\text{air}}/P$：

$$K_1 \cdot 0.622\lambda \cdot \rho_{\text{air}}/P = 1710 - 6.85\overline{T}_{\text{av}} \tag{2-36}$$

式中，$\overline{T}_{\text{av}}$ 为当天的平均温度。

第七，饱和水汽压的计算。饱和水汽压与气温相关，模型假设温度的测量计算公式如下。

$$e_0(T) = 0.6108 \cdot \exp\left(\frac{17.27T}{T + 237.3}\right) \tag{2-37}$$

式中，$e_0(T)$ 是气温为 T 时的饱和水汽压（kPa）；T 为空气温度（℃）。

由于饱和水汽压方程的非线性，日、旬、月等时间段的平均饱和水汽压应当以那个时段的日最高气温、日最低气温计算出来的饱和水汽压的平均值来计算：

$$e^0 = \frac{e^0(T_{\max}) + e^0(T_{\min})}{2} \tag{2-38}$$

如果用平均气温代替日最高气温和日最低气温会造成偏低估计饱和水汽压 e^0 的值，相应的饱和水汽压与实际水汽压的差减少，因此最终的可能蒸散量的计算结果也会减少。

第八，实际水汽压的计算。当相对湿度 R_h 已知时，实际水汽压可根据下式计算。

$$e = R_h \cdot e^0 \tag{2-39}$$

第九，植被阻抗。对于充分灌溉的参考作物的植被阻抗，可以用单片叶面的最小有效气孔阻抗除以 0.5 倍的叶面积指数估算：

$$r_c = \frac{r_1}{0.5\text{LAI}} \tag{2-40}$$

式中，r_c 为植被阻抗（s/m）；r_1 为单片叶面的最小有效气孔阻抗（s/m）；LAI 为叶面积指数。

单片叶面的最小有效气孔阻抗的计算公式为

$$r_1 = \frac{r_{1-\text{ad}} \cdot r_{1-\text{ab}}}{r_{1-\text{ad}} + r_{1-\text{ab}}} \tag{2-41}$$

式中，$r_{1-\text{ad}}$ 是最小上叶面有效阻抗（s/m）；$r_{1-\text{ab}}$ 为最小下叶面有效阻抗（s/m）。气孔下生叶面的最小有效气孔阻抗的计算公式为

$$r_1 = r_{1-\text{ad}} = r_{1-\text{ab}} \tag{2-42}$$

叶面传导度的定义为单片叶面有效气孔阻抗的倒数：

$$g_1 = \frac{1}{r_1} \tag{2-43}$$

式中，g_1 为最大叶面传导度（m/s）。

当植物阻抗表达为最大叶面传导度的函数时，计算公式如下。

$$r_c = (0.5 g_1 \cdot LAI)^{-1} \tag{2-44}$$

当计算实际腾发量时，植被阻抗相的计算公式修改成考虑水汽压差的影响形式。对于某种植物，水汽压亏缺阈值的定义为植物叶面传导度开始下降时的水汽压亏缺。水汽压亏缺为饱和水汽压与实际水汽压之间的差值：

$$vpd = e_0 - e \tag{2-45}$$

考虑水汽压亏缺阈值后，植物叶面传导度的计算公式为

$$g_1 = \begin{cases} g_{1,\text{mx}} \cdot [1 - \Delta g_{1,\text{dcl}}(vpd - vpd_{\text{thr}})], & vpd > vpd_{\text{thr}} \\ g_{1,\text{mx}}, & vpd \leq vpd_{\text{thr}} \end{cases} \tag{2-46}$$

式中，g_1 为单片叶面的传导度（m/s）；$g_{1,\text{mx}}$ 为单片叶面的最大传导度（m/s）；$\Delta g_{1,\text{dcl}}$ 为单位水汽压亏缺增长下叶面传导度减少速率［m/（s·kPa）］；vpd 为水汽压亏缺（kPa）；vpd_{thr} 为水汽压亏缺阈值（kPa）。

如果知道某水汽压亏缺值 vpd_{fr} 下的叶面传导度，单位水汽压亏缺增长下叶面传导度减少速率 $\Delta g_{1,\text{dcl}}$ 的计算可以通过下式计算。

$$\Delta g_{1,\text{dcl}} = \frac{1 - fr_{g,\text{mx}}}{vpd_{\text{fr}} - vpd_{\text{thr}}} \tag{2-47}$$

式中，$fr_{g,\text{mx}}$ 为最大传导度 $g_{1,\text{mx}}$ 的比例系数（vpd_{fr} 时的叶面传导度除以 $g_{1,\text{mx}}$）。

第十，空气动力学阻抗。空气对感热和水汽传输的阻抗 r_a 的计算公式为

$$r_a = \frac{\ln[(z_w - d)/z_{\text{om}}] \cdot \ln[(z_p - d)/z_{\text{ov}}]}{k^2 u_z} \tag{2-48}$$

式中，z_w 为风速的测量高度（cm）；z_p 为湿度和温度的测量高度（cm）；d 是风速剖面的零平面转置高度（cm）；z_{om} 为动量转移的粗糙长度（cm）；z_{ov} 为水汽转移的粗糙长度（cm）；k 为卡尔曼常数，模型取值0.41；u_z 为 z_w 处的风速（m/s）。

表面粗糙参数 z_0 与植被冠层的平均高度 h_c 有关，其关系式为

$$h_c/z_0 = 3e = 8.15 \tag{2-49}$$

对于动量转移粗糙长度可计算如下。

$$z_{\text{om}} = \begin{cases} h_c/8.15 = 0.123 h_c, & h_c \leq 200\text{cm} \\ 0.058 h_c^{1.19}, & h_c > 200\text{cm} \end{cases} \tag{2-50}$$

水汽传输粗糙长度的计算公式为

$$z_{\text{ov}} = 0.1 z_{\text{om}} \tag{2-51}$$

风速剖面的零平面转置高度 d 可用下式计算。

$$d = (2/3) \cdot h_c \tag{2-52}$$

在计算潜在腾发量时，需要2m高处测量的风速。在其他高度观测到的风速可以根据

式（2-53）进行订正。

$$\mu_2 = \mu_z \cdot \left(\frac{1.7}{z}\right)^{0.2} \tag{2-53}$$

式中，μ_2 为 2m 高处的风速（m/s）；μ_z 为 z 高处测量的风速（m/s）；z 为风速计仪器安放的离地面高度（m）。

(2) 参考作物腾发量

模型以参考作物蒸发蒸腾量为标准，计算与作物无关的各种类型的蒸发量，如裸土蒸发、水面蒸发等。

计算参考作物蒸发蒸腾量需要拟订参考作物。模型假设参考作物为 40cm 高度的紫花苜蓿，最小叶面阻抗 r_1 为 100（s/m）。此时空气动力学阻抗计算为

$$r_a = \frac{114}{u_z} \tag{2-54}$$

计算植被阻抗时需要叶面积指数的数据。Allen 建立了估计参考作物叶面积指数的方程，计算参数为参考作物的生长高度：

$$\text{LAI} = 1.5 \ln h_c - 1.4 \tag{2-55}$$

式中，h_c 为植被的高度（cm）。对于高度为 40cm 的参考作物，其叶面积指数的值为 4.1。因此，参考作物的植被阻抗为

$$r_c = r_1/(0.5\text{LAI}) = 100/(0.5 \cdot 4.1) = 49 \tag{2-56}$$

基于参考作物参数，当天的参考作物腾发量计算公式为

$$E_0 = \frac{\Delta \cdot (H_{\text{net}} - G) + \gamma \cdot K_1 \cdot (0.622\lambda \cdot \rho_{\text{air}}/P) \cdot (e_z^0 - e_z)/r_a}{\lambda[\Delta + \gamma \cdot (1 + 0.43u_z)]} \tag{2-57}$$

(3) 冠层截留蒸发

MODCYCLE 假设蒸发蒸腾首先消耗植被的降雨截留。植被截留蒸发量尤其是在森林地带非常可观，在某些情况下，降雨截留量甚至大于实际蒸腾量。

在当天的参考作物腾发量 E_0 小于植被截留量 R_{INT} 时，则

$$\begin{aligned} E_a &= E_{\text{can}} = E_0 \\ R_{\text{INT},f} &= R_{\text{INT},i} - E_{\text{can}} \end{aligned} \tag{2-58}$$

式中，E_a 为当天的实际腾发量（mm）；E_{can} 为植被截留水分的实际蒸发量（mm）；E_0 为当天的潜在腾发量（mm）；$R_{\text{INT},i}$ 为当天初始时刻植被上的截留水量（mm）；$R_{\text{INT},f}$ 为当天结束时植被上的截留水量（mm）。

如果当天的参考作物腾发量 E_0 大于植被截留量 R_{INT}，则实际腾发量为

$$\begin{aligned} E_{\text{can}} &= R_{\text{INT},i} \\ R_{\text{INT},f} &= 0 \end{aligned} \tag{2-59}$$

(4) 积雪升华

当天的参考作物腾发量扣除植被截留蒸发，通过地表覆盖指数修正后为地表潜在蒸发量，计算公式为

$$E_s = E_0' \cdot \text{cov}_{\text{sol}} \tag{2-60}$$

式中，E_s 为当天的地表潜在蒸发量（mm H$_2$O）；E'_0 为扣除植被截留蒸发后的参考作物腾发量，$E'_0 = E_0 - E_{can}$；cov_{sol} 为地表覆盖指数，计算公式如下。

$$cov_{sol} = \exp(-5.0 \cdot 10^{-5} CV) \tag{2-61}$$

式中，CV 为地表生物和植物残余量（kg/hm^2）。如果地表积雪的水量当量大于 0.5 mm，则 $cov_{sol} = 0.5$。

在作物蒸腾的旺盛期，当天的地表潜在蒸发量 E_s 需要根据植物蒸腾用水进行修正：

$$E'_s = \min\left(E_s, \frac{E_s \cdot E'_0}{E_s + E_t}\right) \tag{2-62}$$

式中，E'_s 为根据植物蒸腾用水进行修正后的当天地表潜在蒸发量（mm）；E_t 为当天的作物潜在蒸腾量（mm）。当 E_t 较小时，$E'_s \to E_s$，然而当 E_t 接近 E'_0 时，$E'_s \to \dfrac{E_s}{1+cov_{sol}}$。

如果当天地表有积雪，则模型优先进行积雪升华计算。当积雪当量大于 E'_s 时，

$$\begin{aligned} E_{sub} &= E'_s \\ SNO_f &= SNO_i - E'_s \\ E''_s &= 0 \end{aligned} \tag{2-63}$$

式中，E_{sub} 为当天的积雪升华量（mm H$_2$O）；SNO_i 为当天初始时未扣除积雪升华量时的积雪当量（mm H$_2$O）；SNO_f 为扣除积雪升华量后的积雪当量（mm H$_2$O）；E''_s 为扣除积雪升华量后的地表潜在蒸发量（mm H$_2$O）。

当天的积雪当量小于 E'_s 时，则

$$\begin{aligned} E_{sub} &= SNO_i \\ SNO_f &= 0 \\ E''_s &= E'_s - E_{sub} \end{aligned} \tag{2-64}$$

（5）地表积水蒸发

在地表积雪蒸发计算完之后，如果地表有积水，则模型继续进行积水蒸发计算。

如果当天地表有积水，当积水量大于 E''_s 时，

$$\begin{cases} E_{SPnd} = E''_s \\ Pnd_f = Pnd_i - E''_s \\ E'''_s = 0 \end{cases} \tag{2-65}$$

式中，E_{SPnd} 为当天的地表积水蒸发量（mm）；Pnd_i 为当天初始时未扣除积水蒸发量时的地表积水量（mm）；Pnd_f 为扣除地表积水蒸发量后的地表积水量（mm）；E'''_s 为土壤潜在蒸发量（mm）。

当天的积雪当量小于 E''_s 时，则

$$\begin{cases} E_{SPnd} = Pnd_i \\ Pnd_f = 0 \\ E'''_s = E''_s - E_{SPnd} \end{cases} \tag{2-66}$$

(6) 土壤蒸发

模型通过蒸发分配曲线法将土壤潜在蒸发量 E_s''' 在土壤各层进行分配,并通过各层土壤当天的含水量情况计算实际蒸发。蒸发分配曲线的数学形式为

$$E_{\text{soil},z} = E_s''' \cdot \frac{z}{z + \exp(a - b \cdot z)} \quad (2-67)$$

式中,$E_{\text{soil},z}$ 为从地表开始(0mm)到埋深 z 处土壤的潜在蒸发量(mm);E_s''' 为土壤潜在蒸发量(mm);a 和 b 为曲线系数。

如 a 取 2.374,b 取 0.00713,上述蒸发分配曲线将使 50% 的潜在蒸发分配在表层 10mm 以上的土壤中(即 $z=10$mm 时,$E_{\text{soil},z}=0.5E_s'''$),而 95% 的潜在蒸发发生在 100mm 以上的土壤中。假设土壤潜在蒸发量为 100mm,此时蒸发分配曲线如图 2-15 所示。

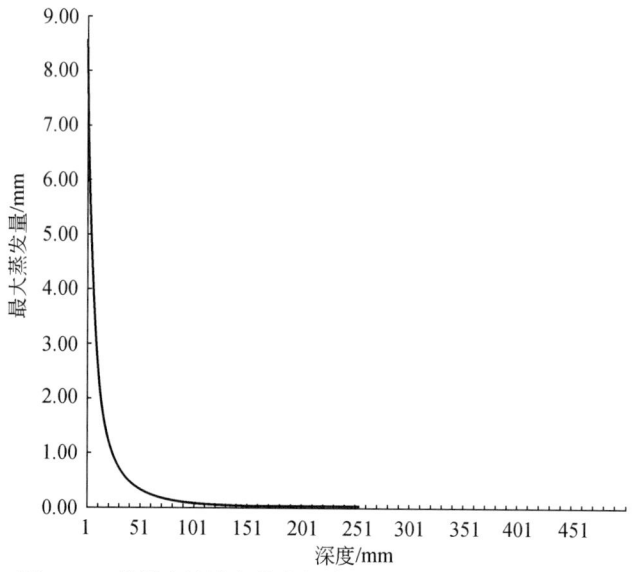

图 2-15 假设土壤潜在蒸发量为 100mm 时的蒸发分配曲线

某层土壤的潜在蒸发量由该层土壤底层边界和顶层边界的 $E_{\text{soil},z}$ 之差确定:

$$E_{\text{soil},\text{ly}} = E_{\text{soil},\text{zl}} - E_{\text{soil},\text{zu}} \quad (2-68)$$

式中,$E_{\text{soil},\text{ly}}$ 为该层土壤的潜在蒸发量(mm);$E_{\text{soil},\text{zl}}$ 为该层土壤底层边界处的 $E_{\text{soil},z}$;$E_{\text{soil},\text{zu}}$ 为该层土壤顶层边界处的 $E_{\text{soil},z}$。

以上蒸发分配曲线可能导致表层土壤分配了较多的潜在蒸发量,由于模型不允许土层之间进行水量补充,这有可能导致计算的土壤实际蒸发量偏小。为灵活起见,模型中引入蒸发补偿系数 esco,可适当调整蒸发分配曲线的形状。

假设土壤的极限蒸发深度为 DE_{mx}(mm),该深度以上的土壤分配 99.9% 的土壤潜在蒸发,即

$$E_{\text{soil},\text{DE}_{\text{mx}}} = E_s''' \cdot \frac{\text{DE}_{\text{mx}}}{\text{DE}_{\text{mx}} + \exp(a - b \cdot \text{DE}_{\text{mx}})} = 0.999 E_s''' \quad (2-69)$$

同时假设土壤深度 DE_{50}(mm)以上的土壤分配 50% 的土壤潜在蒸发,即

$$E_{\text{soil, DE}_{50}} = E_s''' \cdot \frac{\text{DE}_{50}}{\text{DE}_{50} + \exp(a - b \cdot \text{DE}_{50})} = 0.5 E_s''' \quad (2\text{-}70)$$

模型规定 DE_{50} 的取值在 10mm 深度和 $0.125\text{DE}_{\text{mx}}$（即 1/8 极限蒸发深度）之间，用户可通过系数 esco 线性调整 DE_{50} 的大小，即

$$\text{DE}_{50} = 10 + (0.125\text{DE}_{\text{mx}} - 10) \cdot (1 - \text{esco}) \quad (2\text{-}71)$$

当 esco = 1 时，$\text{DE}_{50} = 10\text{mm}$；当 esco = 0 时，$\text{DE}_{50} = 0.125\text{DE}_{\text{mx}}$。

通过式（2-69）和式（2-70），可确定蒸发分配曲线系数 a 和 b：

$$\begin{cases} b = \dfrac{\ln \text{DE}_{50} - \ln(10^{-3}\text{DE}_{\text{mx}})}{\text{DE}_{\text{mx}} - \text{DE}_{50}} \\ a = \ln \text{DE}_{50} + \text{DE}_{50} \cdot b \end{cases} \quad (2\text{-}72)$$

图 2-16 为土壤极限埋深为 2m，假设总土壤蒸发潜力为 100mm 时，esco 取不同值时蒸发分配曲线的形状。可以看出当 esco 减小时，更多的蒸发将从深层的土壤中吸取。

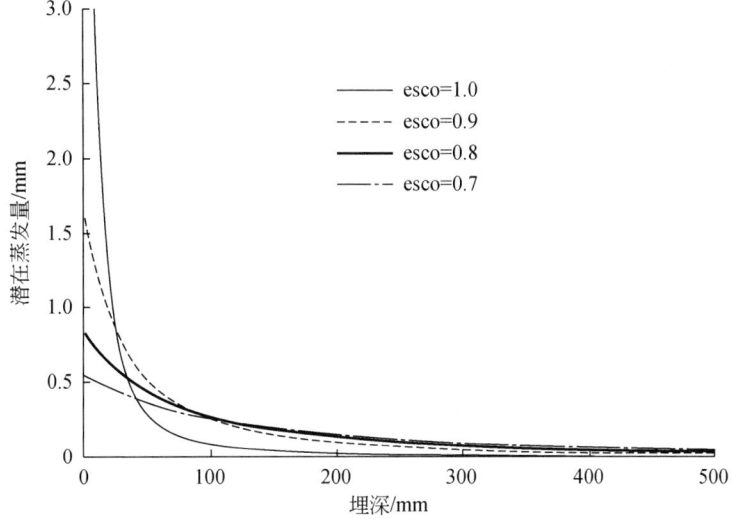

图 2-16 蒸发补偿系数 esco 对蒸发分配曲线的影响

不同土层的土壤实际蒸发量根据该土层当天的土壤含水率计算：

$$E'_{\text{soil, ly}} = \begin{cases} E_{\text{soil, ly}} \cdot \exp\left[\dfrac{2.5(\text{SW}_{\text{ly}} - \text{FC}_{\text{ly}})}{\text{FC}_{\text{ly}} - \text{WP}_{\text{ly}}}\right], & \text{SW}_{\text{ly}} < \text{FC}_{\text{ly}} \\ E_{\text{soil, ly}}, & \text{SW}_{\text{ly}} \geq \text{FC}_{\text{ly}} \end{cases} \quad (2\text{-}73)$$

式中，SW_{ly} 为该层土壤的含水量（mm）；FC_{ly} 为田间持水度时该层土壤的含水量（mm）；WP_{ly} 为凋萎点时该层土壤的含水量（mm）；$E'_{\text{soil, ly}}$ 为该层土壤的实际蒸发量（mm）；$E_{\text{soil, ly}}$ 为该层土壤分配的潜在蒸发量（mm）。

除土层含水量约束外，模型还约定当天该土层的蒸发量不能超过土壤含水量与凋萎含水量之间差值的 80%：

$$E''_{\text{soil, ly}} = \min(E'_{\text{soil, ly}}, 0.8(\text{SW}_{\text{ly}} - \text{WP}_{\text{ly}})) \quad (2\text{-}74)$$

式中，$E''_{\text{soil, ly}}$ 为该层当天土壤实际蒸发的水量（mm）。

（7）植株蒸腾

植株的潜在蒸腾量计算方法与参考作物腾发量的计算方式一致，同样采用 Penman-Monteith 公式，但公式中植被阻抗 r_c 及空气动力学阻抗 r_a 这两个参数随植株的种类和当前的生长情况而定，具体见植物生长过程部分。

假设通过 Penman-Monteith 公式计算出当天植株的潜在蒸腾量为 E_t，与土壤蒸发的计算方式类同，植株当天的实际蒸腾量也通过蒸腾分配曲线的方式计算，从地表到植物根系深度之间（根系区）的蒸腾分配曲线公式如下。

$$w_{\text{up}, z} = \frac{E_t}{1 - \exp(-\beta_w)} \cdot \left[1 - \exp\left(-\beta_w \cdot \frac{z}{z_{\text{root}}}\right)\right] \tag{2-75}$$

式中，$w_{\text{up}, z}$ 为当天从地表到深度 z 处的蒸腾量（根系吸水量）（mm）；E_t 为作物当天的潜在蒸腾量（mm）；β_w 为根系吸水分布参数；z 为从地表起计算的深度（mm）；z_{root} 为根系生长的深度（mm）。任何一层土层的潜在吸水量可以通过式（2-75）求解土层顶部和底部边界以上的潜在根系吸水量，并进行相减得出。

$$w_{\text{up, ly}} = w_{\text{up, zl}} - w_{\text{up, zu}} \tag{2-76}$$

式中，$w_{\text{up, ly}}$ 为土层 ly 当天的潜在根系吸水量（mm）；$w_{\text{up, zl}}$ 为该土层底部边界位置以上的潜在根系吸水量（mm）；$w_{\text{up, zu}}$ 为该土层顶部边界位置以上的潜在根系吸水量（mm）。

植物的根系在临近地表时分布得最多，随着土深的增加根系分布越少，因此可以假设上层土层的根系吸水量要大大高于下层土层的根系吸水量。根系吸水分布参数 β_w 在模型中设置为 10，在该参数下，50% 左右的根系吸水将由土表以下 6% 的根系区完成。

模型从顶层土层开始依次计算每层土层的潜在根系吸水量，当某层土层中的含水量不足以满足潜在根系吸水量需求时，模型允许其下土层中的水量对该土层进行蒸腾补偿。为此引入蒸腾补偿系数 epco，将潜在根系吸水量的公式调整为

$$w'_{\text{up, ly}} = w_{\text{up, ly}} - w_{\text{demand}} \cdot \text{epco} \tag{2-77}$$

式中，$w'_{\text{up, ly}}$ 为调整后某土层 ly 的潜在根系吸水量（mm）；$w_{\text{up, ly}}$ 为用式（2-77）计算出来的该土层的潜在根系吸水量（mm）；w_{demand} 为上层土层中的含水量与其潜在根系吸水量相比亏缺的水量（mm）；epco 为补偿因子，由用户给定，其值为 0.01~1.0。当 epco 接近 1.0 时，模型允许较多的水量从下层土层补偿，当 epco 接近 0 时，模型允许较少的水量从下层土层补偿。

为刻画土壤墒情对植物吸水效率的影响，需要对潜在的根系吸水量进行二次修正：

$$w''_{\text{up, ly}} = \begin{cases} w'_{\text{up, ly}} \cdot \exp\left[5 \cdot \left(\dfrac{\text{SW}_{\text{ly}}}{0.25\,\text{AWC}_{\text{ly}}} - 1\right)\right], & \text{SW}_{\text{ly}} < 0.25\,\text{AWC}_{\text{ly}} \\ w'_{\text{up, ly}}, & \text{SW}_{\text{ly}} \geqslant 0.25\,\text{AWC}_{\text{ly}} \end{cases} \tag{2-78}$$

式中，$w''_{\text{up, ly}}$ 为二次修正后的土层 ly 的潜在根系吸水量（mm）；$w'_{\text{up, ly}}$ 为用式（2-77）计算出来的潜在根系吸水量（mm）；SW_{ly} 为土层 ly 当天的含水量（mm）；AWC_{ly} 为土层 ly 的供水能力（mm），其计算公式如下。

$$\text{AWC}_{\text{ly}} = \text{FC}_{\text{ly}} - \text{WP}_{\text{ly}} \tag{2-79}$$

式中，FC_{ly} 为该土层在田间持水率情况下的含水量（mm）；WP_{ly} 为该土层在凋萎点时的含水量（mm）。

当潜在根系吸水量计算出来之后，根系在某层土层的实际吸水量为

$$w_{\text{actualup, ly}} = \min(w''_{\text{up, ly}}, SW_{ly} - WP_{ly}) \tag{2-80}$$

植物当天总的实际吸水量为

$$w_{\text{actualup}} = \sum_{ly=1}^{n} w_{\text{actualup, ly}} \tag{2-81}$$

式中，n 为总的土层数。

2.2.1.6 土壤水下渗

进入土壤剖面的水分在重力作用下向下渗透，在模型中土壤水的下渗由田间持水度控制。当某层土壤的含水率超过田间持水度的含水率时（存在重力水）水分才能下渗。对某层土壤中，可被下渗的水量计算如下。

$$SW_{ly,\text{excess}} = \begin{cases} SW_{ly} - FC_{ly}, & SW_{ly} > FC_{ly} \\ 0, & SW_{ly} \leq FC_{ly} \end{cases} \tag{2-82}$$

式中，$SW_{ly,\text{excess}}$ 为当天某层土壤可排走的水量（mm）；FC_{ly} 为该层土壤的田间持水率下的含水量（mm）；SW_{ly} 为该层土壤实际含水率下的含水量（mm）。

模型从顶层土壤开始逐层计算每层土层的重力水下渗过程。计算某一土壤层的下渗时，将其排水过程分为两个过程进行计算。第一阶段为强迫排水阶段，即上层土层的重力水形成对本土层的静水压力，本土层在上层滞水的情况下进行排水，如图 2-17 所示，土层初始时左右有静水压力 H_0，土层在静水压力情况下排水，静水压力从 H_0 变化到 H_0'；第二阶段为自身排水阶段，即上层土层无滞水，如图 2-18 所示，本土层的水量在自身重力情况下排出，土层内部水头从 H_0 变化到 H_0'。

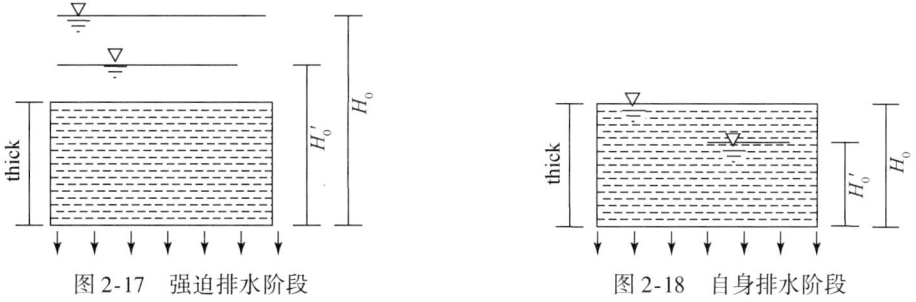

图 2-17　强迫排水阶段　　　　　　　图 2-18　自身排水阶段

先考虑强迫排水阶段的排水量的计算。在强迫排水阶段，如已知强迫排水初始时的压力水头 H_0，假设在强迫排水时间段内压力水头在 H_0 和土层厚度 thick 之间线性变化：

$$H = H_0 - \frac{H_0 - \text{thick}}{t_x} t \tag{2-83}$$

式中，t_x 为强迫排水结束时间，即静水压力水头降落到 thick 时的时间；t 为强迫排水期间的任何时刻，范围为 $0 \sim t_x$。根据达西定律，强迫排水的任何时刻的排水速度为

$$V = K_s \cdot \frac{H}{L} = K_s \cdot \left(\frac{H_0}{\text{thick}} - \frac{H_0 - \text{thick}}{t_x \cdot \text{thick}} \cdot t \right) \qquad (2\text{-}84)$$

对式（2-84）进行 $0 \sim t_x$ 时间段内的积分，可得 $0 \sim t_x$ 时间段内的累积强迫排水量。

$$\int_0^{t_x} K_s \left(\frac{H_0}{\text{thick}} - \frac{H_0 - \text{thick}}{t_x \text{thick}} t \right) \mathrm{d}t = \frac{K_s t_x (H_0 + \text{thick})}{2\text{thick}} = \text{seep}_x \qquad (2\text{-}85)$$

在 $0 \sim t_x$ 时间段内的任意时刻，累积的强迫排水量为

$$\text{seep}(t) = \int_0^t K_s \cdot \left(\frac{H_0}{\text{thick}} - \frac{H_0 - \text{thick}}{t_x \cdot \text{thick}} \cdot t \right) \mathrm{d}t = K_s \cdot \frac{2H_0 \cdot t_x \cdot t - (H_0 - \text{thick}) \cdot t^2}{2t_x \cdot \text{thick}}$$

$$(2\text{-}86)$$

根据式（2-86），可计算强迫排水持续的时间：

$$t_x = \frac{2\text{seep}_x \cdot \text{thick}}{K_s \cdot (H_0 + \text{thick})} \qquad (2\text{-}87)$$

考虑日尺度的排水计算。假设某土层当天接受来自上层土层的下渗量为 seep_d，当天该土层的含水率为 sol_ST，土层的饱和含水率为 sol_UL，则当天潜在的强迫排水量为

$$\text{seep}_x^0 = \text{sol\_ST} + \text{seep}_d - \text{sol\_UL} \qquad (2\text{-}88)$$

如果 $\text{seep}_x^0 > 0$，可根据式（2-87）计算强迫排水持续时间 t_x。

考虑 1 日内的排水情况。如果 $t_x > 24\text{h}$，则当天全部为强迫排水阶段，当天的排水量可根据式（2-86）计算。

$$\text{seep}_x = K_s \cdot \frac{2H_0 \cdot t_x \cdot 24 - (H_0 - \text{thick}) \cdot 24^2}{2t_x \cdot \text{thick}} = K_s \cdot \frac{24H_0 \cdot t_x - 288(H_0 - \text{thick})}{t_x \cdot \text{thick}}$$

$$(2\text{-}89)$$

如果 $t_x < 24\text{h}$，则除了强迫排水，当天还有自身排水，其排水时间可计算为

$$t_y = 24 - t_x \qquad (2\text{-}90)$$

其自身排水量为

$$\text{seep}_y = (\text{sol\_UL} - \text{sol\_FC}) \cdot [1 - \exp(-t_y / \text{HK})] \qquad (2\text{-}91)$$

式中，$\text{HK} = (\text{sol\_UL} - \text{sol\_FC}) / K_s$；sol_FC 为该土层田间持水率下的含水率。

如果

$$\text{sol\_ST} + \text{seep}_d - \text{sol\_FC} < \text{seep}_x^0 < \text{sol\_ST} + \text{seep}_d - \text{sol\_UL}$$

则当天只有自身排水过程，自身排水量为

$$\text{seep}_y = (\text{sol\_ST} - \text{sol\_FC}) \cdot [1 - \exp(-24 / \text{HK})] \qquad (2\text{-}92)$$

当天该土层的排水量为

$$\text{seep} = \text{seep}_x + \text{seep}_y \qquad (2\text{-}93)$$

模型逐层计算每层土壤的下渗量，当计算到土壤剖面的底层土层时，该土层的下渗量作为深层渗漏量离开土壤剖面进入渗流区，并通过储流函数的方法计算土壤深层渗漏量向地下水的补给。

2.2.1.7 壤中流

壤中流经常发生在土表分布有高渗透性的土层，而在浅层分布有半透水或不透水层的

地区。在这样的土层结构区,降雨将垂直下渗,直到遇到不透水层。水分将在不透水层上方聚集,形成一定的饱和区,或者称为上层滞水面。上层滞水面为壤中流的来源。

假设宽度为1m,长度为L_{hill}(m)的山坡,山坡上某土层上每单位面积的可排水量为$SW_{ly,excess}$(mm),则总的可排水体积为

$$V_w = SW_{ly,excess} \cdot 1000 \cdot L_{hill} \cdot 1000 \quad (2-94)$$

从图 2-19 可知,在该山坡和饱和水面线情况下,可排水的体积可计算为

$$V_w = \frac{H_0 \cdot 1000 \cdot L_{hill} \cdot 1000}{2} \cdot \phi_d \quad (2-95)$$

式中,H_0 为山坡壤中流出口处饱和水面厚度(mm);ϕ_d 为土壤可排水的孔隙度;V_w 为可排水的体积(mm³),式(2-94)和式(2-95)相等。

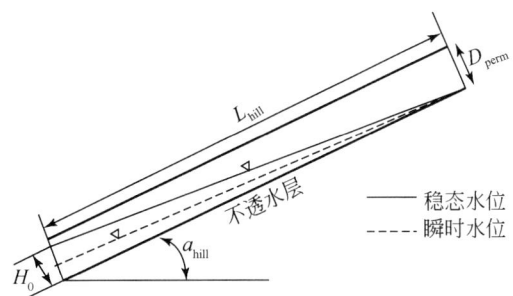

图 2-19 山坡单元壤中流计算示意图

这样,H_0 可计算为

$$H_0 = \frac{2SW_{ly,excess}}{\phi_d} \quad (2-96)$$

考虑山坡的壤中流出口断面,如图 2-20 所示。

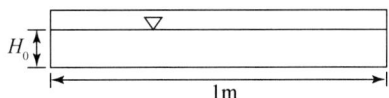

图 2-20 单宽1m的山坡壤中流出口断面

由于出口断面处的平均流速 v_{lat} 为

$$v_{lat} = K_{sat} \cdot slp \quad (2-97)$$

式中,K_{sat} 为饱和溶透系数(m/s);slp 为山坡的坡度,即 $\tan a_{hill}$。

出口断面的面积 A_{pf} 为

$$A_{pf} = 1000H_0 \quad (2-98)$$

因此宽度为1m,长度为 L_{hill} 的山坡一天内出口断面处排出的水量为

$$V_{Q_{lat},day} = v_{lat} \cdot A_{pf} = K_{sat} \cdot slp(H_0 \times 1000) \times 24 \quad (2-99)$$

将 H_0 的计算公式代入式(2-99)可得

$$V_{Q_{lat},day} = K_{sat} \cdot slp \cdot \frac{2SW_{ly,excess}}{\phi_d} \cdot 1000 \cdot 24 \quad (2-100)$$

宽度为 1m，长度为 L_{hill} 的山坡，其面积为

$$A_{hill} = 1000 \cdot L_{hill} \cdot 1000 \tag{2-101}$$

因此，山坡单位面积每天排出的壤中流量为

$$Q_{lat,day} = V_{Qlat,day}/A_{hill} = 0.024\left(\frac{2SW_{ly,excess} \cdot K_{sat} \cdot slp}{\phi_d L_{hill}}\right) \tag{2-102}$$

2.2.2 浅层地下水循环

MODCYCLE 将地下水系统概化为浅层地下水含水层和深层地下水含水层两层。含水层的定义为：能够存储一定数量的水分，水分在其间具有水文意义上的运动速度的地质单元（Dingman，1994）。浅层地下水含水层即通常意义的潜水含水层，为上边界具有自由水面的含水层；深层地下水含水层为通常意义的承压含水层，为上部附有导水能力远低于含水层自身导水能力的含水层。

模型中每个子流域都具有这两个含水层。在当前的模型处理中，通过水量均衡的方式对地下水循环过程进行模拟。各子流域的地下水含水层认为相互之间相对独立，暂不考虑水量的交换。

2.2.2.1 浅层地下水平衡

子流域浅水地下水的水量平衡如下。

$$aq_{sh,i} = aq_{sh,i-1} + w_{rchrg,i} - Q_{gw,i} - w_{revap,i} - w_{shpm,i} - w_{leak,i} \tag{2-103}$$

式中，$aq_{sh,i}$ 为第 i 天存储在浅层含水层中的水量（mm）；$aq_{sh,i-1}$ 为第 $i-1$ 天存储在浅水含水层中的水量（mm）；$w_{rchrg,i}$ 为第 i 天进入浅层含水层的补给量（mm）；$Q_{gw,i}$ 为第 i 天地下水产生的基流量（mm）；$w_{revap,i}$ 为第 i 天的潜水蒸发量（mm）；$w_{shpm,i}$ 为第 i 天浅层地下水的抽取量（mm）；$w_{leak,i}$ 为当天浅层地下水向深层地下水的越流量（mm）。

2.2.2.2 浅层地下水补给

子流域浅层地下水的补给量包括以下分项：

$$w_{rchrg,sh} = w_{rg,soil} + w_{rg,riv} + w_{rg,res} + w_{rg,runoff} + w_{rg,pnd} + w_{rg,wet} + w_{rg,irrloss} \tag{2-104}$$

式中，$w_{rchrg,sh}$ 为浅层地下水各补给源的总量（mm）；$w_{rg,soil}$ 为土壤深层渗漏向地下水的补给量（mm）；$w_{rg,riv}$ 为主河道的渗漏量（mm）；$w_{rg,res}$ 为水库的渗漏量（mm）；$w_{rg,runoff}$ 为地表径流在向主河道运动时的损失量（mm）；$w_{rg,pnd}$ 为湖泊/池塘的渗漏量（mm）；$w_{rg,wet}$ 为湿地的渗漏量（mm）；$w_{rg,irrloss}$ 为灌溉工程引水过程的渗漏量（mm）。

地下水的补给具有延迟效应，水分从土壤剖面底部下渗进入地下水系统的时间依赖于地下水潜水面的埋深和渗流区的水力性质。MODCYCLE 采用指数衰减函数来描述地下水补给的时间延迟，计算公式为

$$w_{rchrg,i} = [1 - \exp(-1/\delta_{gw})] \cdot w_{rchrg,sh} + \exp(-1/\delta_{gw}) \cdot w_{rchrg,i-1} \tag{2-105}$$

式中，$w_{rchrg,i}$ 为第 i 天实际进入浅层地下水的补给量（mm）；δ_{gw} 为延迟时间（d）；$w_{rchrg,sh}$

为第 i 天各种浅层地下水补给源的总量（mm）；$w_{\text{rchrg},i-1}$ 为第 $i-1$ 天实际进入浅层地下水的补给量（mm）。

延迟时间 δ_{gw} 不能直接通过测量确定，但可以通过试算比较模拟地下水位和实测地下水位的响应规律确定。

2.2.2.3 地下水基流

地下水基流，即地下水向主河道的排泄，通过子流域排水系数进行计算，单位面积子流域任意时刻的基流产生速度为

$$q = \text{CRV}(H_{\text{depth}} - \text{GWD}_{\text{mn}}) \tag{2-106}$$

式中，q 为排水速度（m/d）；H_{depth} 为当天的浅层地下水埋深（m）；GWD_{mn} 为浅层地下水向河道产生基流补给时的最小地下水埋深阈值（只有地下水埋深小于该阈值时才产生地下水基流）（m）；CRV 为区域地下水排水系数（物理意义为地下水埋深与 GWD_{mn} 之间为单位距离时，单位面积子流域在单位时间内的排水量，量纲为 T^{-1}）。

在式（2-106）两端乘以 dt 可得基流产出量（Q_{base}）的微分：

$$dQ_{\text{base}} = \text{CRV}(\text{GWD}_{\text{mn}} - H_{\text{depth}})dt \tag{2-107}$$

根据给水度的概念，基流产出量与浅层埋深变化的关系为

$$dQ_{\text{base}} = \mu dH_{\text{depth}} \tag{2-108}$$

因此，可得浅层埋深变化与时间的微分关系：

$$\mu dH_{\text{depth}} = \text{CRV}(\text{GWD}_{\text{mn}} - H_{\text{depht}})dt \tag{2-109}$$

积分可得

$$\int_{H_0}^{H_{\text{depth}}} \frac{\mu dH_{\text{depth}}}{\text{CRV}(\text{GWD}_{\text{mn}} - H_{\text{depth}})} = \int_0^t dt \tag{2-110}$$

式中，H_0 为当天初始浅层埋深。积分结果可得浅层埋深与时间的关系：

$$H_{\text{depth}} = \text{GWD}_{\text{mn}} - (\text{GWD}_{\text{mn}} - H_0) e^{\frac{\text{CRV} \cdot t}{\mu}} \tag{2-111}$$

对式（2-108）进行积分：

$$\int_0^Q dQ = \mu \int_{H_0}^{H_{\text{depth}}} dH_{\text{depth}} \tag{2-112}$$

可得单位面积子流域基流产出量与时间的关系

$$Q_{\text{gw}} = \mu(\text{GWD}_{\text{mn}} - H_0)(1 - e^{\frac{\text{CRV} \cdot t}{\mu}}) \tag{2-113}$$

因模型计算为日尺度，式（2-113）中取 $t=1\text{d}$，可得当天的地下水基流量为

$$Q_{\text{gw}} = \mu(\text{GWD}_{\text{mn}} - H_0)(1 - e^{-\frac{\text{CRV}}{\mu}}) \tag{2-114}$$

2.2.2.4 潜水蒸发

在长时间无降雨或灌溉，而外界蒸发强烈时，通过土壤孔隙的毛细作用水分可以从浅层地下水进入上层的非饱和区并从地表逸出，即潜水蒸发过程。在地下水埋深较浅而排水不畅的区域，潜水蒸发是地下水的主要排泄形式。地下水也可以被根系较深的植物直接蒸腾。

模型中对于潜水蒸发的计算通过阿维里扬诺夫斯基公式计算：

$$w_{\text{revap}} = K_{\text{gw}} \cdot E_0 \left(1 - \frac{D_{\text{sh}}}{D_{\text{mx}}}\right)^p \tag{2-115}$$

式中，w_{revap} 为当天的潜水蒸发量（mm）；K_{gw} 为潜水蒸发修正系数；E_0 为当天的参考作物腾发量（mm）；D_{sh} 为当天的地下水埋深（m）；D_{mx} 为潜水蒸发极限埋深（m）；p 为潜水蒸发指数，一般为 2~3。

潜水蒸发为土壤水的补给来源之一，模型在计算出当天的潜水蒸发量之后，将以当天土壤各层的实际腾发量为权重对潜水蒸发量进行分配，对各土壤层由于腾发损失的水量进行补充。

2.2.2.5 浅层地下水开采

模型中浅层地下水可被指定为灌溉水源或通过工业/生活用水开采消耗。此时模型将指定的水量直接从浅层地下水中移除。

2.2.2.6 浅层/深层越流

浅层地下水与深层地下水之间的越流指由于浅层地下水和深层地下水之间的水头差异形成势能差，水分通过两个含水层之间的隔水层发生水量交换。

假设浅层和深层地下水之间的越流系数为 V_k；浅层地下水埋深初始为 $\text{SHA}_{\text{depth}}^0$（m）；深层地下水埋深初始为 $\text{DEEP}_{\text{depth}}^0$（m）；在越流发生的任何时刻，浅层埋深为 $\text{SHA}_{\text{depth}}$（m）；深层埋深为 $\text{DEEP}_{\text{depth}}$（m），则该时刻单位面积含水层之间的交换速率 q_{leak}（m/d）为

$$q_{\text{leak}} = V_k (\text{SHA}_{\text{depth}} - \text{DEEP}_{\text{depth}}) \tag{2-116}$$

在 dt 时段内的越流量为

$$\text{dleak} = q_{\text{leak}} \cdot dt = V_k (\text{SHA}_{\text{depth}} - \text{DEEP}_{\text{depth}}) dt \tag{2-117}$$

假设浅层埋深比深层埋深大（浅层埋深比深层埋深小时也可通过以下过程进行推导），考虑浅层水、深层水之间在越流发生时的关系，有

$$\mu_1 d\text{SHA}_{\text{depth}} = -\text{dleak} = -\mu_2 d\text{DEEP}_{\text{depth}} \tag{2-118}$$

式中，μ_1 为潜水的给水度；μ_2 为深层水的储水系数。对式（2-118）进行积分，有

$$\int_{\text{SHA}_{\text{depth}}^0}^{\text{SHA}_{\text{depth}}} \mu_1 d\text{SHA}_{\text{depth}} = -\int_{\text{DEEP}_{\text{depth}}^0}^{\text{DEEP}_{\text{depth}}} \mu_2 d\text{DEEP}_{\text{depth}} \tag{2-119}$$

可得

$$\mu_1 \text{SHA}_{\text{depth}} + \mu_2 \text{DEEP}_{\text{depth}} = \mu_1 \text{SHA}_{\text{depth}}^0 + \mu_2 \text{DEEP}_{\text{depth}}^0 \tag{2-120}$$

由于

$$\mu_1 d\text{SHA}_{\text{depth}} = -\text{dleak} = V_k (\text{SHA}_{\text{depth}} - \text{DEEP}_{\text{depth}}) dt \tag{2-121}$$

式（2-121）结合式（2-120）积分可得

$$\int_{\text{SHA}_{\text{depth}}^{0}}^{\text{SHA}_{\text{depth}}} \frac{d\text{SHA}_{\text{depth}}}{\mu_1 \text{SHA}_{\text{depth}}^{0} + \mu_2 \text{DEEP}_{\text{depth}}^{0} - (\mu_1 + \mu_2)\text{SHA}_{\text{depth}}} = \int_{0}^{t} \frac{V_k}{\mu_1 \mu_2} dt \quad (2\text{-}122)$$

整理得

$$\text{SHA}_{\text{depth}} = \frac{\mu_1 \text{SHA}_{\text{depth}}^{0} + \mu_2 \text{DEEP}_{\text{depth}}^{0}}{\mu_1 + \mu_2} - \frac{\mu_2 (\text{DEEP}_{\text{depth}}^{0} - \text{SHA}_{\text{depth}}^{0})}{\mu_1 + \mu_2} e^{-\frac{\mu_1 + \mu_2}{\mu_1 \mu_2} \cdot V_k t} \quad (2\text{-}123)$$

基于式（2-123），由于 $\mu_1 d\text{SHA}_{\text{depth}} = -d\text{leak}$，积分得

$$\int_{0}^{\text{leak}} d\text{leak} = \int_{\text{SHA}_{\text{depth}}^{0}}^{\text{SHA}_{\text{depth}}} d\text{SHA}_{\text{depth}} \quad (2\text{-}124)$$

整理可得浅层/深层越流量与时间的关系：

$$w_{\text{leak}} = \frac{\mu_1 \mu_2}{\mu_1 + \mu_2}(\text{SHA}_{\text{depth}}^{0} - \text{DEEP}_{\text{depth}}^{0}) \cdot (1 - e^{-\frac{\mu_1 + \mu_2}{\mu_1 \mu_2} \cdot V_k t}) \quad (2\text{-}125)$$

2.2.3 深层地下水循环

模型中子流域深层地下水仅接受来自浅层地下水的越流（或向浅层地下水越流），此外还可被人工耗用，其水量平衡为

$$aq_{\text{dp}, i} = aq_{\text{dp}, i-1} + w_{\text{leak}} - w_{\text{pump, dp}} \quad (2\text{-}126)$$

式中，$aq_{\text{dp}, i}$ 为第 i 天深层地下水的储量（mm）；$aq_{\text{dp}, i-1}$ 为第 $i-1$ 天深层地下水的储量（mm）；w_{leak} 为第 i 天从浅层地下水越流到深层地下水的水量（mm）；$w_{\text{pump, dp}}$ 为第 i 天的深层地下水开采量（mm）。

2.2.4 河道水循环

水体在河道网络中的运动过程类似于明渠流，模型采用马斯京根法对水量在河道中的演进过程进行模拟。马斯京根法是运动波模型的简化算法。

2.2.4.1 河道断面概化

模型假设主河道具有梯形断面，如图2-21所示。

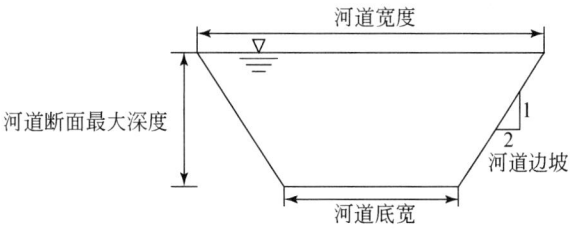

图 2-21 河道断面概化

模型计算时需要定义河道断面的最大深度和宽度（即水淹到岸上时的河道深度和宽度）、河道坡度、河道长度和曼宁糙率系数，同时假设所有河道断面都具有 1:2 的边坡。

当河水位超过河岸，河水将会进入河道两边的泛滥平原，如图2-22所示。

图2-22 河水泛滥时的河道概化

泛滥平原的底面宽度计算公式为

$$W_{\text{btm, fld}} = 5 \cdot W_{\text{bnkfull}} \tag{2-127}$$

式中，$W_{\text{btm, fld}}$ 为泛滥平原的底面宽度；W_{bnkfull} 为河道断面最大宽度，模型假设泛滥平原的边坡为1∶4，同时底宽为5倍的河道断面最大宽度。

2.2.4.2 河道的入流

当天进入河道的入流量为

$$V_{\text{in}} = V_{\text{in, ups}} + V_{\text{in, subb}} \tag{2-128}$$

式中，V_{in} 为河道的总入流量（m³），$V_{\text{in, ups}}$ 为从上游河道的入流量（m³）；$V_{\text{in, subb}}$ 为本子流域的汇流量（m³），计算公式如下。

$$V_{\text{in, subb}} = 10(1 - \text{fr}_{\text{imp}}) \cdot (Q_{\text{surf}} + Q_{\text{gw}} + Q_{\text{lat}}) \cdot (\text{Area} - \text{SA}) + V_{\text{imp, out}} \tag{2-129}$$

式中，fr_{imp} 为子流域内滞蓄水体的排水面积比例；Q_{surf} 为当天子流域的地表产流量（mm）；Q_{gw} 为当天子流域的地下水基流量（mm）；Q_{lat} 为当天子流域的壤中流量（mm）；Area为子流域的面积（hm²）；SA为子流域内滞蓄水体的水表面积（hm²）；$V_{\text{imp, out}}$ 为当天子流域内滞蓄水体（池塘/湿地）的出流量（mm）。

2.2.4.3 河道出流

河道出流量在模型中采用马斯京根法计算。马斯京根法将河道中的水体体积模拟为棱柱水体和楔形水体，见图2-23。

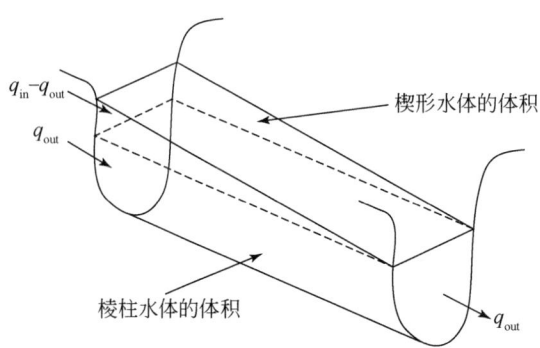

图2-23 河道水体模拟中的棱柱水体和楔形水体图

对于一段河段，假设水体断面的面积与流量呈比例关系，可以将棱柱水体的体积表达为流量的函数 $K \cdot q_{\text{out}}$，K 具有时间量纲。按照同样的原理，楔形水体的体积也可以表达为

流量的函数 $K \cdot X \cdot (q_{in} - q_{out})$，其中 X 为权重因子，控制出流或入流在计算楔形水体体积时的相对重要性。将这两项相加得河道中的水体体积：

$$V_{stored} = K \cdot q_{out} + K \cdot X \cdot (q_{in} - q_{out}) \tag{2-130}$$

式中，V_{stored} 为河段的水体体积（m³）；q_{in} 为入流流量（m³/s）；q_{out} 为出流流量（m³/s）；K 为河段的存储时间常数（s）；X 为权重因子。权重因子 X 的值是楔形水体的函数，具有下限 0.0，上限 0.5。对于完全的楔形水体，$X=0.5$；对于河流，X 的值为 0~0.3，平均值为 0.2。

同时根据水流的连续性方程有

$$\Delta t \cdot \frac{q_{in,1} + q_{in,2}}{2} - \Delta t \cdot \frac{q_{out,1} + q_{out,2}}{2} = V_{stored,2} - V_{stored,1} \tag{2-131}$$

式中，Δt 为时间步长（s）；$q_{in,1}$ 为时段的初始时刻河道的入流流量（m³/s）；$q_{in,2}$ 为时段的结束时刻河道的入流流量（m³/s）；$q_{out,1}$ 为时段的初始时刻河道的出流流量（m³/s）；$q_{out,2}$ 为时段的结束时刻河道的出流流量（m³/s）；$V_{stored,1}$ 和 $V_{stored,2}$ 分别为时段的初始时刻和结束时刻河道的蓄水量（m³）。

通过以上两式的联合求解并化简可得时段的结束时刻河道的出流量 $q_{out,2}$：

$$q_{out,2} = C_1 q_{in,2} + C_2 q_{in,1} + C_3 q_{out,1} \tag{2-132}$$

式中，$q_{in,1}$ 为时段初始时刻的入流流量（m³/s）；$q_{in,2}$ 为时段结束时刻的入流流量（m³/s）；$q_{out,1}$ 为时段开始时刻的出流流量（m³/s）；$q_{out,2}$ 为时段结束时刻的出流流量（m³/s）；并且有

$$\begin{aligned} C_1 &= \frac{\Delta t - 2KX}{2K(1-X) + \Delta t} \\ C_2 &= \frac{\Delta t + 2KX}{2K(1-X) + \Delta t} \\ C_3 &= \frac{2K(1-X) - \Delta t}{2K(1-X) + \Delta t} \end{aligned} \tag{2-133}$$

2.2.4.4 河道渗漏损失

在河流不接受地下水补给的时期，水可以通过河底和河道旁侧产生渗漏损失。河道的沿途渗漏损失的计算公式如下。

$$w_{rg,riv} = K_{ch} \cdot TT \cdot P_{ch} \cdot L_{ch} \tag{2-134}$$

式中，$w_{rg,riv}$ 为河道的沿途损失（m³）；K_{ch} 为河道堆积物的有效渗透系数（mm/h）；TT 为出流时间（h）；P_{ch} 为湿周（m）；L_{ch} 为河道的长度（km）。

出流时间 TT 为河道水体蓄量 V_{stored} 和出流量 q_{out} 的比值：

$$TT = \frac{V_{stored}}{q_{out}} \tag{2-135}$$

2.2.4.5 河道水面蒸发

河道水面蒸发的计算公式为

$$E_{ch} = \text{coef}_{ev} E_0 L_{ch} W \tag{2-136}$$

式中，E_{ch} 为河道水面蒸发（m³）；coef_{ev} 为蒸发系数，取值为 0.0~1.0；E_0 为当天的参考作物腾发量（mm）；L_{ch} 为河道的长度（km）；W 为对应水位下的河面宽度（m）。

2.2.4.6 河道水量平衡

在时间段的结束时刻，河段中存储的水量为

$$V_{\text{stored},2} = V_{\text{stored},1} + V_{\text{in}} - V_{\text{out}} - w_{\text{rg,riv}} - E_{ch} - \text{div} \tag{2-137}$$

式中，$V_{\text{stored},2}$ 为时间段的结束时刻河段中存储的水量（m³）；$V_{\text{stored},1}$ 为时间段开始时刻河段存储的水量（m³）；V_{in} 为该时段进入河段的入流水量（m³）；V_{out} 为该时段流出河段的水量（m³）；$w_{\text{rg,riv}}$ 为沿途的渗漏损失（m³）；E_{ch} 为河道的蒸发损失（m³），div 为从河道的引水量（m³）。

模型先通过马斯京根法计算河段的出流量 V_{out}，然后计算沿途渗漏损失、蒸发损失等其他水量。在河段的出流量进入下一个河段之前将这些水量在 V_{out} 中进行扣除以保持水量平衡。

2.2.5 水库水循环

水库为位于流域河道网络上的滞蓄水体，通过减小洪峰流量和洪水排泄量改变水在河道网络中的运动，在洪水控制和供水方面有重要的作用。

2.2.5.1 水库水量平衡

水库的水量平衡如下：

$$V = V_{\text{stored}} + V_{\text{flowin}} - V_{\text{flowout}} + V_{\text{pcp}} - V_{\text{evap}} - V_{\text{seep}} - V_{\text{div}} \tag{2-138}$$

式中，V 为当天结束时刻水库的蓄水体积（m³）；V_{stored} 为当天初始时刻水库的蓄水体积（m³）；V_{flowin} 为当天从上游河道流入水库的水的体积（m³）；V_{flowout} 为当天流出水库的水的体积（m³）；V_{pcp} 为当天降落到水库上的降水量（m³）；V_{evap} 为当天水库的蒸发水量（m³）；V_{seep} 为水库的渗漏损失（m³）；V_{div} 为水库的引水量（m³），包括灌溉引水和工业/生活用水。

2.2.5.2 水库面积

为计算水库的蒸发、渗漏损失和降落在水库上的降雨量，需要知道水库的水表面积。水库的水表面积与水库的蓄水量有关，计算过程中根据下式每天进行更新。

$$\text{SA} = \beta_{sa} \cdot V^{\text{expsa}} \tag{2-139}$$

式中，SA 为水库的水表面积（hm²）；β_{sa} 为蓄水系数；V 为水库的蓄水量（m³）；expsa 为蓄水指数。

蓄水系数 β_{sa} 和蓄水指数 expsa 的计算通过面积–库容曲线上已知的两点确定：

$$\text{expsa} = \frac{\lg\text{SA}_{\text{em}} - \lg\text{SA}_{\text{pr}}}{\lg V_{\text{em}} - \lg V_{\text{pr}}}$$
$$\beta_{\text{sa}} = \left(\frac{\text{SA}_{\text{em}}}{V_{\text{em}}}\right)^{\text{expsa}} \tag{2-140}$$

式中，SA_{em} 为紧急泄洪水位时的水库水表面积（hm²）；SA_{pr} 为正常蓄水位时的水库表面积（hm²）；V_{em} 为紧急泄洪水位下对应的水库蓄水量（m³）；V_{pr} 为正常蓄水位下对应的水库蓄水量（m³）。

2.2.5.3 降雨

当天降落到水库水表的降雨量为

$$V_{\text{pcp}} = 10 R_{\text{day}} \cdot \text{SA} \tag{2-141}$$

式中，R_{day} 为当天的降雨量（mm）；V_{pcp} 为当天水库水表的降雨量（m³）；SA 为水库的水表面积（hm²）。

2.2.5.4 蒸发

当天蒸发损失的水量为

$$V_{\text{evap}} = 10 \eta E_0 \cdot \text{SA} \tag{2-142}$$

式中，V_{evap} 为当天水库的蒸发水量（m³）；η 为蒸发因子（0.6）；E_0 为当天的参考作物腾发量（mm）；SA 为水库的水表面积（hm²）。

2.2.5.5 渗漏

当天水库库底的渗漏水量为

$$V_{\text{seep}} = 240 K_{\text{sat}} \cdot \text{SA} \tag{2-143}$$

式中，V_{seep} 为当天水库库底的渗漏水量（m³）；K_{sat} 为水库库底的有效饱和渗透系数（mm/h）；SA 为水库的水表面积（hm²）。

2.2.5.6 水库下泄

模型中水库的下泄可用以下三种计算方式计算：日观测出流、月观测出流和无控制水库的年均下泄量。

（1）日观测出流

直接指定每日的水库下泄流量，每天水库的出流量为

$$V_{\text{flowout}} = 86\,400 q_{\text{out}} \tag{2-144}$$

式中，V_{flowout} 为当天流出水库的水量（m³）；q_{out} 为用户输入的每天的流量（m³/s）。

（2）月观测出流

直接指定月平均每天的出流流量，每天水库的出流量为

$$V_{\text{flowout}} = 86\,400 q_{\text{out}} \tag{2-145}$$

式中，V_{flowout} 为当天流出水库的水量（m³）；q_{out} 为用户输入的月平均每天的流量（m³/s）。

(3) 无控制水库的年均下泄量

当水库的蓄水量超过正常蓄水库容对应的蓄水量 V_{pr} 时水库就会有出流。

当水库的蓄水量位于正常蓄水库容和紧急泄洪库容之间时，水库的出流计算公式如下。

$$V_{\text{flowout}} = \begin{cases} V - V_{\text{pr}}, & V - V_{\text{pr}} < 86\,400 q_{\text{rel}} \\ 86\,400 q_{\text{rel}}, & V - V_{\text{pr}} > 86\,400 q_{\text{rel}} \end{cases} \quad (2\text{-}146)$$

当水库的蓄水量超过紧急泄洪库容时，

$$V_{\text{flowout}} = \begin{cases} (V - V_{\text{em}}) + (V_{\text{em}} - V_{\text{pr}}), & V_{\text{em}} - V_{\text{pr}} < 86\,400 q_{\text{rel}} \\ (V - V_{\text{em}}) + 86\,400 q_{\text{rel}}, & V_{\text{em}} - V_{\text{pr}} > 86\,400 q_{\text{rel}} \end{cases} \quad (2\text{-}147)$$

式中，V_{flowout} 为当天流出水库的水量（m³）；V 为水库当天的蓄水量（m³）；V_{pr} 为设计洪水库容（m³）；V_{em} 为紧急泄洪库容（m³）；q_{rel} 为用户输入的平均每天的下泄流量（m³/s）。

2.2.5.7 水库的用水

模型中水库可被指定为灌溉水源或通过工业/生活用水引水消耗，此时模型将指定的水量直接从水库蓄量中移除。

2.2.6 池塘/湿地水循环

池塘和湿地与水库的区别在于其为位于流域河道网络外的滞蓄水体，接受来自本子流域内的一部分地表径流，而不是接受上游河道的来水。池塘与湿地水循环模拟的区别主要在于两点：一是池塘主要模拟人工控制的蓄滞水体，其水量可以用于用水消耗，湿地则认为是基本自然的水体，无人工用水；二是池塘的出流计算方式比湿地的相对丰富。除此之外的计算两者基本一致。

2.2.6.1 池塘/湿地水量平衡

池塘的水量平衡如下。

$$V = V_{\text{stored}} + V_{\text{flowin}} - V_{\text{flowout}} + V_{\text{pcp}} - V_{\text{evap}} - V_{\text{seep}} - V_{\text{wuse}} \quad (2\text{-}148)$$

湿地的水量平衡如下。

$$V = V_{\text{stored}} + V_{\text{flowin}} - V_{\text{flowout}} + V_{\text{pcp}} - V_{\text{evap}} - V_{\text{seep}} \quad (2\text{-}149)$$

式中，V 为当天结束时刻滞蓄水体的蓄水体积（m³）；V_{stored} 为当天初始时刻滞蓄水体的蓄水体积（m³）；V_{flowin} 为当天流入滞蓄水体的水的体积（m³）；V_{flowout} 为当天流出滞蓄水体的水的体积（m³）；V_{pcp} 为当天降落到滞蓄水体上的降水量（m³）；V_{evap} 为当天滞蓄水体的蒸发水量（m³）；V_{seep} 为滞蓄水体的渗漏损失（m³）；V_{wuse} 为滞蓄水体的人工用水量（m³）。

2.2.6.2 池塘/湿地面积

为计算池塘/湿地的蒸发、渗漏损失和降落在其上的降雨量，需要知道池塘/湿地的水表面积。池塘/湿地的水表面积与蓄水量有关，计算过程中根据式（2-150）每天进行更新。

$$SA = \beta_{sa} V^{expsa} \tag{2-150}$$

式中，SA 为水体的水表面积（hm²）；β_{sa} 为蓄水系数；V 为水体的蓄水量（m³）；expsa 为蓄水指数。

对于池塘，蓄水系数 β_{sa} 和蓄水指数 expsa 的计算通过面积-库容曲线上已知的两点确定：

$$expsa = \frac{\lg SA_{em} - \lg SA_{pr}}{\lg V_{em} - \lg V_{pr}}$$

$$\beta_{sa} = \left(\frac{SA_{em}}{V_{em}}\right)^{expsa} \tag{2-151}$$

式中，SA_{em} 为紧急泄洪库容时的池塘水表面积（hm²）；SA_{pr} 为正常蓄水库容时的水体表面积（hm²）；V_{em} 为紧急泄洪库容下对应的蓄水量（m³）；V_{pr} 为正常蓄水库容下对应的蓄水量（m³）。

对于湿地，两个已知点为最大和一般水位情况下的水表面积和蓄水量之间的信息。

$$expsa = \frac{\lg SA_{mx} - \lg SA_{nor}}{\lg V_{mx} - \lg V_{nor}}$$

$$\beta_{sa} = \left(\frac{SA_{mx}}{V_{mx}}\right)^{expsa} \tag{2-152}$$

式中，SA_{mx} 为最大蓄水容量时的水表面积（hm²）；SA_{nor} 为正常蓄水容量时的水表面积（hm²）；V_{mx} 为最大蓄水容量时的蓄水量（m³）；V_{nor} 为正常蓄水容量下对应的蓄水量（m³）。

2.2.6.3 池塘/湿地的降雨

当天降落到滞蓄水体水表的降雨量为

$$V_{pcp} = 10 R_{day} \cdot SA \tag{2-153}$$

式中，R_{day} 为当天的降雨量（mm）；V_{pcp} 为滞蓄水体水表降雨量（m³）；SA 为滞蓄水体的水表面积（hm²）。

2.2.6.4 池塘/湿地的入流

当天进入池塘或湿地的入流量为

$$V_{flowin} = 10 fr_{imp} \cdot (Q_{surf} + Q_{gw} + Q_{lat}) \cdot (Area - SA) \tag{2-154}$$

式中，V_{flowin} 为当天进入水体的入流量（m³）；fr_{imp} 为子流域内滞蓄水体的排水面积比例；Q_{surf} 为当天子流域的地表产流量（mm）；Q_{gw} 为当天子流域的地下水基流量（mm）；Q_{lat} 为当天子流域的壤中流量（mm）；Area 为子流域的面积（hm²）；SA 为滞蓄水体的水表面积（hm²）。在地表径流、地下水基流、壤中流进入主河道之前，先扣除在池塘/沼泽的入流部分。

2.2.6.5 池塘/湿地的蒸发

当天池塘或湿地的蒸发损失的水量为

$$V_{\text{evap}} = 10\eta E_0 \text{SA} \tag{2-155}$$

式中，V_{evap} 为当天水体的蒸发水量（m³）；η 为蒸发因子（0.6）；E_0 为当天的参考作物腾发量（mm）；SA 为水体的水表面积（hm²）。

2.2.6.6 池塘/湿地的渗漏

当天池塘/湿地的渗漏水量为

$$V_{\text{seep}} = 240 K_{\text{sat}} \text{SA} \tag{2-156}$$

式中，V_{seep} 为当天池塘/湿地的渗漏水量（m³）；K_{sat} 为池塘/湿地底部的有效饱和渗透系数（mm/h）；SA 为池塘/湿地的水表面积（hm²）。

2.2.6.7 池塘/湿地出流

池塘/湿地主要的计算区别为出流的计算。池塘/湿地的出流将进入其所属子流域的主河道从而参与河道网络系统循环。

（1）池塘的出流

池塘的出流的计算为目标蓄水量的函数。目标蓄水量与洪水期和土壤水含量有关。

$$V_{\text{targ}} = \begin{cases} V_{\text{em}}, & \text{mon}_{\text{fld, beg}} < \text{mon} < \text{mon}_{\text{fld, end}} \\ V_{\text{pr}} + \dfrac{1 - \min\left(\dfrac{\text{SW}}{\text{FC}}, 1\right)}{2}(V_{\text{em}} - V_{\text{pr}}), & \text{mon} \leqslant \text{mon}_{\text{fld, beg}} \text{ 或 mon} \geqslant \text{mon}_{\text{fld, end}} \end{cases}$$

(2-157)

式中，V_{targ} 为池塘当天的目标蓄水量（m³）；V_{em} 为紧急泄洪库容时的蓄水体积（m³）；V_{pr} 为正常蓄水库容时的蓄水体积（m³）；SW 为子流域的平均土壤含水量（mm）；FC 为子流域处于田间持水率时的土壤含水量（mm）；mon 为当年的某月；$\text{mon}_{\text{fld,beg}}$ 为洪水期的起始月；$\text{mon}_{\text{fld,end}}$ 为洪水期的结束月。

当目标库容计算出来之后，池塘的出流量计算如下。

$$V_{\text{flowout}} = \frac{V - V_{\text{targ}}}{\text{ND}_{\text{targ}}} \tag{2-158}$$

式中，V_{flowout} 为当天的下泄水量（m³）；V 为池塘当天的蓄水量（m³）；V_{targ} 为当天的目标库容（m³）；ND_{targ} 为池塘达到目标库容所需要的天数（d）。

（2）湿地的出流

在任何时候，当湿地的蓄水体积超过正常水位情况下的蓄水体积时湿地都将有出流。

$$V_{\text{flowout}} = \begin{cases} 0, & V < V_{\text{nor}} \\ \dfrac{V - V_{\text{nor}}}{10}, & V_{\text{nor}} \leqslant V \leqslant V_{\text{mx}} \\ V - V_{\text{mx}}, & V > V_{\text{mx}} \end{cases} \tag{2-159}$$

式中，V_{flowout} 为当天流出湿地的流量（m³）；V 为湿地当天的蓄水量（m³）；V_{mx} 为最大蓄水容量时湿地的蓄水量（m³）；V_{nor} 为正常蓄水容量时的湿地蓄水量（m³）。

2.2.7 植物生长模拟

植物生长过程中叶面积指数、高度、根系、生物量等都会发生变化，从而影响地表覆盖度及地表蒸散发的全过程，在水循环过程中为重要的参与者。模型中关于作物的生长基于热单位（heat unit）理论，潜在生物量的计算基于 Monteith 提出的方法，计算产量时通过收获指标确定，在寒季时作物可以进入休眠。由于当前 MODCYCLE 模型暂时还未对养分循环模拟进行开发，模型中作物生长计算主要受水分和温度的影响，暂时不考虑养分对作物生长的作用。

2.2.7.1 热单位理论

温度是影响植物生长最重要的因素，每种植物都有其生长的温度区间，比如最低、最优、最高生长温度。对于任何植物来说，气温必须达到最低生长温度（基温），植物生长才可以进行。在基温以上，温度越高，植物生长越快，到达最优生长温度时，生长速度达到最快，温度继续升高，生长速度将下降，温度到达最高生长温度时，植物停止生长。

热单位理论被提出（Boswell，1926）并不断被修正和完善，最终得以成功应用。热单位理论假设植物具有可量化的热量需求，并且热量需求与成熟时间有关。当平均气温低于作物生长基温时作物不会生长，因此日平均气温中只有超过作物生长基温的那部分才对作物生长有贡献，日平均气温每高出作物生长基温1℃就相当于1个热单位。知道了种植时间、成熟时间、生长期内的日平均气温、作物生长基温，作物成熟需要的总热单位就可以计算出来。

模型假设高于作物生长基温的热量都对作物生长有效。当天的热单位累计计算公式为

$$\text{HU} = \overline{T}_{\text{av}} - T_{\text{base}}, \qquad \overline{T}_{\text{av}} > T_{\text{base}} \tag{2-160}$$

式中，HU 为当天的热单位累计；$\overline{T}_{\text{av}}$ 为当天的日平均温度（℃）；T_{base} 为植物的生长基温（℃）。作物达到成熟所需要的热单位总量为

$$\text{PHU} = \sum_{d=1}^{m} \text{HU}_d \tag{2-161}$$

式中，PHU 为作物达到成熟所需要的总热单位；HU_d 为第 d 天累积的热单位；$d=1$ 为种植日期；m 为作物成熟所需要的天数（d）。PHU 也称为潜在热单位。

2.2.7.2 植物休眠

模型中的植物种类包括7类：温季年生豆类、寒季年生豆类、多年生豆类、温季年生植物、寒季年生植物、多年生植物、树木。模型假设树木、多年生植物、寒季年生植物在白昼长度接近一年中的最短白昼长度时可以进入休眠。在休眠期，植物停止生长。

休眠期的开始和结束通过白昼长度阈值确定：

$$T_{DL,thr} = T_{DL,mn} + t_{dorm} \tag{2-162}$$

式中，$T_{DL,thr}$ 为白昼长度阈值（h）；$T_{DL,mn}$ 为一年中的最短白昼长度（h）；t_{dorm} 是休眠阈值（h）。在秋季当白昼长度小于 $T_{DL,thr}$ 时，除温季年生植物之外的植物进入休眠期；在白昼长度大于 $T_{DL,thr}$ 时，休眠期结束。

休眠阈值 t_{dorm} 的计算公式如下。

$$t_{dorm} = \begin{cases} 1.0, & \varphi > 40°N \text{ 或 } \varphi > 40°S \\ \dfrac{\varphi - 20}{20}, & 20°N \leqslant \varphi \leqslant 40°N \text{ 或 } 20°S \leqslant \varphi \leqslant 40°S \\ 0.0, & \varphi < 20°N \text{ 或 } \varphi < 20°S \end{cases} \tag{2-163}$$

式中，φ 为纬度（正值）。

对于树木，休眠期开始时，一部分生物量将转化为植物残余，树木的叶面积指数被设置为该树种的最低值。对于多年生植物，休眠期开始时10%的生物量将转化为植物残余，叶面积指数设置为该物种的最低值。对于寒季年生植物，转化的生物量为0。

2.2.7.3 植物潜在生长

植物潜在生长是在水分和营养供应充足、气候适宜情况下的生长，不同植物的生长速度由植物生长参数决定。

植物潜在生长模拟以下几个过程：生物量生长、叶面积指数生长、植物高度生长、根系生长。

（1）生物量生长

计算植物叶面拦截的日太阳辐射量的公式为

$$H_{phosyn} = 0.5 H_{day} \cdot [1 - \exp(-k_1 \cdot LAI + 0.05)] \tag{2-164}$$

式中，H_{phosyn} 为当天植物叶面拦截的有效光合作用辐射（MJ/m²）；H_{day} 为当天入射的总太阳辐射量（MJ/m²），即到达地表的太阳辐射；$0.5 H_{day}$ 为当天的有效光合作用辐射量（MJ/m²）；k_1 为消光系数；LAI 为叶面积指数。

植物当天拦截的光能能够产出的最大（潜在）干物质生物量由式（2-165）计算：

$$\Delta bio = RUE \cdot H_{phosyn} \tag{2-165}$$

式中，Δbio 为当天生产的潜在干物质生物量（kg/hm²）；RUE 为植物的光能利用系数 [kg·m²/(hm²·MJ)]；H_{phosyn} 为当天植物叶面拦截的有效光合作用辐射（MJ/m²）。该公式假设植物冠层的光合作用速率与光能大小为线性函数关系。

在第 d 天，作物的累积生物量产出计算公式如下。

$$bio = \sum_{i=1}^{d} \Delta bio_i \tag{2-166}$$

式中，bio 为第 d 天时植物的潜在生物量总产出（kg/hm²）；Δbio_i 为第 i 天生产的潜在干物质生物量（kg/hm²）。

植物的光能利用系数与水汽压亏缺有关（Stokle and Compbell，1985），在空气中的水汽压低于该值时，植物的光能利用系数下降。水汽压亏缺影响下的光能利用系数调整公式如下：

$$\text{RUE} = \begin{cases} \text{RUE}_{vpd=1} - \Delta\text{rue}_{dcl} \cdot (vpd - vpd_{thr}), & vpd > vpd_{thr} \\ \text{RUE}_{vpd=1}, & vpd \leq vpd_{thr} \end{cases} \quad (2\text{-}167)$$

式中，$\text{RUE}_{vpd=1}$ 为 1kPa 的水汽压亏缺时的光能利用系数 [kg·m²/(hm²·MJ)]；Δrue_{dcl} 为每单位水汽压亏缺情况下光能利用系数的下降速率 [kg·m²·kPa/(hm²·MJ)]；vpd 为水汽压亏缺值（kPa）；vpd_{thr} 为光能利用系数在该值之下开始下降时的水汽压亏缺阈值（kPa），模型假设对于所有植物都等于 1kPa。

对于一年生和多年生植物一年内植物就可以达到完全成熟，但是树木则需要多年才能从树苗长为成树。模型通过树木当前年龄与成熟时年龄的比值计算树木当年能够产出的生物量：

$$\text{bio}_{annual} = 1000 \, \frac{\text{yr}_{cur}}{\text{yr}_{fulldev}} \cdot \text{bio}_{fulldev} \quad (2\text{-}168)$$

式中，bio_{annual} 在单年内能够产出的生物量（kg/hm²）；yr_{cur} 为当前树木的年龄（a）；$\text{yr}_{fulldev}$ 为该树种完全长成所需要的年数（a）；$\text{bio}_{fulldev}$ 为成树的生物量（metric tons/hm²）；1000 为单位转换数。

一旦在某年内树木生长的生物量超过当年的 bio_{annual}，则该年内树木的生物量将不再增加，直到下一年份新的 bio_{annual} 更新为止。在超过当年 bio_{annual} 时，每日生长量 Δbio 等于 0。

（2）叶面积指数和植物生长高度

在植物生长期的开始，冠层高度和叶面积由以下生长公式控制：

$$\text{fr}_{LAImx} = \frac{\text{fr}_{PHU}}{\text{fr}_{PHU} + \exp(l_1 - l_2 \cdot \text{fr}_{PHU})} \quad (2\text{-}169)$$

式中，fr_{LAImx} 为某潜在热单位比例下植物叶面积指数相对于最大叶面积指数的比例；fr_{PHU} 为生长期内某天已累积的热单位相对于潜在热单位的比例（即潜在热单位比例）；l_1 和 l_2 为曲线的形状系数。fr_{PHU} 的计算公式如下。

$$\text{fr}_{PHU} = \frac{\sum\limits_{i=1}^{d} \text{HU}_i}{\text{PHU}} \quad (2\text{-}170)$$

式中，fr_{PHU} 为第 d 天累积的热单位相对于潜在热单位的比例；HU_i 为第 i 天累计的热单位；PHU 为植物的潜在热单位。

l_1 和 l_2 通过曲线上已知的两点（$\text{fr}_{LAI,1}$，$\text{fr}_{PHU,1}$）和（$\text{fr}_{LAI,2}$，$\text{fr}_{PHU,2}$）确定：

$$l_1 = \ln\left(\frac{\text{fr}_{PHU,1}}{\text{fr}_{LAI,1}} - \text{fr}_{PHU,1}\right) + l_2 \cdot \text{fr}_{PHU,1}$$

$$l_2 = \frac{\ln\left(\frac{\text{fr}_{PHU,1}}{\text{fr}_{LAI,1}} - \text{fr}_{PHU,1}\right) - \ln\left(\frac{\text{fr}_{PHU,2}}{\text{fr}_{LAI,2}} - \text{fr}_{PHU,2}\right)}{\text{fr}_{PHU,2} - \text{fr}_{PHU,1}} \quad (2\text{-}171)$$

植物冠层当天的高度计算公式如下。

$$h_c = h_{c,mx} \cdot \sqrt{\text{fr}_{LAImx}} \quad (2\text{-}172)$$

式中，h_c 为当天的植物冠层高度；$h_{c,mx}$ 为植物最大的冠层高度（m）；fr_{LAImx} 为某潜在热单位比例下植物叶面积指数相对于最大叶面积指数的比例。

对于树木冠层的高度，模型中为年际间的变化，而不是每日变化。

$$h_c = h_{c,mx}\left(\frac{yr_{cur}}{yr_{fulldev}}\right) \qquad (2-173)$$

式中，h_c 为当天树木的植物冠层高度；$h_{c,mx}$ 为该树木的成树高度（m）；yr_{cur} 为当年树木的年龄（a）；$yr_{fulldev}$ 为树木完全长成所需要的年数（a）。

植被覆盖表达为植物的叶面积指数，对于年生和多年生植物，第 i 天增加的叶面积指数为

$$\Delta LAI_i = (fr_{LAImx,i} - fr_{LAImx,i-1}) \cdot LAI_{mx} \cdot \{1 - \exp[5(LAI_{i-1} - LAI_{mx})]\} \qquad (2-174)$$

对于树木，第 i 天增加的叶面积指数为

$$\Delta LAI_i = (fr_{LAImx,i} - fr_{LAImx,i-1}) \cdot \left(\frac{yr_{cur}}{yr_{fulldev}}\right) \cdot LAI_{mx} \cdot \left\{1 - \exp\left[5\left(LAI_{i-1} - \frac{yr_{cur}}{yr_{fulldev}} \cdot LAI_{mx}\right)\right]\right\} \qquad (2-175)$$

第 i 天总的叶面积指数为

$$LAI_i = LAI_{i-1} + \Delta LAI_i \qquad (2-176)$$

式中，ΔLAI_i 为第 i 天增加的叶面积指数；LAI_{i-1} 和 LAI_i 分别为第 $i-1$ 天和第 i 天的叶面积指数；LAI_{mx} 为该植物最大的叶面积指数。

叶面积指数的定义为单位土地面积上的叶面面积（Watson，1947）。当最大叶面积指数达到之后将一直保持，直到叶片的衰败速度高于叶片的生长速度为止。

当叶面衰败成为植物生长的主过程时，年生和多年生植物的叶面积指数计算如下：

$$LAI = LAI_{mx} \cdot \frac{1 - fr_{PHU}}{1 - fr_{PHU,sen}}, \qquad fr_{PHU} > fr_{PHU,sen} \qquad (2-177)$$

对于树木，其计算公式为

$$LAI = \frac{yr_{cur}}{yr_{fulldev}} \cdot LAI_{mx} \cdot \frac{1 - fr_{PHU}}{1 - fr_{PHU,sen}}, \qquad fr_{PHU} > fr_{PHU,sen} \qquad (2-178)$$

式中，$fr_{PHU,sen}$ 为衰败期开始时植物累积的热单位相对于潜在热单位的比例。

（3）根系生长

植物总的生物量中，在苗期根系的生物量大约占 30%，在成熟的作物中降低到 5%～20%（Jones，1986），模型将作物在发芽期的根系生物量比例定为 40%，在成熟期的作物根系生物量比例定为 20%。根系生物量的比例计算公式为

$$fr_{root} = 0.40 - 0.20 fr_{PHU} \qquad (2-179)$$

式中，fr_{root} 为生长期某天的根系生物量占总生物量的比例；fr_{PHU} 为当天的已经累积的热单位占潜在热单位的比例。

植物根系长度的计算根据植物种类的不同而有所不同。对于树木或多年生植物，其根系长度在整个生长期中都为指定的最大根系深度。

$$z_{root} = z_{root,mx} \qquad (2-180)$$

式中，z_{root} 为根系长度；$z_{root,mx}$ 为指定的最大根系深度。

对于年生植物根系长度在生长期初始为 10mm，并在 $fr_{PHU} = 0.4$ 达到最大：

$$z_{root} = \begin{cases} 2.5 fr_{PHU} z_{root,\ mx}, & fr_{PHU} \leqslant 0.40 \\ z_{root,\ mx}, & fr_{PHU} > 0.40 \end{cases} \tag{2-181}$$

2.2.7.4 植物成熟

当植物累积的潜在热单位比例 $fr_{PHU} = 1$ 时，植物达到成熟。一旦达到成熟，模型认为植物停止蒸腾及吸收水分，其生物量将保持不变，直到被收割或枯萎。

2.2.7.5 实际生长

由于温度、营养、水分等限制性因素的影响，植物有可能达不到潜在生长的程度。模型目前主要考虑水分和温度对植物生长的限制作用。

(1) 水分胁迫

在最优水分条件下水分胁迫为 0，在其他条件下则可能达到 1。水分胁迫通过比较当天植物的实际蒸腾和潜在蒸腾计算：

$$wstrs = 1 - \frac{E_{t,\ act}}{E_t} \tag{2-182}$$

式中，wstrs 为当天的水分胁迫；E_t 为当天的潜在蒸腾量（mm）；$E_{t,\ act}$ 为当天的实际蒸腾量（mm）。

(2) 温度胁迫

温度胁迫为当天平均气温和作物生长最优温度的函数。气温接近作物生长最优温度时，作物的温度胁迫很小，在气温与最优温度差距较大时，则会发生温度胁迫。计算温度胁迫的公式为

$$tstrs = \begin{cases} 1, & \overline{T}_{av} \leqslant T_{base} \\ 1 - \exp\left[\dfrac{-0.1054 \cdot (T_{opt} - \overline{T}_{av})^2}{(\overline{T}_{av} - T_{base})^2}\right], & T_{base} < \overline{T}_{av} \leqslant T_{opt} \\ 1 - \exp\left[\dfrac{-0.1054 \cdot (T_{opt} - \overline{T}_{av})^2}{(2T_{opt} - \overline{T}_{av} - T_{base})^2}\right], & T_{opt} < \overline{T}_{av} \leqslant 2T_{opt} - T_{base} \\ 1, & \overline{T}_{av} > 2T_{opt} - T_{base} \end{cases} \tag{2-183}$$

式中，tstrs 为当天的温度胁迫；$\overline{T}_{av}$ 为当天的日平均气温（℃）；T_{base} 为植物的生长基温（℃）；T_{opt} 为植物的最优生长温度（℃）。

(3) 植物生长修正

植物当天实际生长占潜在生长的比例通过下式计算：

$$\gamma_{reg} = 1 - \max(wstrs, tstrs) \tag{2-184}$$

式中，γ_{reg} 为作物生长因子（0.0~1.0）；wstrs、tstrs 分别为当天的水分、温度胁迫。

作物当天的实际生长为

$$\Delta \text{bio}_{\text{act}} = \Delta \text{bio} \cdot \gamma_{\text{reg}} \tag{2-185}$$

式中，Δbio 为当天的潜在生物量产出（kg/hm²）；$\Delta \text{bio}_{\text{act}}$ 为当天的实际生物量产出（kg/hm²）。

潜在的叶面积指数增长也将根据 γ_{reg} 进行调整：

$$\Delta \text{LAI}_{\text{act},i} = \Delta \text{LAI}_i \cdot \sqrt{\gamma_{\text{reg}}} \tag{2-186}$$

式中，$\Delta \text{LAI}_{\text{act},i}$ 为第 i 天实际的叶面积指数增长；ΔLAI_i 为第 i 天的潜在叶面积指数增长。

2.2.7.6 植物产量

（1）收获指标

植物干物质收获量（植物产量）占植物地面部分总生物量的比例称为收获指标，对于大多数作物而言，收获指标为 0.0~1.0，但对于收获植物根茎的情况，收获指标则可以大于 1.0。通常收获指标在多种环境条件下都很稳定。

不考虑水分亏缺的影响，植物当天的潜在收获指标计算公式为

$$\text{HI} = \text{HI}_{\text{opt}} \frac{100 \text{fr}_{\text{PHU}}}{100 \text{fr}_{\text{PHU}} + \exp(11.1 - 10 \text{fr}_{\text{PHU}})} \tag{2-187}$$

式中，HI 为当天潜在的收获指标；HI_{opt} 为理想生长条件下植物成熟时的潜在收获指标（植物参数）；fr_{PHU} 为当天的累积热单位与潜在热单位的比例。

当天的实际收获指标受水分亏缺的影响，计算公式如下。

$$\text{HI}_{\text{act}} = (\text{HI} - \text{HI}_{\text{min}}) \cdot \frac{\gamma_{\text{wu}}}{\gamma_{\text{wu}} + \exp(6.13 - 0.0883 \gamma_{\text{wu}})} + \text{HI}_{\text{min}} \tag{2-188}$$

式中，HI_{act} 为当天的实际收获指标；HI 为当天的潜在收获指标；HI_{min} 为该植物允许的最小收获指标（植物参数）；γ_{wu} 为水分亏缺因子，计算公式如下。

$$\gamma_{\text{wu}} = 100 \frac{\sum_{i=1}^{m} E_{\text{a},i}}{\sum_{i=1}^{m} E_{0,i}} \tag{2-189}$$

式中，$E_{\text{a},i}$ 为第 i 天的实际腾发量（mm）；$E_{0,i}$ 为第 i 天的潜在腾发量（mm）；m 为植物从种植开始到收获的天数（植物可能已经成熟，或还没有成熟）。

（2）产量计算

基于实际收获指标的植物产量的计算公式为

$$\text{yld} = \begin{cases} \text{bio}_{\text{ag}} \cdot \text{HI}_{\text{act}}, & \text{HI} \leq 1.00 \\ \text{bio} \cdot \left[1 - \dfrac{1}{(1+\text{HI}_{\text{act}})}\right], & \text{HI} > 1.00 \end{cases} \tag{2-190}$$

式中，yld 为作物产量（kg/hm²）；bio_{ag} 为收获当天作物在地表以上的生物量（kg/hm²）；HI_{act} 为收获当天的实际收获指标；bio 为收获当天作物总的生物量（kg/hm²）；地面以上的生物量计算公式为

$$\text{bio}_{\text{ag}} = (1 - \text{fr}_{\text{root}}) \cdot \text{bio} \tag{2-191}$$

式中，fr_{root}为收获当天根系生物量占总生物量的比例。

2.2.8 人工过程模拟

在目前流域/区域水循环过程中，人类活动对水循环的干预作用越来越凸显，并影响到自然水循环的各个环节。例如，人类种植活动改变地表覆被，影响区域/流域的蒸散发过程；开荒耕作改变微地形微地貌，影响区域/流域的产流及汇流形成过程；城市区的迅速扩张导致低渗透性的硬地陆面不断增加，影响区域产流量和汇流速度；大量和频繁的农业灌溉改变土壤原来接受水分补给的频率和强度，强化了区域垂向方向的水循环过程；水库通过滞蓄作用改变水在河道中的运动；工农业生活不同水源的取水直接改变水的水平方向运动轨迹，使水分进入人工引用耗排系统以不同于自然循环的方式进行消耗和排泄等。

鉴于人类活动在水循环过程中的参与，水循环模型中必须考虑人工过程的模拟，否则在人类活动频繁的地区，如海河流域将无法适用。当前的 MODCYCLE 模型能够处理的人工过程具体包括作物的种植循环、农业灌溉、水库调蓄（见 2.2.5 节）、工业生活取水/消耗、退水、河道/水库间调水、湿地补水、城市区水文过程八种情况。

2.2.8.1 作物的管理

作物的管理指作物从种植到其死亡的全过程中人工给予的干预。

（1）种植操作

"种植操作"为植物生长的开始，用户需要指定农业作物的种植时间和作物的具体参数，包括作物达到成熟时需要的潜在热单位、生长基温、成熟时的最大叶面积指数/株高/根系长度、光能利用效率等。模型中可以对作物的轮种进行模拟，但规定每个基础模拟单元在同一时间内只能存在一种作物。在种植新作物之前，以前的作物必须先终结生长。

（2）收获操作

"收获操作"将从基础模拟单元中移除生物量但是不终结作物的生长，适用于可重复收获的植物，如牧草等。"收获操作"在模型中仅需要输入的信息是收获时间。收获效率参数也可指定，该值代表了收获的生物量中真正从基础模拟单元中移除的生物量比例，损失的收获量将作为植物残余保留在基础模拟单元上。如不指定则模型认为收获效率为 1（收获量中没有生物量转化为植物残余）。当执行"收获操作"后，生物量被移除，植物的叶面积指数和累计热单位将按照移除的生物量占总生物量的比例关系进行折减。折减了累计热单位之后，植物将退回到生长较快的生长前期。

（3）收获并终结操作

该操作不仅从基础模拟单元中移除生物量，同时将终结植物在基础模拟单元上的生长，适用于模拟仅可收获一次的作物，如小麦、玉米等。执行该操作时，作为产量的生物量将从基础模拟单元上移除，其他的生物量将作为植物残余保存在土表中。"收获并终结"唯一需要的信息是操作时间。

(4) 终结操作

"终结操作"将终结植物在基础模拟单元上的生长，所有的生物量将全部转变为植物残余，该操作适用于模拟林草等自然植物在一年的生长期结束时的枯萎。"终结操作"唯一需要的信息是操作时间。

2.2.8.2 农业灌溉取水过程

模型中关于基础模拟单元的灌溉可分为两种方式模拟。

(1) 指定灌溉

指定灌溉以灌溉事件的形式表达。在单次灌溉事件中，用户指定某基础模拟单元的灌溉时间、灌溉水量、灌溉水源属性。模型在运行到指定的时间时，将从相应水源提取相应水量并灌溉到基础模拟单元上。

灌溉水源的属性包括两点。一是灌溉水源的性质，在 MODCYCLE 中有 5 种，即河道、水库、浅层地下水、深层地下水、流域外供水。二是由于采用分布式模拟，灌溉水源的属性还包括水源的位置（除非是流域外供水）。对于河道、浅层地下水、深层地下水，水源的位置指的是水源所在的子流域编号，对于水库供水则为水库的编号（模型中虽然河道和水库同属于河道网络系统，但河道和水库各有自己的编号系统）。

需要指出的是，虽然灌溉事件中指定了灌溉水量，但如果水源的水量不能满足要求，则有可能灌溉取不到水，这是与现实情况相符合的。一般认为地下水（包括浅层地下水和深层地下水）的灌溉保证率比较高，因此模型目前不对地下水取水量进行限制（以后可能加上最大地下水埋深限制，埋深大于某限定值则不允许地下水取水）。如果灌溉水源是河道，灌溉事件中模型允许输入灌溉取水控制参数，包括最小河道流量、最大的灌溉取水量或河道中允许灌溉取水的最大比例等，用来防止因灌溉用水量太大导致河道流量枯竭。对于水库取水则有蓄水库容限制。流域外取水灌溉是指水源与模拟区域无关的灌溉取水，模型中不对取水量进行限制。

对于单个灌溉事件，模型首先计算水源的可供水量（主要针对主河道和水库），并与指定的灌溉取水量进行比较，如果水源的可供水量小于指定的灌溉取水量，模型将只用可供水量进行灌溉。

模型与模拟降雨入渗过程一样，模拟灌溉水量是通过土壤表层逐层下渗的过程。一般在实际灌溉活动中，灌溉持续时间一般为 2~6h。模型中假定为 24h 内（1d）均匀完成，这可能与实际情况有一点差异，但考虑到一般灌溉时水量也不是在灌溉持续时间内完全下渗，而是通常有田面积水，在随后的几天才完全下渗，模型简化为 1 天内灌溉完成差别不大。MODCYCLE 模型可模拟处理田间积水过程，灌溉水量在一般情况下不会有产流损失，因此灌溉持续时间的长短对最终计算结果基本无影响。当天的模拟结束后如果田面积水未下渗完毕，则模型将继续模拟田面入渗过程。

灌溉事件中可以指定水量损失比例，以考虑水分在传输过程中的渗漏损失。损失的灌溉水量将成为浅层地下水的补给量。

(2) 动态灌溉

"动态灌溉"与"指定灌溉"的重要区别是，"指定灌溉"中灌溉发生时间是固定的，只要模型运行到该时间，灌溉事件即被执行。"指定灌溉"比较适合于用户对灌溉时间的发生比较确定的情形。但在通常情况下，特别对于区域/流域范围的灌溉模拟，用户不可能清楚所有灌溉事件发生的时间，而且通常收集相应信息也是比较困难的。为此，MODCYCLE 模型采用模拟灌溉驱动行为的方式开发了动态灌溉方法，具有一定的人工智能性。

一般而言，某地区某种作物的灌溉制度信息是相对比较容易收集的，动态灌溉的思路是在作物灌溉制度的指导下，以作物的每个生育期为时间阶段预定灌溉事件。这里预定灌溉事件有两层含义。一是灌溉事件本身是预定的，不一定执行。在预定的灌溉事件中，用户需要给出本次灌溉时土壤墒情的阈值，只有符合灌溉时机时，模型才对基础模拟单元执行预定灌溉。如果从该生育阶段开始直到结束都未找到灌溉时机，则该预定灌溉被取消。二是此时灌溉事件指定的时间是预定的，该时间只是可能进行灌溉的起始时间，模型从该时间开始起不断检查每天基础模拟单元的土壤墒情和降雨情况，真正执行该灌溉事件的时间是当土壤墒情达到阈值时的时间。

动态灌溉模拟的程序设计框图如图 2-24 所示。当模型发现当天有预设灌溉事件时，将首先判断基础模拟单元上是否有作物，如果没有作物，则认为该灌溉事件为作物播前补墒灌溉，当天即执行该灌溉操作。如果有作物，则进一步判断该作物是否已经成熟等待收割，一般成熟的作物不需要灌溉，因此该预设灌溉被取消。如果作物未成熟，则作物处于生长阶段，模型将首先检查当天的降雨情况和土壤墒情情况，如果当天没有明显降雨（降雨小于 2mm），且土壤墒情小于设定的土壤墒情阈值时（土壤较旱），模型认为当天为适当的灌溉时机，预设灌溉将在当天执行。否则预设灌溉将被推迟到下一日，并反复以上

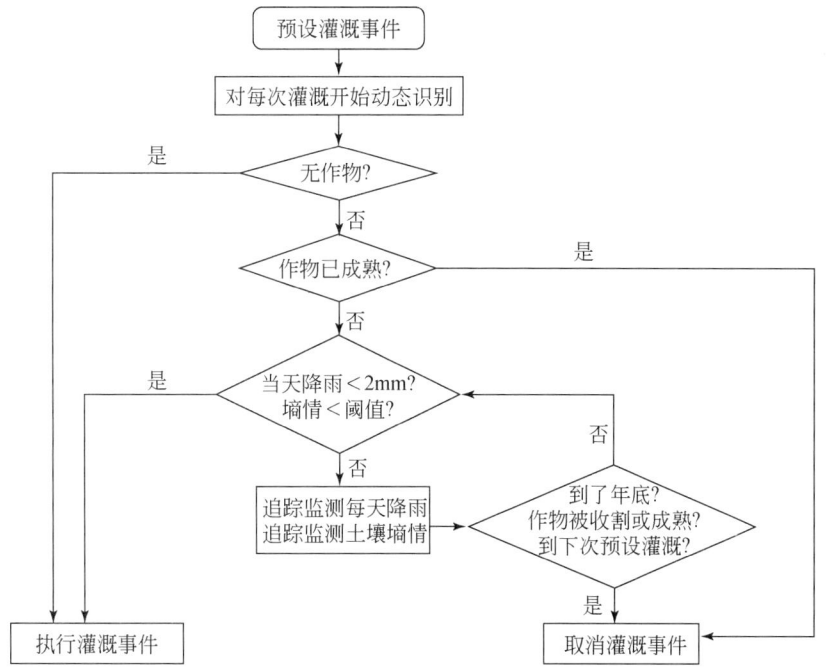

图 2-24　动态灌溉模拟程序设计框图

降雨与墒情的监测过程，直到符合灌溉时机条件为止。如果在下一个预设灌溉事件到来之前都没有合适的灌溉时机，模型认为作物的这段生育时间不需要灌溉，该预设灌溉被取消，模型开始下一个预设灌溉的动态识别过程。预设灌溉被取消的其他情况还包括作物已经成熟，或到了当年的年底。

预设灌溉事件在执行时与指定灌溉无区别，都需要判断水源是否充足，灌溉水量被分在当天 24h 内均匀灌溉等。

土壤墒情阈值在模型中通过土壤中的植物可用水占土壤中最大植物可用水的比例界定。土壤中植物可用水为土壤含水量与凋萎含水率对应含水量之差，如图 2-25 所示。

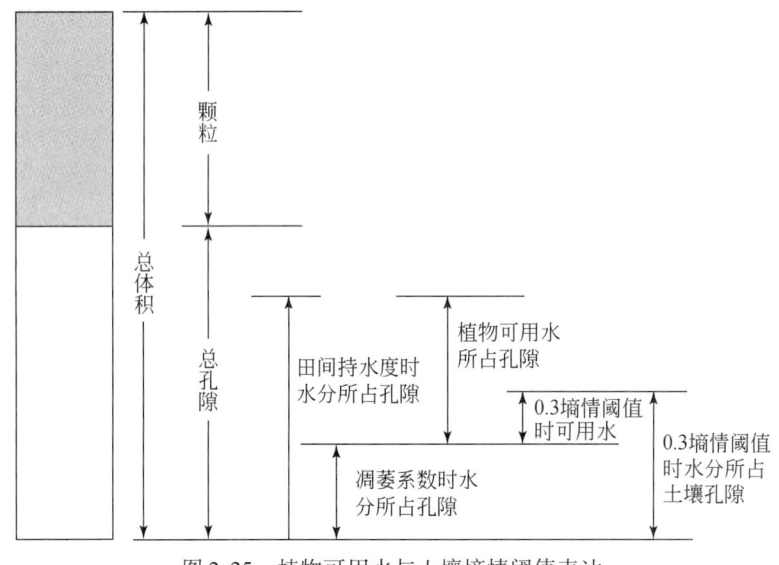

图 2-25　植物可用水与土壤墒情阈值表达

2.2.8.3　水库调蓄过程

水库的调蓄过程指用户可对水库的下泄量进行人工控制，在水库水循环一节已经进行了介绍，这里不再复述。

2.2.8.4　工业/生活取用水过程

工业/生活取用水在模型中的处理方式是将水分从流域中直接移除，移除的水分认为从系统中消失。模型允许水分从任何子流域的浅层地下水、深层地下水、河段、水库、池塘中通过取用水进行移除。

农业灌溉用水通常具有时段性的特点，在作物生长的整个生育期一般只灌溉几次，而且灌溉的发生还与降雨等气象条件相关，因此需要给出日灌溉数据。相对而言，工业/生活取用水一般比较稳定，因此取用水在模型中以月计，即对于一年中的某月，用户指定每天取用水的日平均水量。

工业/生活取用水最终有一部分在工厂生产过程中被热蒸发，或被人体自身消耗，或以某种形态成为产品的一部分等，这些水分的消耗过程与自然的蒸散发虽然有不同的形式，但结果都相同，即这些水量都将离开系统不再参与循环。

2.2.8.5 退水过程

工业/生活取用水时通常不是所有的取用水都被消耗，所取水量经过循环使用后将有一部分水量退出，如工业废污水、生活污水等，经过污水处理厂集中处理后排泄到河道中，重新进入水循环系统。退水量可以用取用水量扣除耗水量来确定。

退水过程在模型中通过点源模拟，模型允许在河道网络系统任何地点设置点源。除点源位置外，点源信息主要是由不同时间尺度计量的退水量数据，可以基于多年平均、年、月、日时间尺度进行输入。

点源的另一种用处是当模拟的系统不是完整的流域时，可以用点源来处理模拟区域边界河流的上游来水。

2.2.8.6 河道-水库间调水过程

河道地表水系统一般是人类控制程度最高的水循环子系统。不同河道之间，河道与水库之间通过水利枢纽进行调水的行为很常见。模型允许水从流域的任何河段和水库转移到其他任意河段和水库。调水模拟过程中用户需要指定传输水源类型、传输水源位置、目的水源类型、目的水源位置，以及两者之间传输的水量信息。

对于被传输的水量，模型中可以通过三种方式确定：一是指定传输水源（河道或水库）中水量的比例；二是指定传输水源中必须保留的剩余的水量，其余水量被传输；三是直接指定传输的水量（最终传输的水量将受水源总水量的限制）。传输过程在模拟的每天都进行。

2.2.8.7 湿地补水过程

湿地本身在模型中主要用来模拟存在于河道系统之外的自然蓄滞水体。湿地的入流和出流过程主要受地形地貌、自然气象和水库蓄滞容量的影响。但在人类活动频繁的地区，湿地也作为美化和改善人居环境质量的生态要素。例如，在中国北方的很多城市，尽管降雨或自然条件并不足以维持湿地的存在，但辖区内都有大面积的水体供居民休闲与观赏。由于中国北方地区地下水位普遍较深，这些湿地的水量除了蒸发之外还大量渗漏，如果没有外源水量进行定期补充，湿地的水量将很快消耗殆尽。

为此，模型开发了对湿地的补水功能。与灌溉取水方式类似，模型可将模拟区域内任意子流域的主河道、浅层地下水、深层地下水、任意水库及流域外水量（外调水）向湿地补充。补水过程中与灌溉取水一样考虑水源供水是否充足，包括河道取水时的流量限制、水库蓄量控制等。

2.2.8.8 城市区水文过程

与一般农田区或自然下垫面不同，城市区具有大面积的不透水面积和相应的排水设施。楼房、停车场、道路的建设等不透水面积减少了降雨入渗量；人工渠道、路边材料、城市暴雨集水系统和排水系统等增加了水流运动的水力学效率。这些因素的综合效果是显著增加了地表径流量和径流速度，增大了洪峰排泄量，从而水流在空间的运动模式被改变。

城市区在模型中被刻画为一种特殊的基础模拟单元，其面积被分为两部分：一部分是透水面积；另一部分是不透水面积。不透水面积继续分为两类：一是与排水系统有直接水力联系的不透水区域，如道路、桥梁、停车场、机场等，这些区域通常都有互联的暴雨排水管网，径流形成后迅速汇集并从排水管网排出，较少一部分水量入渗土壤；二是与排水系统无直接联系的不透水区域，如被院子包围的房屋等，屋顶虽然是不透水区域，但是和排水系统之间无直接的水力联系，径流在屋顶形成并多数入渗进院子里的土壤中，这里院子从概念上来说属于城市中的透水区。

对于城市区基础模拟单元的水循环模拟，模型中仅在降雨/产流上有模拟上的区别，其他过程，如入渗、蒸发、地表积水等模拟方法与前述一致。

对于某个城市区基础模拟单元，降雨/产流分两部分进行模拟：一是与排水系统有直接联系的不透水区模拟，因为与排水系统直接联系的不透水区水文特性比较明显；二是与排水系统不直接联系的不透水区和透水区的综合模拟，因为与排水系统不直接联系的不透水区和透水区之间通常有水量的交互。城市基础模拟单元的总产流量为这两部分产流量之和。

（1）与排水系统有直接联系的不透水区产流模拟

对于与排水系统有直接联系的不透水区模型使用 SCS 曲线法进行模拟降雨产流效应，公式为

$$Q_{\text{surf}} = \frac{(R_{\text{day}} - I_a)^2}{R_{\text{day}} - I_a + S} \tag{2-192}$$

式中，Q_{surf} 为地表产流量（mm）；R_{day} 为降雨量（mm）；I_a 为包括地表蓄积、截留和前期入渗的损失量（mm），仅当 $R_{\text{day}} > I_a$ 时，地表产流才会发生；S 为储流参数（mm），与土壤含水量、土壤类型、土地利用、土地管理、坡度有关。雨量损失 I_a，根据经验大约等于 $0.2S$。这样，SCS 曲线方程可写为

$$Q_{\text{surf}} = \frac{(R_{\text{day}} - 0.2S)^2}{R_{\text{day}} + 0.8S} \tag{2-193}$$

S 的计算公式如下。

$$S = 25.4 \left(\frac{1000}{CN} - 10 \right) \tag{2-194}$$

式中，CN 为当天的前期土壤含水量条件值。为体现不透水面积上的高产流效率，模拟时一般取 CN 值为 98，这样 S 值约为 5.18。城市区产流最终的计算公式为

$$Q_{\text{surf}} = \frac{(R_{\text{day}} - 1.036)^2}{R_{\text{day}} + 4.144} \tag{2-195}$$

（2）与排水系统不直接联系的不透水区/透水区产流模拟

模型同样使用 SCS 曲线法计算降雨产流过程，但 CN 值则为不透水区/透水区的综合

值。其计算公式如下（Soil Conservation Service Engineering Division，1986）：

$$\mathrm{CN}_c = \begin{cases} \mathrm{CN}_p + \mathrm{imp}_{\mathrm{tot}} \cdot (\mathrm{CN}_{\mathrm{imp}} - \mathrm{CN}_p) \cdot \left(1 - \dfrac{\mathrm{imp}_{\mathrm{dcon}}}{2\mathrm{imp}_{\mathrm{tot}}}\right), & \mathrm{imp}_{\mathrm{tot}} < 0.30 \\ \mathrm{CN}_p + \mathrm{imp}_{\mathrm{tot}} \cdot (\mathrm{CN}_{\mathrm{imp}} - \mathrm{CN}_p), & \mathrm{imp}_{\mathrm{tot}} > 0.30 \end{cases} \quad (2\text{-}196)$$

式中，CN_c 为综合的前期土壤含水量条件值；CN_p 为透水区域上的前期土壤含水量条件值；$\mathrm{CN}_{\mathrm{imp}}$ 为不透水区域的前期土壤含水量条件值；$\mathrm{imp}_{\mathrm{tot}}$ 为城市区基础模拟单元上不透水区域的面积比例（包括直接联系和非直接联系的）；$\mathrm{imp}_{\mathrm{dcon}}$ 为与排水系统非直接联系的不透水区域的面积比例。$\mathrm{imp}_{\mathrm{dcon}}$ 的计算公式如下。

$$\mathrm{imp}_{\mathrm{dcon}} = \mathrm{imp}_{\mathrm{tot}} - \mathrm{imp}_{\mathrm{con}} \quad (2\text{-}197)$$

式中，$\mathrm{imp}_{\mathrm{con}}$ 为基础模拟单元上与排水系统直接联系的不透水区域的面积比例。

2.2.9 地表/地下水耦合模拟

在当前版本的 MODCYCLE 中，将子流域分为山区子流域和平原区子流域两类进行地下水模拟计算。考虑到山区子流域一般都具有自然的分水岭，且地表水分水岭与地下水分水岭通常一致，因此山区子流域地下水用均衡模式计算，各子流域的地下水认为相互之间相对独立，不考虑子流域间地下水水量的侧向交换。平原区由于子流域分水岭不明显，各子流域地下水含水层之间相互连续，地下水水平向的侧向运动不能忽略，所以采用网格形式的数值方法进行模拟。

平原区地表/地下水的耦合模拟通过水文模型与地下水数值模拟模型的耦合实现。MODCYCLE 模型创造性地实现了分布式水文模型与地下水数值模拟模型的紧密耦合，通过两者的实时信息交互实现了地表水、土壤水和地下水的耦合模拟。

2.2.9.1 水文模型与地下水数值模拟模型耦合的现状

分布式水文模型因其具有一定的物理机制，且能够在某种程度上体现水文循环的时空差异性，所以是目前水文模型领域较为流行的一类模型。地下水模拟领域则以地下水数值模拟模型最为先进。分布式水文模型与地下水数值模拟模型的耦合成为当今研究地表/地下水耦合模拟的前沿。两类模型的耦合方式总体上分为两类。

一类是文件传输形式的松散耦合方法。该方法先用水文模型计算出地下水数值模拟所需的前期数据信息，再将数据信息处理成符合地下水数值模拟要求的数据文件格式，最后地下水数值模拟模型读入上述数据文件完成模拟过程。该方法灵活性强且易于实现，但是文件传输量庞大时会显著影响系统的运行效率。另外一个本质的不足是，通常这种技术方法只能实现从水循环模拟到地下水数值模拟的单向数据信息传递，地下水数值模拟的数据信息无法同步反馈到水循环模拟过程中实现双向作用过程，难以实现两者的优势互补，因此虽然对大尺度地表/地下水耦合模拟有一定改善，但程度有限。

另一类是网格式交互的紧密耦合方法。这类技术方法的代表有 MIKE-SHE、MODHMS 等，是针对上述文件传输形式方法的不足而提出的。主要技术关键是将水循环模型的网格单元与地下水数值模拟模型的网格单元构成严格的一一对应关系，通过每个网格单元内数据的同步交互，可实现水循环模拟与地下水数值模拟的紧密耦合，进而融为一个系统。但是在网格单元尺度过大时水循环模拟将产生明显的尺度效应，影响模拟精度，网格单元尺度较小时则会在面积较大的流域/区域的建模中产生庞大的空间数据规模，影响模型的运行效率。另外，该方法物理机制较强，一般结构都比较复杂，需要大量参数和数据支撑，且专业性很强，不易被一般用户掌握。

2.2.9.2 MODCYCLE 模型与地下水数值模拟模型的耦合

为了克服现有技术的问题，提出了一种新的分布式水文模型（MODCYCLE）与地下水数值模拟模型的紧密耦合方法，实现其在大空间尺度流域/区域和长模拟期条件下应用的能力，并具有水循环模拟与地下水数值模拟过程的双向反馈能力，在保证精度的基础上具有较高的运行效率。

（1）地下水数值模拟模型原理

在介绍 MODCYCLE 与地下水数值模拟模型耦合之前，先简述地下水数值模拟的原理。地下水数值算法采用网格单元中心差分法进行全三维模拟，其控制方程为

$$\frac{\partial}{\partial x}\left(K_{xx} \cdot \frac{\partial h}{\partial x}\right) + \frac{\partial}{\partial y}\left(K_{yy} \cdot \frac{\partial h}{\partial y}\right) + \frac{\partial}{\partial z}\left(K_{zz} \cdot \frac{\partial h}{\partial z}\right) - W = S_s \cdot \frac{\partial h}{\partial t} \quad (2\text{-}198)$$

式中，K_{xx}，K_{yy} 和 K_{zz} 为渗透系数在 X，Y 和 Z 方向上的分量；在这里，我们假定渗透系数的主轴方向与坐标轴的方向一致，量纲为 L/T；h 为水头（L）；W 为单位体积流量（T^{-1}）；用以代表来自源汇处的水量；S_s 为孔隙介质的储水率（L^{-1}）；t 为时间（T）。

三维含水层系统可划分为一个三维的网格系统，整个含水层系统被剖分为若干层，每一层又剖分为若干行和若干列。每个计算单元的位置可以用该计算单元所在的行号（i）、列号（j）和层号（k）来表示。图 2-26 表示计算单元（i, j, k）和其相邻的六个计算单元。

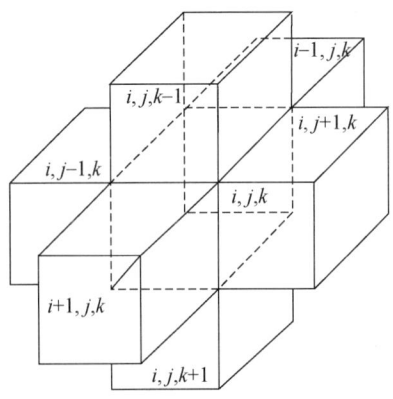

图 2-26　计算单元（i, j, k）和其相邻的六个计算单元

通过隐式差分离散处理，控制方程可离散为以下形式的矩阵方程：

$$\text{CR}_{i,\,j\text{-}1/2,\,k}(h_{i,\,j\text{-}1,\,k}^m - h_{i,\,j,\,k}^m) + \text{CR}_{i,\,j\text{+}1/2,\,k}(h_{i,\,j\text{+}1,\,k}^m - h_{i,\,j,\,k}^m)$$

$$+ \mathrm{CC}_{i-1/2,\,j,\,k}(h^m_{i-1,\,j,\,k}-h^m_{i,\,j,\,k}) + \mathrm{CC}_{i+1/2,\,j,\,k}(h^m_{i+1,\,j,\,k}-h^m_{i,\,j,\,k})$$
$$+ \mathrm{CV}_{i,\,j,\,k-1/2}(h^m_{i,\,j,\,k-1}-h^m_{i,\,j,\,k}) + \mathrm{CV}_{i,\,j,\,k+1/2}(h^m_{i,\,j,\,k+1}-h^m_{i,\,j,\,k})$$
$$+ P_{i,\,j,\,k}h^m_{i,\,j,\,k} + Q_{i,\,j,\,k} = \mathrm{SS}_{i,\,j,\,k}(\Delta r_j \Delta c_i \Delta v_k)\frac{h^m_{i,\,j,\,k}-h^{m-1}_{i,\,j,\,k}}{t_m-t_{m-1}} \tag{2-199}$$

式中，CR、CC、CV 分别为沿行、列、层之间的水力传导系数（L^2/T）；P 为水头源汇项相关系数；Q 为流量源汇项相关系数；SS 为储水系数；m 代表当前计算的时间层；$m-1$ 代表上一时间层。

（2）子流域与地下水数值模拟网格单元的空间融合

MODCYCLE 模型和地下水数值模拟模型分别基于不同的空间离散技术，面临的首个要解决的问题是子流域与网格的相容问题。大尺度流域/区域应用情况下一般子流域的个数远比网格单元的数量少，因此存在单个子流域能够容纳多个网格单元的条件，这样通常的思路是通过多个网格单元的组合去近似子流域的形状。但是子流域边界形态是无规则的，近似时难免产生误差；子流域的面积也大小不一，有可能大多数子流域的面积比网格单元大，但也存在个别子流域比网格单元还小的情况。以上原因使得用多个网格单元的组合去近似子流域的思路有可能不通用。为此，采取另外一种结合策略，不强制让网格单元去近似子流域，只需要两者之间的叠加效果即可。

这种策略通过子流域的边界切分网格单元，可将网格单元分为两类：第一类是完全位于某个子流域内部的网格单元；第二类是位于两个或多个子流域的边界上的网格单元，如图 2-27 所示。切分的主要目的是确定网格单元的从属，即第一类网格单元具有唯一从属的子流域，第二类则从属于多个子流域。无论是哪类网格单元，其在不同子流域的面积比例是可以通过 ArcGIS 等工具确定的。该策略的优点是使网格单元的空间离散独立于子流域离散之外，即子流域对网格单元的空间离散没有硬性要求，因此比较灵活和通用，这样网格单元可以充分根据精度和运行效率要求自由选择剖分尺度。

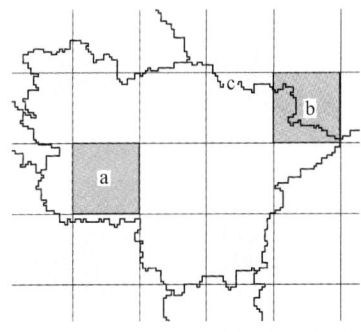

图 2-27　位于两个或多个子流域边界上的网格单元

另外，山丘区地下水和平原区地下水的性质存在一些显著的差别。山丘区子流域由自然分水岭分隔，地下水运动主要发生在风化岩体裂隙中，无明显意义的地下水含水层，一般无须进行地下水数值模拟。平原区坡度平缓，含水层厚度大，各子流域之间地下水有明显的水力联系，是进行地下水数值模拟的重点区。采用上述空间嵌套策略，还可以根据山丘区和平原区的分布范围指定需要进行地下水数值模拟的子流域。与这些子流域没有叠加关系的网格单元都是无效的网格单元，不参与仿真计算。

确定各网格单元在各子流域中所占的面积比例。面积比例指某网格单元占某子流域的面积除以该子流域的面积，可表达为

$$PA_{iCell,jSubb} = A_{iCell,jSubb}/A_{jSubb} \tag{2-200}$$

式中，iCell 为网格单元的编号；jSubb 为子流域的编号；$A_{iCell,jSubb}$ 为编号为 iCell 的某网格单元与编号为 jSubb 的某子流域之间的叠加面积；A_{jSubb} 为编号为 jSubb 的子流域的面积。若某网格单元与某子流域在空间上没有叠加关系，则 $PA_{iCell,jSubb}=0$。

通过子流域与网格单元的空间叠加，确定两者之间的从属关系，并计算各网格单元在各子流域中所占的面积比例，以此建立水文模型所划分的子流域与地下水数值模拟模型所划分的网格单元之间的空间关联，为两者之间的双向数据信息交互提供基础。

（3）信息在水文模型与地下水数值模拟模型之间的同步相互反馈

解决信息在水文模型和地下水数值模拟模型之间的反馈机制需要考虑时间步长问题。时间步长是进行模拟时的时间片段，模型对逐个时间片段进行模拟，直至到达模拟期结束时刻。时间步长的大小取决于模型本身的限制及计算精度的要求。多数分布式水文模型以日作为时间步长，而地下水运动相对缓慢，地下水数值模拟模型往往以旬、月作为时间步长，两者兼顾则耦合系统以日为时间步长。

以日尺度为时间步长，通过水文模型与地下水数值模拟模型在每个时间步长内的双向信息交互，构成两者之间的同步耦合。其中，"双向信息交互"是以水循环模拟过程中使用的子流域和地下水数值模拟中使用的网格单元之间的空间嵌套处理作为交互基础，双向信息交互的内容包括两方面：一是水循环模拟系统得出的垂向循环通量时空分布信息传递给地下水数值模拟系统，提供地下水模拟所需的源汇处的水量。垂向循环通量时空分布信息包括降水入渗补给量、河道/水库/湿地/渠系等地表水体渗漏补给量、井灌回归补给量、地下水基流量、潜水蒸发量、地下水开采量；二是地下水数值模拟系统得出的地下水位和地下水埋深的信息传递给水循环模拟系统，辅助水循环模拟系统计算地下水与地表水、土壤水之间的转化量。"同步耦合"指在同一个时间步长内，两个系统完成信息之间的交互反馈。对于水循环模拟系统而言，是将该时间步长内模拟得出的地下水源汇项信息反馈给地下水数值模拟系统；对于地下水数值模拟系统而言，是在获得水循环模拟系统所反馈的信息后，进行该时间步长内的地下水数值模拟，并将模拟得出的地下水位和地下水埋深数据反馈给水循环模拟系统。地下水位和地下水埋深是水循环模拟系统所需的重要数据，河道/水库/湿地与地下水之间的交换量、土壤水深层渗漏、潜水蒸发等水循环过程的模拟都将用到地下水位和地下水埋深数据。在获得这些由地下水数值模拟系统反馈的数据后，下一个时间步长水循环模拟系统将可以使用这些数据。两个系统之间同步耦合的流程如图 2-28 所示。

在一个时间步长内，上述的"同步耦合"包括以下子过程步骤。

1）水循环模拟系统先完成该时间步长的水循环模拟，并计算各子流域内地下水循环的各项垂向通量，即

$$P_{jSubb} = p_r + p_w + p_i \tag{2-201}$$

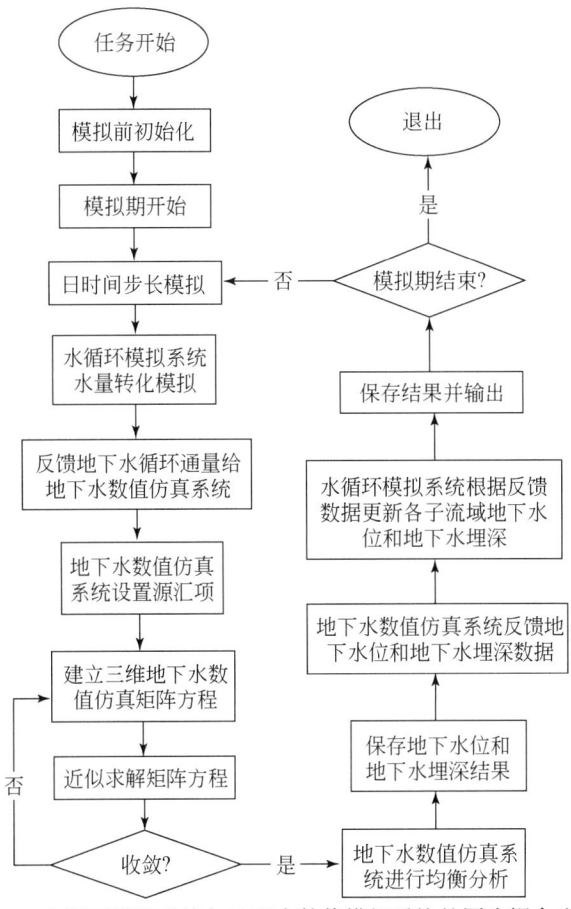

图 2-28　水循环模拟系统与地下水数值模拟系统的同步耦合流程图

$$D_{jSubb} = d_e + d_d + d_p \tag{2-202}$$

式中，P_{jSubb} 为编号为 jSubb 的子流域的地下水垂向补给通量总和（L³/T）；p_r、p_w 和 p_i 分别为该子流域的降水入渗量、河道/水库/湿地/渠系等地表水体渗漏量和灌溉渗漏量（L³/T）；D_{jSubb} 为该子流域的地下水排泄通量总和（L³/T）；d_e、d_d 和 d_p 分别为该子流域的潜水蒸发量、基流排泄量和地下水开采量（L³/T）。

2）水循环模拟系统将与地下水有关的垂向循环通量信息传递给地下水数值仿真系统，这根据子流域与网格单元的从属关系和面积比例关系进行。各地下水网格单元所获得的源汇量强度大小可由下式确定。

$$\overline{W}_{iCell} = \sum_{jSubb=1}^{Sum} (P_{jSubb} - D_{jSubb}) \cdot PA_{iCell,\,jSubb} \tag{2-203}$$

式中，$\overline{W}_{iCell}$ 为编号为 iCell 的网格单元获得的源汇量强度（L³/T）；Sum 为模拟空间内子流域的个数；其他符号意义同前。

3）地下水数值仿真系统获得了该时间步长内所需的全部源汇量信息，即式（2-198）中 W 项（代表来自源汇处的水量）已经可以确定，因此完成本时间步长的仿真过程并更新所有网格单元的地下水位。

4）地下水数值仿真系统将地下水位信息传递给水循环模拟系统。在水循环模拟系统获得来自地下水数值仿真系统在该时段内的信息后，将通过面积加权法更新各子流域的平均地下水位和地下水埋深，该步骤也根据子流域-网格单元空间嵌套关系和面积比例关系进行。

$$\overline{H}_{jSubb} = \sum_{iCell=1}^{Total} h_{iCell} \cdot PA_{iCell, jSubb} \qquad (2-204)$$

$$\overline{D}_{jSubb} = \sum_{iCell=1}^{Total} d_{iCell} \cdot PA_{iCell, jSubb} \qquad (2-205)$$

式中，$\overline{H}_{jSubb}$ 和 $\overline{D}_{jSubb}$ 分别为编号为 jSubb 的子流域的平均地下水位和平均地下水埋深（L）；h_{iCell} 和 d_{iCell} 分别为编号为 iCell 的网格单元的地下水位和地下水埋深（L）；Total 为模拟空间内网格单元的总个数；其他符号意义同前。

5）该时间步长内的同步耦合过程结束，系统进入下一时间步长。在下一个时间步长，水循环模拟系统将用上一个时间步长所更新的地下水位和地下水埋深作为基础进行水循环模拟。重复以上步骤直至所有的时间步长完成，从而结束整个模拟期。模拟期可长可短，根据应用要求而定，具体可从几天到数十年。

通过上述水文模型与地下水数值模拟模型的空间融合和信息同步相互反馈，实现了两者真正意义上的紧密耦合，形成了具备地下水数值模拟功能的综合水文模型，可以进行地表水与地下水的耦合模拟。MODCYCLE 在进行地下水模拟时首先将子流域划分为山丘区子流域和平原区子流域，前者采用前文所述的均衡模式进行模拟，后者则采用本节所述的数值方法进行模拟。

2.3 本章小结

本章主要对 MODCYCLE 的设计理念和水循环模拟原理进行了介绍。MODCYCLE 是在充分总结吸收前人研究成果基础上自主创新提出的水循环模型，源程序代码具有完全自主知识产权。主要有以下几点创新特色。

1）在模型设计上，MODCYCLE 以 C++语言为基础，通过面向对象的方式进行模块化开发，较大程度地提高了模型扩展的灵活性和模型数据组织的高效性。就目前而言，在水文水循环领域采用面向对象方法进行模型开发工作的尚不多见，本专题开发的 MODCYCLE 模型可以说是水文模型面向对象开发的一次重要尝试。

2）在输入输出平台上，MODCYCLE 以数据库统一进行数据管理，通过 ADO 接口实现模型对数据库的访问，所有输入数据和输出数据只用一个数据库文件进行管理，模型运行的数据管理方面极为简洁明了。较大程度地提高了输入/输出数据的易读性，并可借用数据库强大的检索统计功能提高输入数据修改上的便利性、输出结果数据整理上的便利性。

3）在模型运算效率上，MODCYCLE 模型吸收了当前高性能计算领域中并行运算的理念，充分利用模型 OOP 模块化的优势和模型本身的计算原理进行了多线程并行运算开发，可充分适应现代计算机系统的多核化硬件发展趋势。经过测试，在 4 核 CPU 并行运算环境下，模型的运算速度可提高 3.3 倍左右，极大程度地提高了模型的运算效率。

4）在水平衡模拟检验上，MODCYCLE 模型开发出一套具有层次化的水量校验机制，从子流域内各水循环模拟实体层次独立水量校核，到子流域综合层次水量校核，再到全流域综合层次水量校核，层层水量校核之间具有严格的对应关系，形成了一套独具特色水量平衡校验方法和体系。

5）在体现模型的天然-人工模拟特色上，MODCYCLE 充分考虑到模型对自然水循环过程和人工水循环过程的双重体现。不仅可以完成目前多数分布式水循环模型所主要刻画的天然水循环过程，而且能够在模型中具体实现多种人类活动对水循环的影响和控制。

6）在水循环模拟原理上，MODCYCLE 不仅考虑了分布式模拟，在水循环过程的刻画上也比较具体，基本上大部分的水循环转化过程均对应有清晰的处理过程，保持了水循环模式的完整性和物理性，同时开发出了地表积水、动态灌溉等独具特色的模拟方法。

7）在水循环模拟功能上，MODCYCLE 实现了水文模型与地下水数值模拟模型的紧密耦合，可以进行地表/地下水的耦合模拟。

MODCYCLE 模型是一个通用性较好的模型，其天然-人工二元模拟特点可以使研究者站在流域的角度审视人类活动干预下流域水循环的整体变化过程及各水循环通量分项的变化，可为当前研究人类活动对水循环的影响这一水文/水资源学科的重要专题提供强大的分析工具。

第 3 章 MODCYCLE 模型农田单元尺度研究应用
——衡水试验站农田尺度水文模拟

MODCYCLE 众多的水循环单元要素中，基础模拟单元在模型中处于核心地位。如前所述，基础模拟单元刻画的物理原型实际上是土壤层及其上生长的植被，其水循环过程在模型中通过一维土柱进行模拟，反映的是垂向方向上水分在土壤水系统与植物系统中的循环转化过程。多数重要的水循环转化过程如区域产流、蒸发、入渗、地下水补给等均在基础模拟单元上进行模拟。从模拟概念上来看，基础模拟单元的水循环过程实际上描述了 SPAC 系统，即土壤–植物–大气连续体（soil-plant-atmosphere continuum）（Philip，1966）。SPAC 系统属于田间尺度水循环过程，在 MODCYCLE 中通过将多个基础模拟单元进行空间上的分离和整合，使模型获得了区域尺度模拟的能力。

MODCYCLE 模型虽然是区域/流域尺度的水循环模拟模型，但由于在模型设计过程中充分考虑了模型的灵活性和模型结构的模块化，对于田间尺度的水循环模拟也能很好适应。

任何模型的开发均离不开对模型正确与否的校验过程，而对模型最严格的校验是通过观测试验为模型提供真实的水循环情景作为模拟的对比参照，借此研究模型对水循环过程的刻画能力和反演效果。

本章主要对海河 973 课题组在河北省衡水市某试验站开展的田间尺度实验进行介绍，其后对实验过程中玉米期与田间水循环有关的实测数据及其规律进行分析，最后利用实测的田间数据为本专题开发的 MODCYCLE 模型提供模拟原型进行了试验过程的水循环反演和模型验证工作。

3.1 研究目的

鉴于基础模拟单元在模型中的重要地位，课题组在海河流域中部地区衡水市开展了田间尺度的野外试验，力图通过原型试验的方式为 MODCYCLE 提供校验基础。其目的：一是通过试验实测数据和模型模拟数据的对比，验证 MODCYCLE 在土壤水循环及作物生长方面的模拟效果，并为模型的下一步的改进提供思路；二是为课题积累海河流域中部平原地区土壤墒情变化规律一手资料。

3.2 试验设置与思路

3.2.1 试验区情况

衡水市地处华北平原黑龙港地区，属半干旱大陆季风气候区，年平均气温为12.6℃，多年平均降水量为509.7mm，降水主要集中在夏季，无霜期为200d左右。土壤类型主要为潮土，土层深厚，以轻壤土为主，部分为砂质和黏质，土壤矿物养分丰富。玉米和冬小麦为衡水地区主要农作物。

田间试验在河北省农林科学院旱作农业研究所所属旱作节水农业试验站内进行，位于衡水市深州市护驾迟乡，地理坐标为115°42′E，37°44′N。试验田块为4块9.6m×7.5m的矩形田块（图3-1）。其中1号和4号田块为灌溉田块，试验过程中根据试验站周边农户的灌溉次数和灌水量进行井灌。2号和3号田块为雨养田块，实验期间不进行灌溉以形成与1号和4号田块的试验对比。

田间试验分两阶段进行，第一阶段的田间试验以大田玉米种植全生育期作为观测时期，观测时间从2009年6月中旬玉米播种开始，持续到10月中上旬玉米收割，玉米各田块平均植株密度为6.2万株/hm^2。第二阶段的土壤水实验以大田小麦种植全生育期作为观测时期，观测时间从10月中下旬小麦播种开始，持续到2010年6月中旬小麦收割。

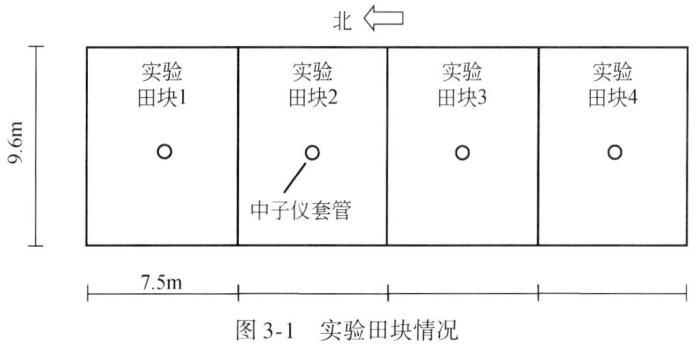

图3-1 实验田块情况

3.2.2 试验观测项目

试验观测项目主要根据MODCYCLE模型土壤水循环部分的输入参数和模拟输出数据拟定，主要包括9个项目：实验区土壤参数、实验区附近的日气象数据、土壤剖面含水率、叶面积指数、植株高度、灌溉事件、施肥事件、实验区或附近的地下水埋深、作物产量。

3.2.2.1 试验区土壤参数

土壤参数是土壤水模拟中的基础参数。与模型相关的参数包括土壤分类（砂土、壤土、黏土等)、土壤分层信息、每层土层的干容重、田间持水度、饱和水力传导度、黏/粉/砂/砾石含量、湿反照率等。这些参数中有些通过实验场实测获得，如土壤的分层、田间持水度、黏/粉/砂/砾石含量等，有些则通过文献资料查询获得，如土壤的湿反照率等。

3.2.2.2 试验区附近的日气象数据

气象数据包括六大要素：降雨、最高气温、最低气温、相对湿度、日照时数/日太阳辐射、风速。试验区内设有专用气象站，这些数据通过试验基地的气象观测仪器提供，资料的精度为日序列。

3.2.2.3 土壤剖面含水率

土壤剖面含水率为此次试验观测的重点内容。土壤含水率的观测采用中子仪（CNC503B 型）进行，具体为在每块试验田块中央各埋设 1 根套管，套管的埋藏深度依据作物的根系深度确定。根据实验基地多年经验，当地土质条件下玉米和冬小麦的根系深度均在 2m 以下，试验过程中套管埋设深度为 2.2m，以保证观测 2m 埋深范围内的土壤含水率。含水率观测时从地表到地下 2m，土壤剖面含水率按每 20cm 间距进行观测。由于中子仪对土表含水率观测精度不佳，0~20cm 土层的土壤含水率用 TDR（FDR，JL-19 型）替代测量。

对于土壤剖面含水率的观测频率，原则上维持 5d 一测的频率。同时为监测土壤水分下渗情况，在灌溉（或较大降雨，如 20mm 以上）前 1 天，以及灌后 2~5d 内必须进行观测。

3.2.2.4 叶面积指数

在各实验田块选择 10~20 株代表性植株作为各田块的样本群，并用标签逐一标注编号。以作物的各生育期作为观测采样时间，用钢尺测量植株叶片长和宽。对于玉米，在出苗期、拔节期、抽雄期、成熟期各观测 1~2 次；对于冬小麦，在出苗期、分蘖期、返青期、拔节期、抽穗期、成熟期各观测 1~2 次。表 3-1 为两期作物的生育期，两期作物生育期内叶面积指数的观测日期见表 3-2。

表 3-1 夏玉米和冬小麦生育期（月/日）

夏玉米	播种	出苗	拔节	抽雄	成熟			
	6/16	6/21	7/18	8/9	9/21			
冬小麦	播种	出苗	分蘖	越冬	返青	拔节	抽穗	成熟
	9/28	10/1	10/18	12/5	3/5	4/1	5/11	6/15

表 3-2 两期作物叶面积指数观测日期（月/日）

夏玉米	7/10	7/18	7/25	8/1	8/9	8/25	9/10	
冬小麦	10/18	11/15	12/5	3/15	4/1	4/20	5/11	6/1

玉米的生育期内叶面积指数共进行了 5 次观测。叶片分为展叶和见叶进行测量、计算，展叶的最大长宽乘积的 0.75 倍（见叶为 0.5 倍）记为其叶片面积，叶片面积总和与占地面积的比值即为叶面积指数。在玉米生长的主要阶段进行测量，试验期间共测量 6 次，其他时期所需叶面积指数通过插值方法得到。

$$LAI = (0.75 \sum (A \cdot B)_{展叶} + 0.5 \sum (A \cdot B)_{见叶})/S_{占地} \tag{3-1}$$

式中，LAI 为叶面积指数；A 为叶片的长度；B 为叶片的宽度；$S_{占地}$ 为占地面积。

3.2.2.5 植株高度

植株高度的观测采用钢尺测量，植株样本群同叶面积指数测量过程中选定的样本群。观测时间与叶面积指数的观测时间一致，在玉米快速生长期植株随高度增加观测次数。生育期内总共观测 14 次。

3.2.2.6 灌溉事件

灌溉事件包括灌溉时间、灌溉水量。对于灌溉事件的观测，需要记录灌溉时间，并统计各块田块的灌溉水量。实验田块 1 和 4 为灌溉田块，实验期间于 7 月 29 日进行了 1 次灌水，水量为 50m³/亩①（约合 75mm）。

3.2.2.7 施肥事件

施肥事件包括施肥时间、施肥量。施肥事件的观测同灌溉事件，一是记录施肥时间，二是统计各块田块的施肥量。实验期内 4 块田共施肥两次，分别为 6 月 26 日施复合底肥 20kg/亩，7 月 29 日追肥 25kg/亩，肥料为尿素。

3.2.2.8 实验区或附近的潜水埋深

地下水埋深变化通过距实验田块西南角约 50m 处的浅水井用测绳法进行观测，频率为 5d 一测。由于该井还兼顾灌溉，数据仅作实验参考。

3.2.2.9 作物产量

在作物成熟收割时期，进行取样估产。具体过程按基地以往估产经验方法确定。

各观测项目及其观测时间、观测方法、观测频率汇总见表 3-3。

表 3-3　衡水实验玉米生长期田间实验观测项目

项目编号	项目名称	观测方式	观测时间	观测频率
1	土壤参数	分层取样	实验前期	1 次
2	气象要素	试验区气象站	实验期内	每日
3	剖面含水率	中子仪	实验期内	每 5d 或加密

---

① 1 亩 ≈ 666.7m²。

续表

项目编号	项目名称	观测方式	观测时间	观测频率
4	表土含水率	TDR	实验期内	每5d
5	叶面积指数	钢尺测叶宽叶长	作物生育期内	每生育期1~2次
6	植株高度	测尺法	作物生育期内	每星期1次或加密
7	灌溉事件	记录	灌溉时	每次灌溉事件
8	施肥事件	记录	施肥时	每次施肥事件
9	地下水埋深	测绳法	实验期内	每5d
10	作物产量	取样观测	作物收割期	1次

3.3 试验数据分析

当前衡水实验已经完成并汇总的为玉米作物试验数据，因此在以下主要针对玉米生长期的实验数据进行分析。

3.3.1 土壤参数实测数据

试验区土壤类型主要为潮土，土层深厚，以轻壤土为主，部分为砂质和黏质。实验前通过测坑法对土壤剖面情况进行了观察，并记录了主要土层的土质及垂向分布情况，并用环刀取样以20cm为间距对实验田块的土质参数进行了取样实测。主要获得的观测参数如表3-4所示。

表3-4 试验区土质参数表

深度/cm	干容重/(g/cm³)	田间持水量/%	黏粒含量/%	粉粒含量/%	砂粒含量/%	土质描述
0~20	1.46	21.9	15.8	57.0	27.2	壤土
20~40	1.51	19.1	16.2	47.8	40.0	壤土
40~60	1.37	19.9	30.3	42.8	36.9	39~43cm分布薄潴育层
60~80	1.35	25.4	38.6	42.8	18.6	50~75cm分布厚潴育层
80~100	1.50	28.3	28.1	39.7	32.2	黏性壤土
100~120	1.57	29.6	27.6	40.2	32.2	黏性壤土
120~140	1.44	29.2	29.2	38.6	32.2	黏性壤土
140~160	1.41	22.5	28.7	39.1	32.2	黏性壤土
160~180	1.49	19.8	29.8	44.0	26.2	黏性壤土
180~200	1.41	19.9	32.1	42.7	39.2	黏性壤土

3.3.2 生育期内气象情况

试验期从 6 月 16 日玉米播种至 10 月 3 日收获,历时 107d。玉米生长期间的气象状况如图 3-2 ~ 图 3-6 所示。玉米生长期内总降雨量为 481.5mm,降雨集中在 7 月初到 9 月中旬,占生育期总降雨量的 80%。生育期内平均风速为 2m/s 左右,生育前期风速相对较大,中后期相对较小。生育期内总日照时数为 615h,平均日照时数为 5.75h/d,雨季来临之前日照时间较长,雨季来临之后每天相对减少 1 ~ 2h。生育期内的零积温为 2662.6℃,日平均气温为 24.9℃,最高日平均气温 32.9℃出现在 6 月 25 日,该日期之后日平均气温逐渐降低。生育期内的相对湿度与降雨密切相关,雨季时相对湿度较大,生育期内平均日相对湿度为 72%。

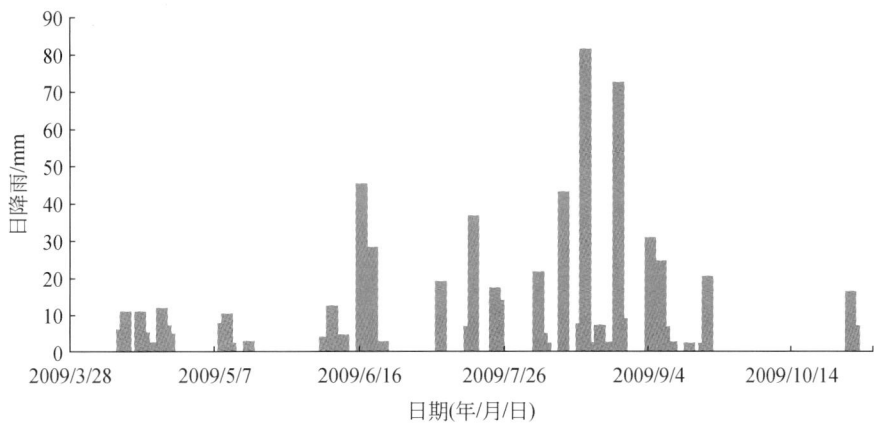

图 3-2 玉米生长期内降雨分布

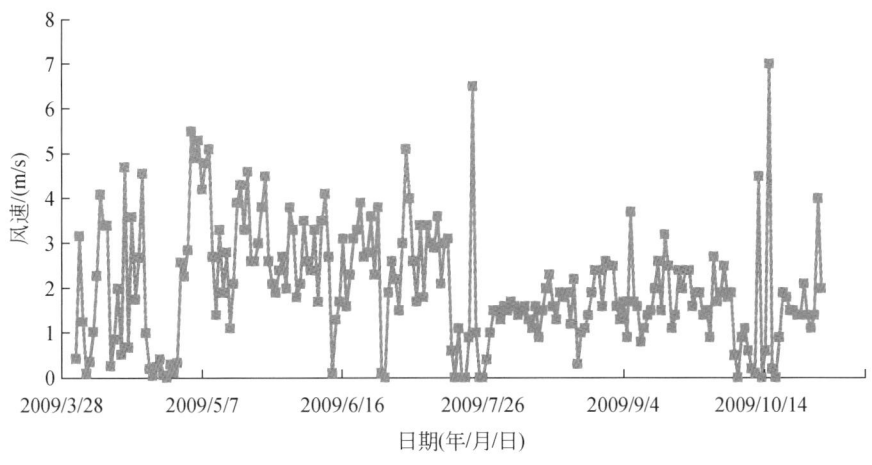

图 3-3 玉米生长期内风速分布

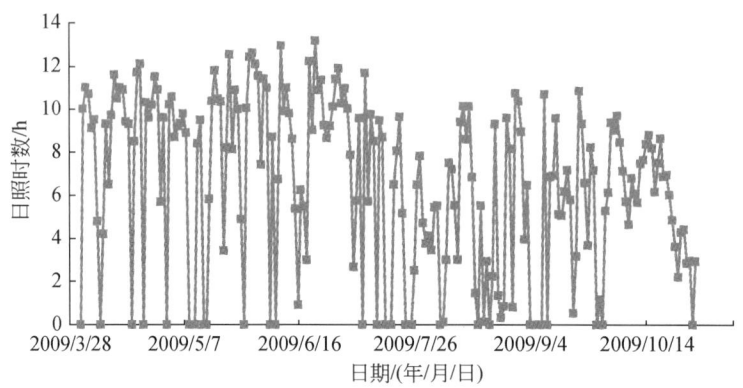

图 3-4 玉米生长期内日照时数分布

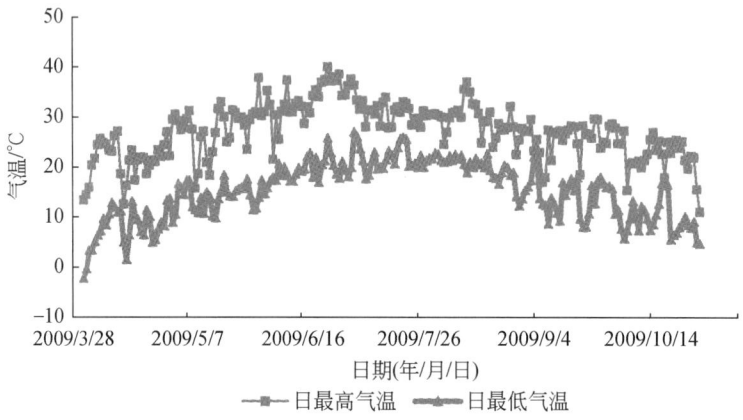

图 3-5 玉米生长期内最高最低气温分布

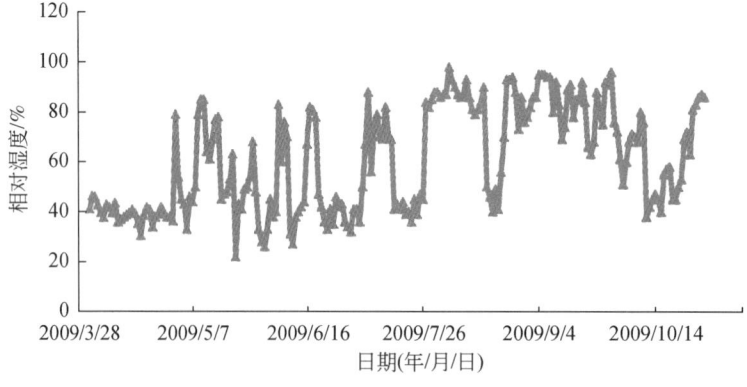

图 3-6 玉米生长期内相对湿度分布

3.3.3 生育期分层土壤含水率变化

玉米生长期内降雨及不同土壤层含水率（田块 1 和 4 平均值）的变化情况如图 3-7 所

示。降雨多集中在 8 月份，最高日降雨量出现在 8 月 16 日，为 117.2mm。各土层土壤含水率的变化趋势大体一致。表层土壤含水率随降雨变化较剧烈；10～50cm 层属过渡层，土壤含水率比表层稳定，变化趋势基本一致，但与其下层比较仍不平稳，含水率变化情况较大；50cm 以下各层变化趋势基本一致，含水率变化基本相同。土壤含水率在 10cm 层较低，50cm 及其以下各层土壤含水率随深度增加而不断加大。由图 3-7 可以看出，表层含水率对降雨的敏感性最高，初期变化幅度大，中后期由于降雨量偏多，变化幅度不大。

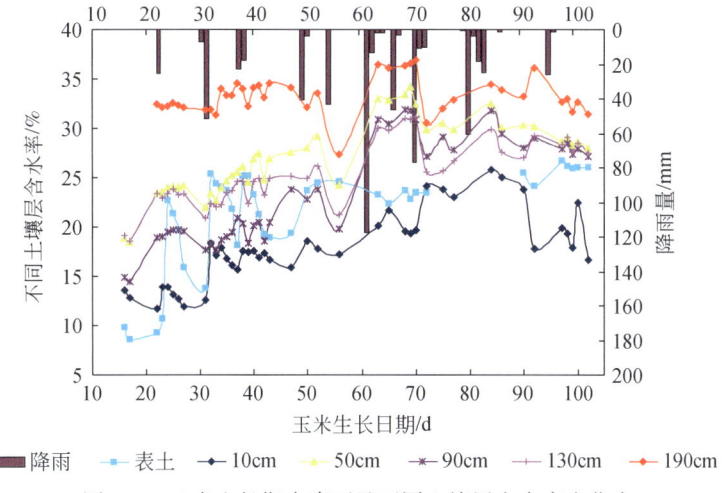

图 3-7 玉米生长期内降雨及不同土壤层含水率变化表

各土壤层在玉米生长期含水率均有一定程度的增大。8 月比 7 月各层均有增长，增长最高的为 90cm 层，涨幅达到 45.9%，最低为 190cm 层，增长幅度为 2.62%；9 月比 8 月含水率有增长也有降低，其中表层土壤增长最高，为 11.5%；50cm 层含水率减少较多，为 2.83%。

3.3.4 降雨前后土壤水分运移变化

16 日、17 日共降雨 58.3mm，图 3-8 为 7 月 17～22 日 6d 土壤水分变化情况，颜色越

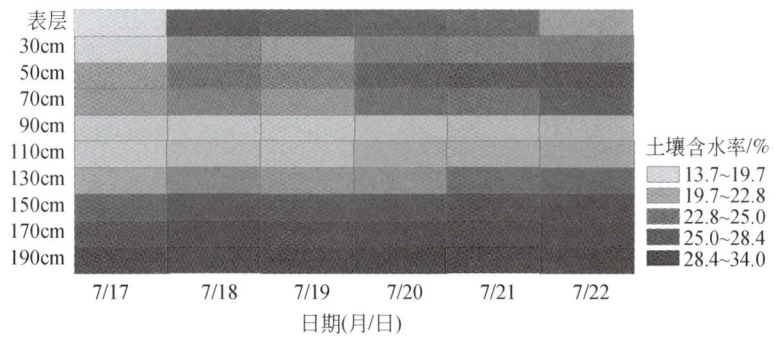

图 3-8 7 月 17～22 日土壤水分变化示意图

深代表土壤含水量越高。此次降雨前后5d内都没有其他降雨，可以充分地体现出降雨后土壤水分迁移的过程。表层土壤在18日增长，以后5d逐渐降低，一部分是由于蒸散发消耗，另一部分下渗到土壤下层。由图中可以看到，降雨5d后，水分基本下渗到50~70cm层。90~110cm层土壤含水率出现谷值。

3.3.5 土壤含水率随土壤深度变化

图3-9为玉米主要代表性生长阶段土壤含水率（重量含水率）随深度变化的情况（田块1，4平均）。可以看出，土壤表层始终保持比10cm层高的水量，10cm层以下土壤含水率逐渐增加，50cm处达到极大值，之后逐渐降低，到90~100cm层为止，土壤含水率出现极小值点，这层以下含水率逐渐上升，最下层（190cm）为测量范围内土壤含水率最高点，次层含水率较稳定。玉米整个生长期内，各层平均土壤含水率分别为22.6%，18.8%，24.2%，28.0%，27.5%，24.9%，24.1%，26.1%，28.4%，29.5%，33.3%。50cm层具有极高值28.0%，110cm层出现极小值24.1%，190cm层为测量最高值33.3%。

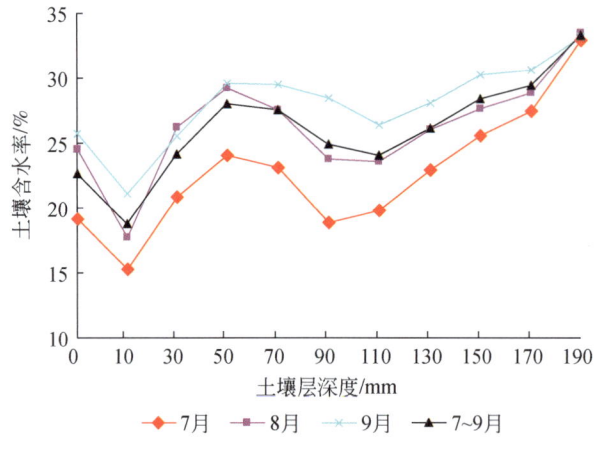

图3-9 玉米主要生长期土壤含水率随深度变化图

3.4 田间尺度水循环模拟验证

根据玉米生育期内的实验数据，利用MODCYCLE模型进行了建模工作。试验中1号和4号田块为灌溉田块，2号和3号田块为雨养田块，因此模拟时分两种情况进行，一种为灌溉情况下的模拟，另一种为非灌溉情况下的模拟。玉米种植日期为2009年6月16日，收割日期为10月3日，为了消除初始条件的影响，模拟起始日期设置为2009年4月1日，连续日模拟至玉米的收割日期。模型的主要输入数据为日气象数据、作物参数数据，模型的土壤分层及参数依照表3-4的实测土壤层。玉米生长期最大根系深度设置为0.6m。主要率定的模型参数为土壤的饱和渗透系数、土壤水蒸发补偿因子（ESCO）、作物吸水补偿系数（ESPO）、植物光能利用系数等参数。模型率定时主要通过对比研究区

2m 内土壤总含水量变化、剖面分层土壤含水量变化、叶面积指数变化、植物生长高度的实测值与模拟值，进行模型的参数率定和检验。

3.4.1 埋深 2m 以上土壤含水量对比验证

图 3-10 为 1 号、4 号试验田块地下埋深 2m 以上的土层的含水量变化模拟值和实测值的对比。图 3-11 为 2 号、3 号实验田块模拟含水量和实测含水量的对比。在两次对比验证过程中，为消除观测误差，实测含水量分别取 1 号、4 号田块和 2 号、3 号田块的均值。从图中可以看出，调试后土壤含水量的模拟过程曲线与实测过程曲线趋势基本一致。从图中还可看出，土壤含水量的升降变化与降雨量/灌溉量的发生频率有密切联系，无降雨时土壤含水量消耗于蒸散发，土壤含水量曲线缓慢下降；降雨/灌溉时土壤含水量则呈上升趋势，其增幅与降雨量的大小正相关，规律性十分明显。率定完的模型 NASH 效率系数的平均值为 0.87，相关系数的平均值为 0.94。

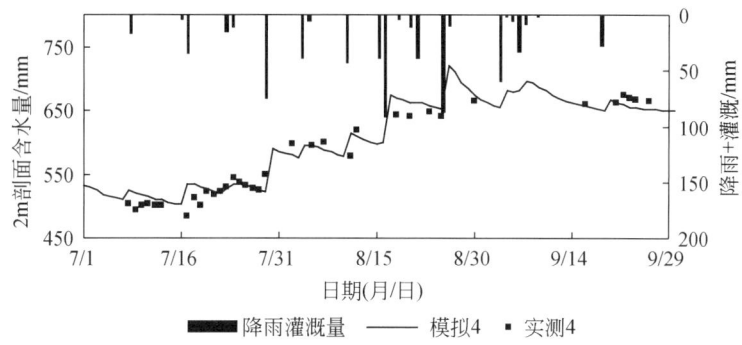

图 3-10　1 号、4 号试验田块埋深 2m 以上土壤含水量变化

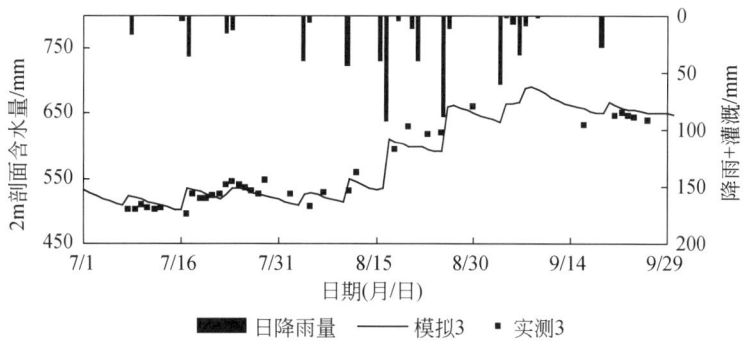

图 3-11　2 号、3 号试验田块埋深 2m 以上土壤含水量变化

3.4.2 土壤剖面分层含水率对比验证

随机抽取的不同时期剖面含水率的实测值与模拟值对比如图 3-12 所示，不同时期不

同剖面土壤含水率实测曲线与模拟曲线变化趋势基本一致，最后一层剖面含水率的实测值和模拟值基本一致，含水率相关系数平均值为 0.84。

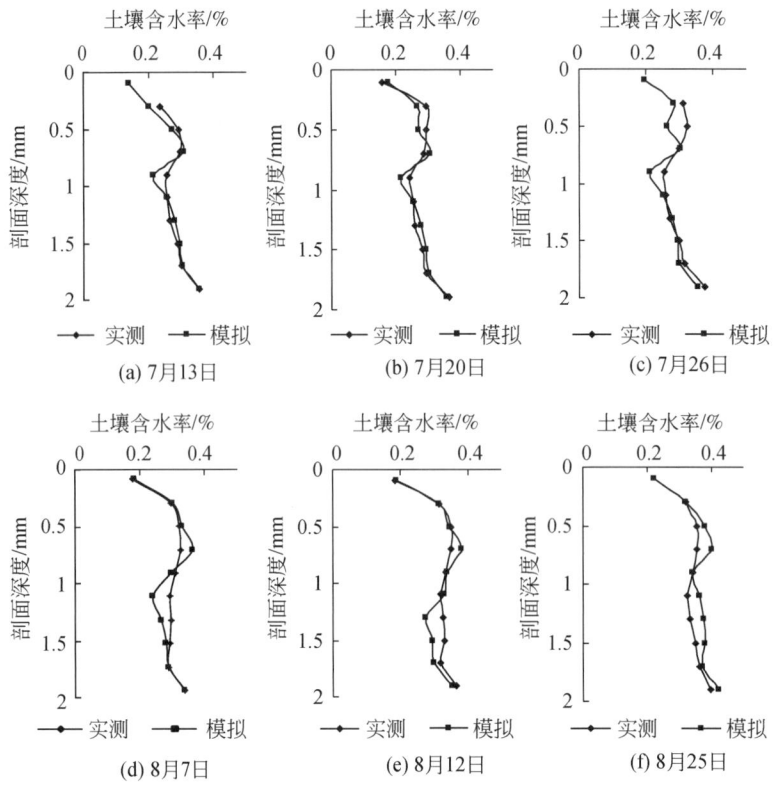

图 3-12　不同时期剖面含水率实测值与模拟值对比图

3.4.3　叶面积指数和株高对比验证

率定期内叶面积指数及冠层高度的实测值和模拟值的对比分别如图 3-13、图 3-14 所示，模型采用累计潜在热单元来模拟植物生长，得到的实测与模拟数值吻合，叶面积指数相关系数达 0.93，冠层高度相关系数达 0.99。另外，玉米的实际产量为亩产量 553.5kg，模型模拟亩产量为 566.5kg，精度符合要求。

通过对比研究区内土壤含水量、叶面积指数、冠层高度的实测值与模拟值，对模型参数进行了率定和验证，结果显示，模型模拟结果可靠，可用于分析田间土壤水循环的变化规律。

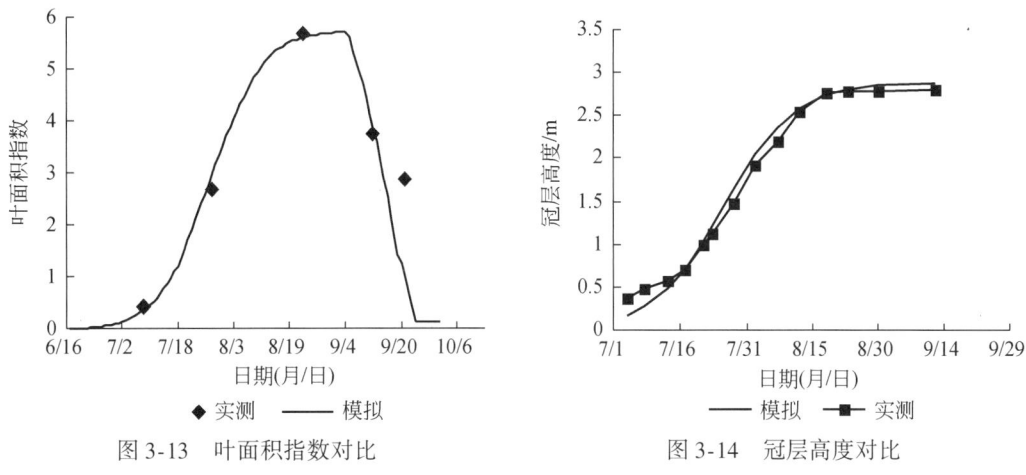

图 3-13 叶面积指数对比　　　　　　　图 3-14 冠层高度对比

3.5 田间水循环规律分析

3.5.1 土壤水循环通量分析

图 3-15 为灌溉试验田块与无灌溉试验田块之间土壤含水量的对比。由于 4 块田土壤质地、灌溉制度等都相同，所以剖面含水量曲线基本一致，7 月 29 日抽取深层地下水 75mm，模型中（深层地下水取水量中进入田间土壤层的有效水量比例为 0.92，即除去田间渠道损失进入土壤层的水量 68.9mm）到 8 月 25 日，1 号、4 号田与 2 号、3 号田曲线明显相差 68.9mm，相差值为实际的灌溉量。8 月 26 日以后几天连续降雨使得 9 月 7 日两条曲线基本重合，直到玉米收割。从实测作物生长冠层高度、叶面积指数、产量数据来看，4 块田基本一样，说明这段时期在没有灌溉的情况下土壤含水率完全满足植物生长所需用水。

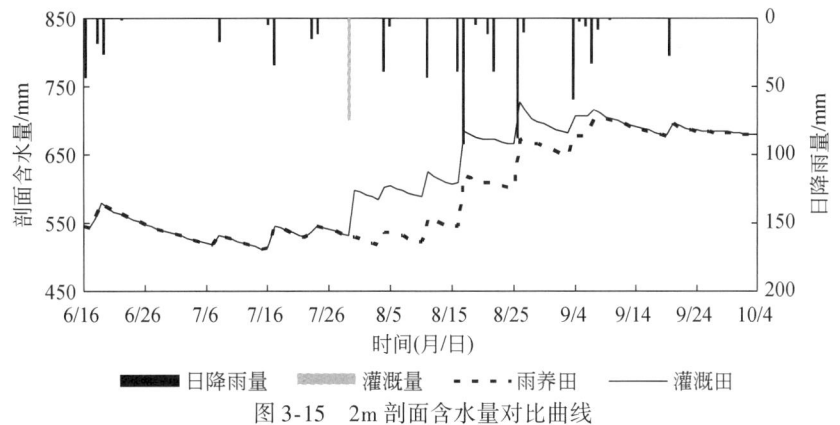

图 3-15 2m 剖面含水量对比曲线

表 3-5 为模拟输出的土壤水循环通量信息，表中可以得出 1 号、4 号田地下水得到的补给为 75.9mm、土壤蒸发为 108.3mm；2 号、3 号田地下水得到的补给为 12.11mm、土壤蒸发为 103mm。可以看到 1 号、4 号田比 2 号、3 号田多 63.78mm 的补给量完全是 7 月

29日这次灌溉积累的作用，才使得8月25日的再次降雨对地下水的补给发生，可以说2009年这一地区，夏玉米生长期间灌溉量的85%都下渗回归到地下并可以重复利用，15%是田间输水损失量和通过土壤蒸发的水量。土壤蒸发1号、4号田比2号、3号田多5.3mm，这部分属于灌溉量造成的无效损失。地表产流量都为0，说明在衡水干旱地区农田环境下是不会形成地表产流的。

表3-5 土壤水循环通量平衡表 （单位：mm）

补给	1号田与4号田	2号田与3号田	排泄	1号田与4号田	2号田与3号田	蓄变	1号田与4号田	2号田与3号田
降雨量	481.5	481.5	积雪升华	0	0	地表积雪蓄变	0	0
灌溉量	75	0	植被截留蒸发	24.8	24.9	植被截留蓄变	0	0
潜水蒸发量	0	0	地表积水蒸发	0	0	地表积水蓄变	0	0
			土壤蒸发	108.3	103	土壤剖面含水量蓄变	118.6	118.6
			植被蒸腾	183.5	183.5	壤中流滞留量蓄变	0	0
			土壤剖面下渗量	75.9	12.11	排水管排水滞留量蓄变	0	0
			地表产流量	0	0	地下水补给滞留量蓄变	0	0
			壤中流	0.016	0.016			
			排水管排水量	0	0			

3.5.2 降雨/灌溉量与土壤含水率响应定量分析

为了能清楚地探求土壤水与降雨的响应规律，分别列出7月17日、8月17日降雨前后曲线，7月29日灌溉前后曲线进行对比。

整个含水率曲线（图3-16）呈现反S形。对整个土壤含水率的迁移过程，7月17日降雨量为34.5mm，由前后变化曲线可以看到土壤含水率变化只在0~43cm有响应，随降雨强度变化反映最快最直接，属于速变层；7月29日灌溉水量74.9mm后50~110cm曲线有明显偏移，水分透过50~70cm处的潴育层而下渗，响应明显属于活跃层，110~200cm无明显变化；8月17日降雨91.7mm由于之前的降雨灌溉量累计达到402mm，使得0~110cm含水率达到田间持水率，水不能被土壤所保持，在重力的作用使得110~200cm含水率整体增加并趋于稳定，属于次活跃层。从玉米整个生长期土壤含水率的变化曲线看，在190cm处一直没有明显变化，说明降雨灌溉、蒸发量与土壤含水率的响应关系在190cm以上，该层属于稳定层。

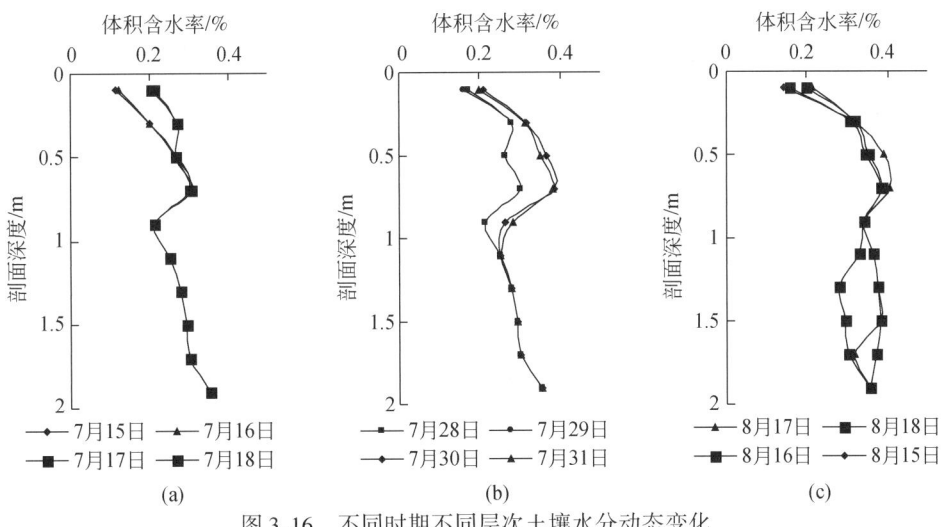

图 3-16　不同时期不同层次土壤水分动态变化

3.5.3　生育期蒸散发定量分析

在夏玉米的不同生长期，6月18日、19日的连续降雨和玉米正处在育苗期叶面积为0，此时出现了全生育期棵间蒸发量的最大值，植物蒸腾量最小。7月中旬至8月底是夏玉米营养和生殖生长并盛的时期，叶面积指数为3.0~5.9，植物蒸腾量大，逐渐达最高值，株叶片对地面的遮挡作用很大，加之这一时期正值当地的雨季，阴雨天气偏多，空气湿度大，因此棵间土壤蒸发量较小。9月夏玉米进入成熟阶段，随着叶片和植株的衰老，叶面积指数逐渐减小，植物蒸腾变小，但由于此时气温、地温的下降，棵间蒸发并没有明显增大。不同的生育期土壤蒸发占阶段耗水量的82%（播种—苗期）、34%（苗期—拔节）、22.7%（拔节—抽雄）、18.8%（抽雄—灌浆（1））、16.8%（抽雄—灌浆（2））、30%（灌浆—成熟），植物蒸腾占阶段耗水量的17%、66%、77.3%、81.2%、83.2%、70%。由图3-17可以看到模型输出以日为步长的连续动态土壤蒸发曲线与植物蒸腾曲线趋势成相互交替规律，植物截留量曲线呈现与降雨响应的关系。

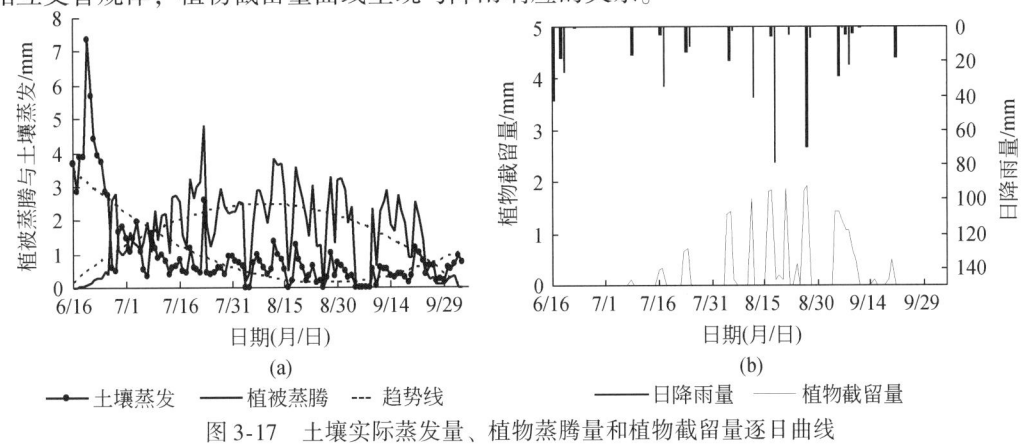

图 3-17　土壤实际蒸发量、植物蒸腾量和植物截留量逐日曲线

3.6 本章小结

通过 MODCYCLE 对海河流域衡水市田间尺度水循环模拟的研究，得出如下结论。

1）MODCYCLE 模型能较好适应田间尺度水循环模拟的研究。通过 2009 年玉米生长期试验数据对比，田间尺度水循环模拟规律与实验数据吻合，农业灌溉行为、植物生长方面也得到了验证，土壤剖面含水量的分布和运移过程的反演也取得了很好的效果。该试验说明 MODCYCLE 的基础模拟单元能够刻画 SPAC 系统水分循环过程，为该模型在区域/流域尺度的应用基础提供了有力支撑。

2）试验模拟结果表明 2m 剖面土壤含水率整体呈反 S 形曲线，在降雨量很少的情况下只响应到土壤的 0~50cm 深，降水因为上移蒸发和作物根系吸收又返回到大气中，从而形成大气-土壤水-植物循环模式。当有连续降雨后再次降雨的影响深度为 110~200cm，会继续下移到地下水，超过此深度的降水就挣脱了大气-土壤水-植物循环的限制，继续向下移动，最终进入地下水，形成大气-土壤-地下水循环。

3）经率定后的模型得出 2009 年试验站处农田在当年的降雨灌溉条件下土壤实际蒸发量占降雨灌溉的 19.6%，植物蒸腾量占总降雨灌溉的 33.3%，植被截留占总降雨非灌溉的 4.5%，地下水得到的补给量占 13.7%，土壤剖面蓄变量占 21.5%。该定量结果可为研究华北地区农田水循环规律提供定量数据。

第4章 MODCYCLE 模型区域尺度研究应用一
——海河南系农业典型单元水循环模拟

4.1 区域自然及社会概况

邯郸市位于 36°04′N~37°01′N，113°28′E~115°28′E，地处河北省最南部。区域东连山东，南接河南，西靠太行山与山西省为邻，北与本省邢台市接壤。市境南北相距 102km，东西最长 178km，总面积 12 047km²。其中，山区面积 4460km²，占总面积的 37%；平原面积 7587km²，占总面积的 63%。邯郸市行政区下设永年县、武安市、涉县、邯郸县、磁县、临漳县、魏县、大名县、馆陶县、邱县、广平县、成安县、肥乡县、曲周县、鸡泽县、峰峰矿区和邯郸市区，一共 17 个县市，见图 4-1。

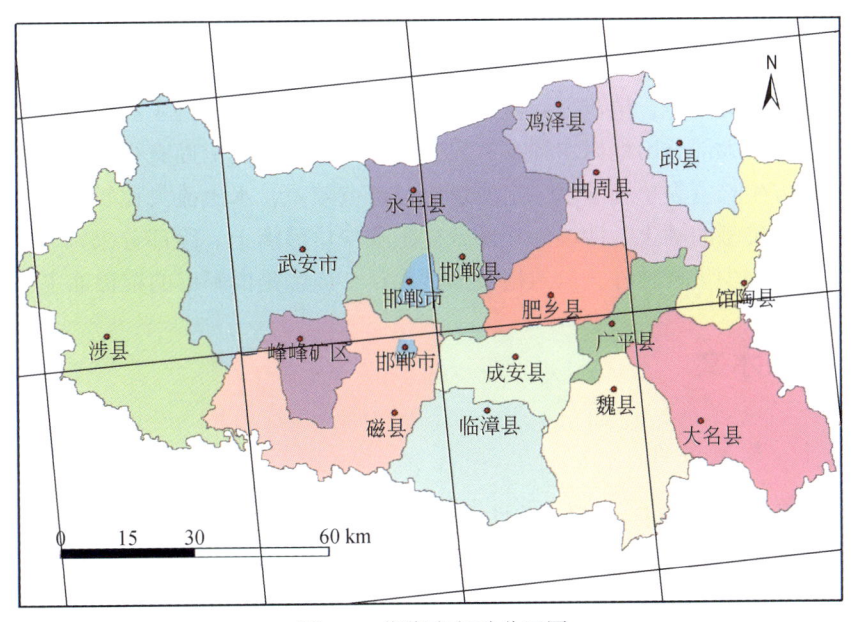

图 4-1 邯郸市行政分区图

4.1.1 自然地理

4.1.1.1 地形地貌

邯郸市属太行山中南部中低山向河北平原西南部过渡地带，地形地貌复杂多变，形势多样，中低山、丘陵、盆地、平原和洼地均有分布，地势总趋势为西高东低，自南向北倾斜。

以京广铁路西侧100m等高线为界，西部为中低山、丘陵和山间盆地等，包括涉县、武安、峰峰矿区的全部及永年、邯郸县、磁县的部分区域，山地海拔一般在1000m以下，大于1000m的范围主要分布在武安市西北部。海拔在500~1000m的低山主要分布在涉县、武安和磁县西部一带。海拔在100~500m的低山主要分布在太行山东侧和山间盆地周围。山间盆地主要有武安盆地、涉县盆地和村-彭城盆地。

京广铁路西侧100m等高线以东，东连山东，南接河南，北依邢台市南部各县，其间为邯郸平原区。包括邯郸市区、临漳县、魏县、大名县、馆陶县、邱县、成安县、广平县、肥乡县、曲周县、鸡泽县的全部及永年、邯郸县、磁县的部分区域。平原地势一般较为平坦，自西南向东北缓慢倾斜，地面坡度为1/5000~1/2500。

邯郸平原区现存的永年洼位于山前平原的永年县城关镇周围，属沙洺河与漳河的扇间地带，现有洼地面积28km²，最大蓄水量为3000万m³。主要蓄滞滏阳河洪水与滏西平原的沥水。

4.1.1.2 土壤植被

邯郸市土壤种类繁多，植被差异较大。西部山区分布有山地褐土和棕壤土。除部分山地有人工造林外，大部分山地树木稀少，仅在部分山头和山坡上尚有少量成片林存在，在土壤覆盖的地方生长着野草和灌木，土质疏松，植被较差，水土流失比较严重。东部平原广泛分布有各种类型的潮土、沙壤土和部分盐土及少量沼泽土。除部分果园、村庄周围及道路、河沟两侧有少量树林外，自然植被荡然无存，该区是邯郸市的粮棉油主要产区。

4.1.2 气象水文

4.1.2.1 气象条件

邯郸市属暖温带半湿润半干旱大陆性季风气候区，四季分明，雨热同期。具有春季干旱多风，夏季炎热多雨，秋季天高气爽，冬季寒冷少雪等特征。全市多年平均气温为12.5~14.2℃，1~2月和12月气温最低，平均气温为-3.8~-1.5℃。6~7月气温最高，各地月平均气温皆在25℃以上。年日照时数为2300~2780h，日照率为52%~60%，其中5月日照时数较多，12月、1月较少。无霜期为194~218d，初霜期一般出现在10月下旬，终霜期一般在4月上旬。

全市多年平均降水量为548.9mm（1956~2000年系列），降水总量为66.13亿m³。降水量时空分布不均匀，年际变化悬殊。全年降水量的70%~80%集中在6~9月，其中又主要集中在7月下旬和8月上旬。

4.1.2.2 水系概况

按照河川径流循环形式划分，邯郸市的河流均属直接入海的外流河系统。按照流域水系划分，邯郸市的河流可分为子牙河水系、漳卫河水系、黑龙港水系和徒骇马颊河水系四部分。其中，子牙河水系境内流域面积5367km²，占全市总面积的44.6%；漳卫河水系境内流域面积3620km²，占全市总面积的30%；黑龙港水系境内流域面积2695km²，占全市总面积的22.4%；徒骇马颊河境内流域面积364km²，占全市总面积的3.0%。邯郸市主要有漳河、卫河、卫运河、滏阳河、洺河、留垒河、老漳河、老沙河及马颊河等河流，见图4-2和表4-1。

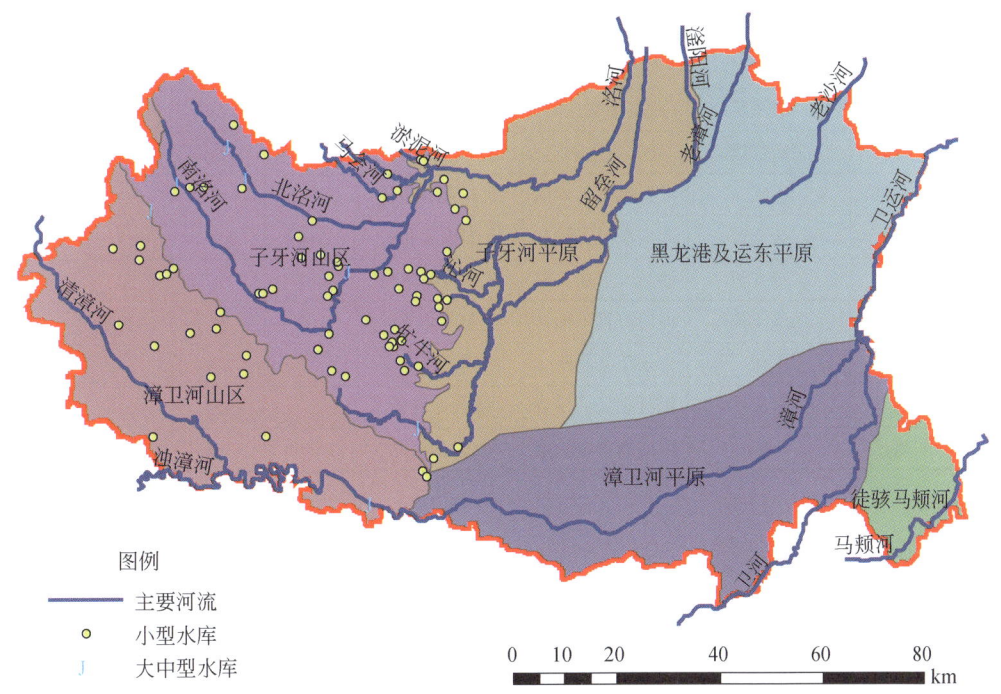

图4-2 邯郸市水资源分区图

表4-1 邯郸市境内河流基本情况统计

河流名称		河流级别	起止地点		流域面积/km²		河长/km	
			起	止	合计	本市	合计	本市
漳河	全河	一级支流	山西高原	馆陶徐万仓	20 505	2 818	580	276
	清漳河	二级支流	和顺县八斌岭	涉县合漳村	5 338	1 172	160	63
	浊漳河	二级支流	榆社、武乡等村	涉县合漳村	11 350	63	228	21
	干流	一级支流	涉县合漳	馆陶徐万仓	3 817	1 583	192	192

续表

河流名称	河流级别	起止地点 起	起止地点 止	流域面积/km² 合计	流域面积/km² 本市	河长/km 合计	河长/km 本市
卫河	全河	一级支流	河南辉县百泉	馆陶徐万仓	15 699	747	345	70
卫运河	全河	干流	山西、河南	山东省林清	37 200	3 620	988	387
卫运河	卫运河	干流	馆陶徐万仓	山东省林清	996	55	63	41
滏阳河	全河	干流	峰峰矿区和村	邢台艾辛庄	16 900	2 748	403	315
滏阳河	滏阳河	干流	峰峰矿区和村	邢台阎庄	3 810	2 160		180
滏阳河	牤牛河	一级支流	武安市淑村镇	磁县石桥村	275	275	18	18
滏阳河	渚河	一级支流	邯郸市岢家河	邯郸市张庄桥	84	84	29	29
滏阳河	沁河	一级支流	武安市车网口	城区滏阳河口	147	147	36	36
滏阳河	输元河	一级支流	邯郸县北高峒	邯郸县苏里村	82	82		20
留垒河	留垒河	干流	永年县借马庄	鸡泽县马坊营		2 481		32
洺河	全河	一级支流	武安市摩天岭	鸡泽县沙阳村		2 497		246
洺河	干流	一级支流	武安市永和村	鸡泽县沙阳村		766		64
洺河	南洺河	二级支流	武安市摩天岭南	武安市永和村	1 215	1 215	94	94
洺河	北洺河	二级支流	武安市摩天岭北	武安市永和村	516	516	59	59
洺河	马会河	二级支流	沙河市上水头村	武安市南河村	293	187	50	24
洺河	淤泥河	二级支流	沙河市樊下槽村	武安市北河村	103	27	20	5
老漳河	老漳河	干流	永年县赵寨	曲周县河南町		709		55
老沙河	老沙河	干流	魏县东风一排支	邱县香城固		2 002		75
马颊河	马颊河	干流	河南濮阳金堤闸	大名县冢北	1 450	365	435	25

4.1.2.3 水文地质

邯郸市地下水主要为第三系、第四系松散岩类孔隙含水岩组。每一个含水组由多个含水层组成，含水层岩性由粗变细，西部以砂砾、卵石为主，过渡为以粗中砂、细砂和粉细砂为主。根据地形地貌，第四纪沉积物成因类型和水文地质条件，本区可划分为以下两个水文地质区及亚区。

1）山前冲积平原水文地质区：①沙洺河洪积扇水文地质亚区，是本市水文地质条件最好的区域之一。②沙洺河、漳河洪积扇间水文地质亚区。属两条水系不同物质来源交接带，富水性差，无咸水，仅于邯郸市区附近，水质略次。③漳河冲洪积扇水文地质亚区。主流区富水性良好，一般边缘变差。

2）东部冲积湖水文地质区：①卫河、漳河、交互沉积水文地质亚区。②漳河冲积湖积水文地质亚区。

总的来看，山前冲洪积平原水文地质区全为淡水区，含水层厚度大，富水性好，东部冲积湖积平原水文地质区为咸水区，咸水底板埋深自西向东逐渐增大，西部一般 0~6m，东部一般 100~140m，最大可达 200m。

4.1.3 水利工程

邯郸市水利工程主要包括蓄水工程、灌溉工程、排水工程。

(1) 蓄水工程

邯郸市共有大型水库 2 座，即磁县境内的漳河岳城水库和滏阳河东武仕水库，总库容分别为 12.2 亿 m³ 和 1.52 亿 m³，兴利库容为 6.8 亿 m³ 和 1.45 亿 m³，控制流域面积为 18 100km² 和 340km²，是漳滏河灌区的主要水源，也是邯郸市区城市水源地之一。蓄水闸 39 座，设计总蓄水容积 3807 万 m³，2000 年实际蓄水量为 2786 万 m³。

(2) 灌溉工程

供水区主要有三个大型灌区，即民有灌区、滏阳河灌区、军留灌区。民有灌区控制着邯郸市的磁县、临漳、成安、肥乡、魏县、广平、曲周七个县共 415.9 万亩，设计灌溉面积 240 万亩，有效灌溉面积 156 万亩。随着国民经济的迅速发展，漳河上游的工、农业用水猛增，岳城水库的入库水量骤减，致使民有灌区的可供水量减少，加之渠道老化失修、渗漏严重，灌溉效益逐年下降，现状实灌面积仅维持在 40 万亩左右，相当于设计灌溉面积的 16.7%。

滏阳河灌区控制着邯郸市的磁县、邯郸县、邯山区、丛台区、永年县、鸡泽县、曲周县等七个县区，设计灌溉面积为 64.5 万亩，有效灌溉面积 45 万亩。随着邯郸市工业、生活用水量的急剧增加，工农业争水现象日益突出，为确保邯郸市区及工业用水，不得不大量挤占农业用水，尤其在偏枯年份滏阳河水几乎全部用于城市和工业，灌区现状年灌溉面积仅为 10.8 万亩，不足设计灌溉面积的四分之一，主要靠市区工业、生活废水维持灌溉少量农田，使滏阳河灌区基本上成为污水灌区，农作物减产、绝收现象时有发生，严重制约着原有灌区农业生产效益的正常发挥。

军留灌区是利用军留扬水站抽调卫河水灌溉的大型灌区，控制着魏县 35 万亩农业灌溉用水，有效灌溉面积 23 万亩。

(3) 排水工程

供水区排水系统主要有留垒河、老漳河、老沙河、马颊河、生产团结渠、磁邯排水渠、大呼村排水渠、魏大馆排水渠和小引河排水渠等。留垒河为洺河、滏河之间排水主干，也兼负排泄永年洼洪水；马颊河是豫、冀、鲁三省平原边界排水主干河道；老漳河、老沙河属黑龙港流域排水渠系。生产团结渠上游分西、东两干渠，控制临漳北部、成安、肥乡西部、磁县、邯郸县东部及永年东南部广大平原地区。魏大馆排水渠负担排泄漳河以北临漳、魏县、大名境内的沥水。小引河则主要排泄大名泛区沥水。

4.1.4 社会经济

邯郸市兼有山区和平原，自然资源十分丰富。西部山区的煤炭、冶金、建材、电力、陶瓷、医药和化工等是该市的重要产业。东部平原土地肥沃，日照充足，是全省粮、棉、油的高产区之一。涉县的花椒、魏县的鸭梨和磁县的陶瓷在全国享有盛誉。

依据 2005 年《邯郸市统计年鉴》，2005 年全市户籍人口总计 1012.28 万人，农村人口为 723.79 万人，占总人口的 71.5%。邯郸市 2005 年生产总值为 2364.06 亿元，粮食产量为 418.27 万 t，工业总产值为 1164.85 亿元，第三产业生产总值为 757.74 亿元，三个产业的产值比例为 12.7：55.2：30.1。具体数据见表 4-2。

表 4-2 邯郸市 2005 年社会经济指标

县市区	户籍人口/万人	农村人口/万人	粮食产量/万t	生产总值	第一产业	第二产业 建筑	第二产业 工业	第三产业
邯郸市	140.85	30.84	5.02	1157.29	158.08	71.94	510.15	417.12
武安市	72.56	65.60	25.13	235.21	7.41	4.13	170.07	53.60
鸡泽县	25.32	24.00	13.32	24.35	5.46	2.25	9.88	6.76
邱县	20.96	19.20	10.22	24.22	6.80	1.58	9.04	6.79
永年县	86.10	78.13	44.17	87.29	20.04	3.00	37.68	26.57
曲周县	41.34	38.47	28.65	32.31	9.83	1.62	11.18	9.69
邯郸县	39.89	36.63	17.64	82.20	6.34	5.62	47.31	22.93
肥乡县	30.69	28.62	29.04	26.30	8.49	2.16	6.41	9.24
馆陶县	29.97	26.29	22.97	26.24	8.98	1.80	8.04	7.43
涉县	39.05	34.66	8.25	82.39	3.36	8.41	57.63	12.99
广平县	25.21	22.80	15.75	26.24	5.13	1.88	11.69	7.54
成安县	37.16	34.00	25.94	34.26	12.22	2.96	9.73	9.35
魏县	81.54	74.77	43.23	49.42	10.52	5.18	11.95	21.78
磁县	64.69	57.26	28.31	82.09	8.13	4.27	45.29	24.40
临漳县	59.90	54.26	48.74	38.08	13.61	2.59	10.67	11.21
大名县	76.21	67.41	46.88	46.32	13.02	2.09	14.80	16.41
丛台区	33.61	3.17	0.00	61.20	0.12	8.01	21.98	31.10
复兴区	25.12	2.39	0.29	103.10	0.16	4.09	83.34	15.51
邯山区	31.92	4.77	0.24	54.65	0.21	1.29	25.93	27.22
峰峰矿区	50.19	20.52	4.48	90.90	2.73	5.98	62.08	20.10
总计	1012.28	723.79	418.27	2364.06	300.64	140.85	1164.85	757.74

4.2 区域水资源状况

4.2.1 地表水资源量

根据《河北省邯郸市水资源评价》，全市多年平均地表水水资源量为 6.21 亿 m³，折合年径流深 51.6mm。其中山区地表水资源量为 5.41 亿 m³，折合年径流深 121.4mm；平原地表水资源量为 0.78 亿 m³，折合年径流深 10.5mm。50%平水年地表水资源量为 5.45 亿 m³，比多年平均值小 12.3%；频率 75%枯水年地表水资源量为 3.69 亿 m³，比多年平均值小 40.7%；频率 95%特枯年地表水资源量为 2.19 亿 m³，比多年平均值小 64.7%。

地表水可利用量，是指在经济上合理、技术上可能及满足河道内生态用水并兼顾下游地区用水的前提下，通过地表水工程措施（蓄、引、提）可以控制利用的河道外一次性最大水量（不包括回归水的重复利用）。根据《河北省邯郸市水资源评价》，邯郸市现状水平年 50%的地表水资源可利用量为 5.13 亿 m³，现状水平年 75%的地表水资源可利用量为 4.78 亿 m³。

根据《河北省邯郸市水资源评价》，滏阳河全程无Ⅰ、Ⅱ类水，水质严重污染，已经不能作为生活用水，实际用水没有Ⅲ类以上的水体，近一半的用水超Ⅴ类标准，其他为Ⅳ类。洺河为季节性河流，汛期过水，水质类别为超Ⅴ类水。卫河入境到汇入卫运河全部为超Ⅴ类水，水体丧失一切使用功能。此外，岳城水库坝上 6 月、8 月水质类别为Ⅰ类，2 月、4 月、10 月、12 月的水质类别为Ⅱ类，全年平均水质类别为Ⅲ类，符合生活饮水标准；东武仕水库坝上 6 月、8 月、10 月的水质类别为Ⅲ类，2 月、4 月、12 月的水质类别为Ⅱ类，全年平均水质类别为Ⅲ类，符合生活饮用水标准。

4.2.2 出入境水量

邯郸市地处河北省最南部，主要入境河流有漳卫河水系的清漳河、浊漳河和卫河 3 条河流，分别自山西省和河南省入境。邯郸市的主要出境河流有卫运河、洺河、滏阳河和留垒河，各河出境水量均由邯郸市东北部的鸡泽县、曲周县和馆陶县流入邢台地区。其中除卫运河出境水量有上游河南省及山西省的入境水量外，其他河流的出境水量均为邯郸市的自产水量。

由于各入境河流上游地表水的大量开发，邯郸市入境和出境水量由 20 世纪 50~80 年代迅速衰减，80 年代后较为稳定（图 4-3）。邯郸市对地表水资源开发力度也非常大，70 年代后出境水量一直小于入境水量。

邯郸市现状水平年（1998~2007 年）平均入境水量为 12.29 亿 m³（图 4-4）。其中卫河平均入境水量为 8.79 亿 m³，占总入境水量的 71.5%；浊漳河平均入境水量为 1.98 亿 m³，占总入境水量的 16.1%；清漳河平均入境水量为 1.37 亿 m³，占入境水量的 11.1%。

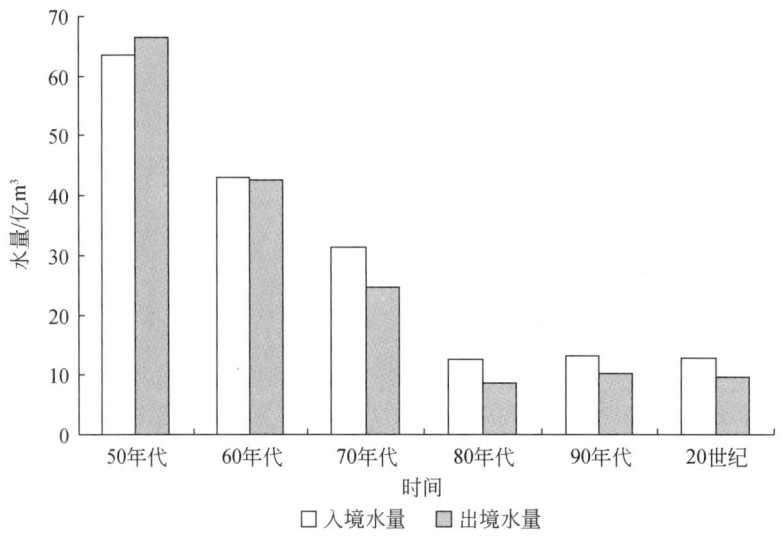

图 4-3 邯郸市各年代出入境水量对比图

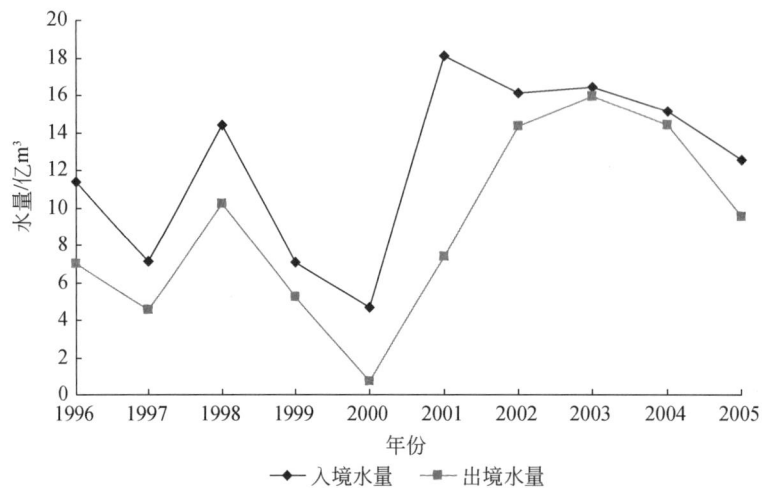

图 4-4 邯郸市 1996～2005 年出入境水量年际变化图

邯郸市现状水平年（1998～2007 年）平均出境水量为 8.94 亿 m^3，比入境流量少 1.3 亿 m^3，其中卫运河平均出境水量最多达到 7.3 亿 m^3，比卫河入境水量少 1.49 亿 m^3，由此可见，邯郸市对卫运河地表水资源开发利用较多。滏阳河平均出境流量为 0.66 亿 m^3，留垒河平均出境流量为 0.44 亿 m^3，洺河平均出境流量为 0.16 亿 m^3。

4.2.3 地下水资源量

根据《河北省邯郸市水资源评价》，邯郸市矿化度不大于 2g/L 的地下水资源量为 12.68 亿 m^3。其中矿化度小于等于 1g/L 的地下水资源量为 8.75 亿 m^3，占全市矿化度不大于 2g/L 的地下水资源量的 69%；矿化度为 1g/L<M≤2g/L 的地下水资源量为 3.93 亿 m^3，占

全市矿化度不大于2g/L的地下水资源量的31%。在全市矿化度不大于2g/L的地下水资源量中，山丘区地下水资源量为5.62亿m³，占全市地下水资源量的44.3%，平原区地下水资源量为7.70亿m³，占全市矿化度不大于2g/L的地下水资源量的60.7%，山区平原重复计算量为0.63亿m³，约占全市矿化度不大于2g/L的地下水资源量的5%。

邯郸市浅层地下淡水多年平均可开采量为11.30亿m³，占全市地下水资源量的89.2%，其中山区多年平均可开采量为3.45亿m³，占全市地下水可开采量的30.6%；平原区多年平均可开采量为7.85亿m³，占全市地下可开采量的69.4%。

4.2.4 东部平原地下水动态及漏斗分布

根据1998~2007年《邯郸市水资源公报》提供的各县市地下水平均埋深加权平均（图4-5），得出邯郸市东部平原地下水埋深年际动态变化，地下水平均埋深由1998年末的17.4m下降到2007年末的22.41m，平均下降速度为0.5m/a。

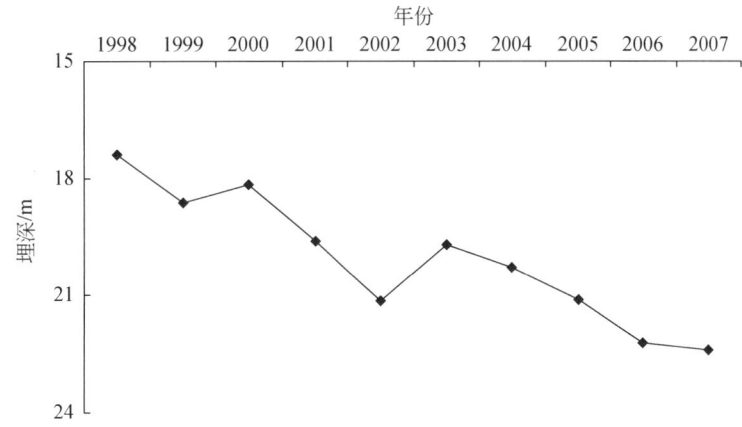

图4-5 邯郸市1998~2007年地下水埋深年际变化图

邯郸市东部平原区浅层地下水位降落漏斗主要有肥乡天台山、永年东杨庄和馆陶寿山寺漏斗（表4-3）。

表4-3 邯郸市东部平原区浅层地下水位降落漏斗一览表

分类	漏斗名称	观测时间	中心位置	漏斗面积/km²	中心水位埋深/m
浅层水降落漏斗	肥乡天台山	低水位	肥乡张达	683.2	37.74
		高水位	肥乡张达	637.6	35.2
	永年东杨庄	低水位	永年三分村	627.2	38.2
		高水位	永年三分村	689.3	31.8
	馆陶寿山寺	低水位	馆陶石玉	1062.4	32.5
		高水位	广平南关	798.7	27.9
深层水降落漏斗		低水位	馆陶魏东村	2953.2	65.93
		高水位	大名儒家寨	2186.8	53.74

肥乡天台山—曲周东大由漏斗，该漏斗分布在漳河冲击扇前沿与中部冲积扇前沿和中部冲击平原交接地带，包括肥乡县大部、成安县北部、广平县西南部、邯郸县东南部，属农业开采常年型漏斗。由于地下水水位的下降及地下水流场的变化，肥乡天台山漏斗和曲周东大漏斗于2002年逐渐融合，形成肥乡天台山-曲周东大由漏斗。

永年东杨庄漏斗，该漏斗位于沙洺河冲积扇前缘，包括永年县大部、鸡泽县西部，北部延伸入邢台地区，属农业开采常年型漏斗。

馆陶寿山寺漏斗，该漏斗出现于2001年高水位期，位于东部冲洪积平原区，分布于馆陶县柴堡镇和浅口村以南，106国道以西及曲周县东南角、广平县东北部、大名县北部，发育于浅层地下水中，开采深度10~70m，属深浅层混合型开采漏斗。

深层地下水漏斗以0m地下水位标高为界确定，主要位于馆陶县。

4.3　区域水循环模拟构建

本研究选取1998~2007年气象降雨和人工取用水数据对邯郸市水循环进行模拟。数据说明如表4-4所示。MODCYCLE模型的构建需要基础空间数据和水循环驱动数据两类。基础空间数据用来划分子流域和基础模拟单元，建立水库与河道的拓扑关系。水循环驱动数据包括气象数据，水文气象数据包括临漳、邱县、涉县和武安四个气象站点1998~2007年的气象要素数据（最高/最低温度、辐射、风速、湿度），刘家庄、大名等7个雨量站点1998~2007年的降雨数据，水文气象数据根据地理位置就近原则进行展布。供水数据为1998~2007年逐年出入境水量、农业用水、工业用水、城市生活用水和农村生活用水的统计数据。在数据处理中，农业用水展布是重点，本研究按照不同作物及其灌溉制度和灌溉定额进行动态展布，并考虑了地表、地下和外调水源的不同。非农业用水主要是根据面积进行展布。

表4-4　MODCYCLE模型输入数据

数据类型	数据内容	说明
基础地理信息	数字高程	90m×90m
	土地利用类型分布图	1：10万（2000年）
	土壤分布图	1：100万
	数字河道	1：25万
气象信息	降水、气温、风速、太阳辐射、相对湿度、气象站分布	邯郸市水利局提供
土壤数据库	孔隙度、密度、水力传导度、田间持水量、土壤可供水量	《河北土种志》（1994年）
农作物管理信息	作物生长期和灌溉定额	邯郸市水利局提供
水利工程信息	水利工程参数	摘自《邯郸市水资源评价》
出入境水量信息	系列年出入境水量	摘自《邯郸市水资源公报》
地下水位信息	1998年地下水埋深分布	邯郸市水利局提供
供水信息	农业灌溉用水、城市工业和生活用水、农村生活用水	摘自《邯郸市水资源公报》
用水信息	耗水率	摘自《邯郸市水资源评价》

4.3.1 空间数据及其处理

4.3.1.1 子流域划分及模拟河道

根据模型计算原理，在空间上，首先需要根据 DEM 将全邯郸市划分成多个子流域，以刻画邯郸市的地表水系特征。在本次模拟过程中，全邯郸市共细分为 337 个子流域，具体情况见图 4-6。基于子流域划分的邯郸市模拟河道见图 4-7。

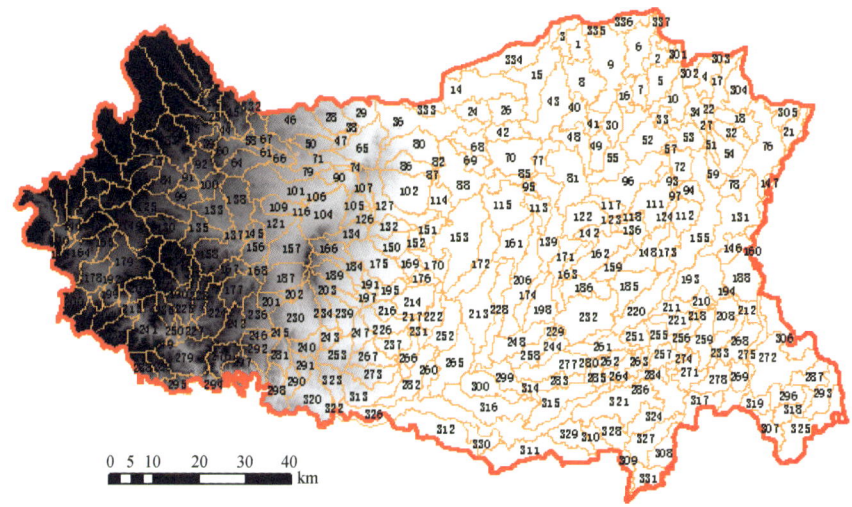

图 4-6　邯郸市子流域划分图

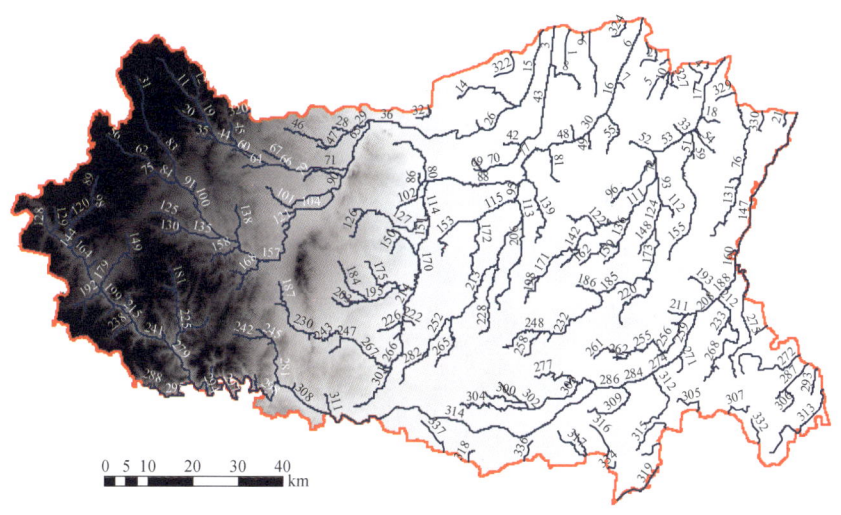

图 4-7　邯郸市模拟河道图

4.3.1.2 土地利用与土壤分布

邯郸市土地利用图和土壤分布图见图 4-8、图 4-9。

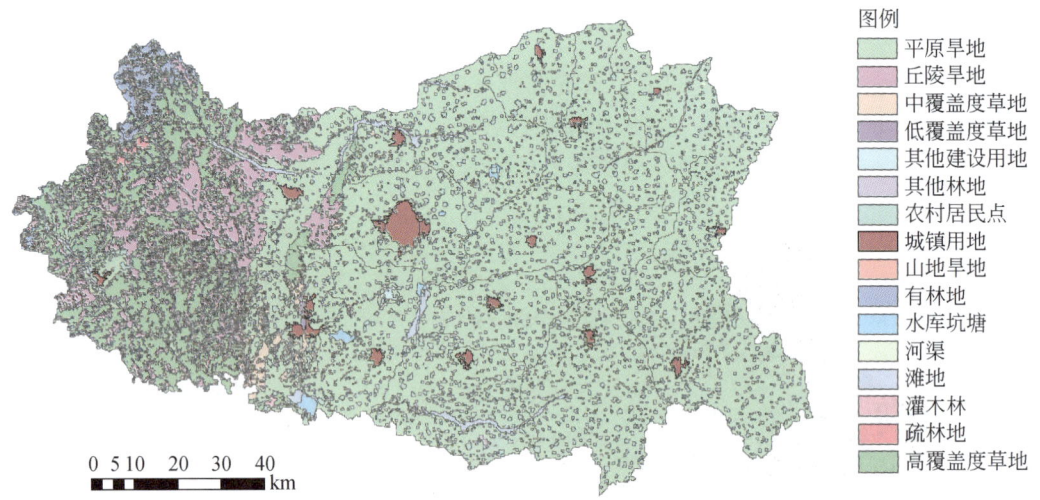

图 4-8 邯郸市土地利用分布图

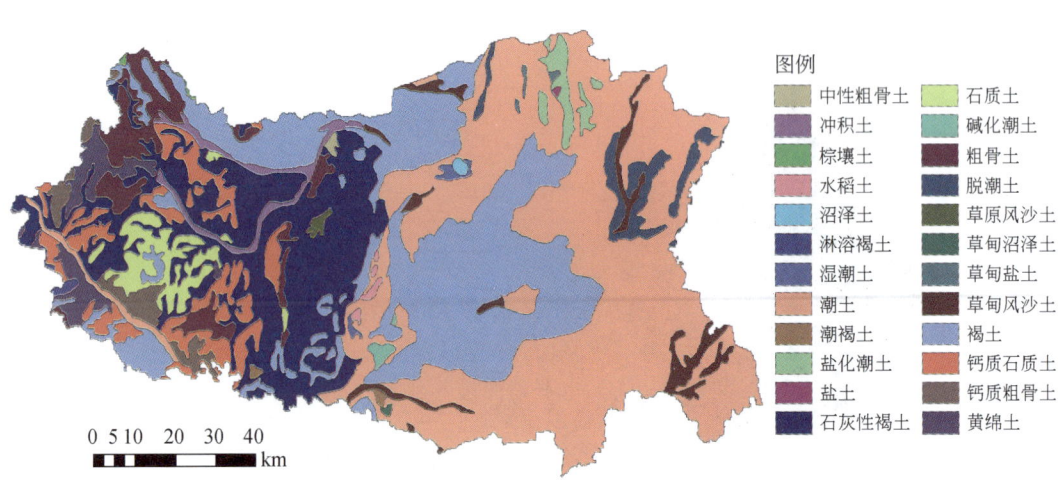

图 4-9 邯郸市土壤分布图

表 4-5　邯郸市土地利用遥感面积统计　　　　　　　　　（单位：km²）

县区	高覆盖度草地	中覆盖度草地	低覆盖度草地	有林地	疏林地	灌木林	其他林地	城镇用地	农村居民用地	其他建设用地	平原旱地	丘陵旱地	山地旱地	河渠	水库坑塘	滩地	总计
武安市	582.4	2.7		130.9	26.4			11.2	65.3	4.1	391.1	543.8	11.7		1.4	46.6	1817.6
鸡泽县								4.2	34.1		299.2						337.5
邱县								2.1	37.8		400.3			6.0	0.4		446.6
永年县	10.9	5.1	0.3			0.7		8.2	97.0		726.6	0.2			5.2	26.0	880.5
曲周县								4.6	75.7	0.6	590.7			1.9			673.5
邯郸县	0.9	3.4						14.7	59.1		449.2	0.2			1.6		529.1
肥乡县								4.4	54.8	0.2	448.0						507.4
馆陶县								3.3	57.2		395.0						456.1
涉县	834.9	2.5		53.0	14.2	10.5		5.8	33.0	4.2	106.4	400.1	5.4		0.4	24.1	1494.5
广平县								6.7	39.5	0.5	266.1						312.8
成安县								6.9	52.8	0.5	416.5				1.3	9.4	487.4
魏县								6.5	108.8	0.7	734.9					4.5	855.4
磁县	105.1	72.1	13.6	0.0		7.2		7.9	77.7	2.0	645.4	30.0	16.8	0.6	27.2	17.6	1023.2
临漳县							5.1	8.5	113.7	1.7	584.0			2.6		24.4	740.0
大名县								8.1	128.9	1.7	923.5						1062.3
邯郸市								57.2	3.0	8.2	30.2				0.3		98.9
峰峰矿区	19.0	33.9	13.1					25.2	28.0	6.4	206.3	0.3			0.1		332.3
总计	1553.2	119.7	27.0	183.9	40.6	18.4	5.1	185.3	1066.4	31.7	7613.4	974.6	33.9	11.1	37.9	152.6	12055.2

4.3.1.3　初级基本模拟单元构建

基础模拟单元代表特定土地利用（如耕地、林草地、滩地等）、土壤属性和种植管理方式的集合体，具有三重属性。初级基础模拟单元的划分主要是依据土地利用和土壤分布进行，仅考虑两重属性。通过 GIS 工具对土地利用和土壤分布进行交叉操作，共分初级基础模拟单元 2711 个。子流域内基本模拟单元分布见图 4-10，图中每个小块代表一个基础模拟单元。初级基础模拟单元将在后面的农业种植及灌溉过程中继续按照各县的种植结构和灌溉方式进行第三重属性细化。

4.3.1.4　初始地下水位

本次工作收集到 55 个邯郸市的浅层地下水位观测点数据，其分布状况及 1998 年年初地下水位见图 4-11。

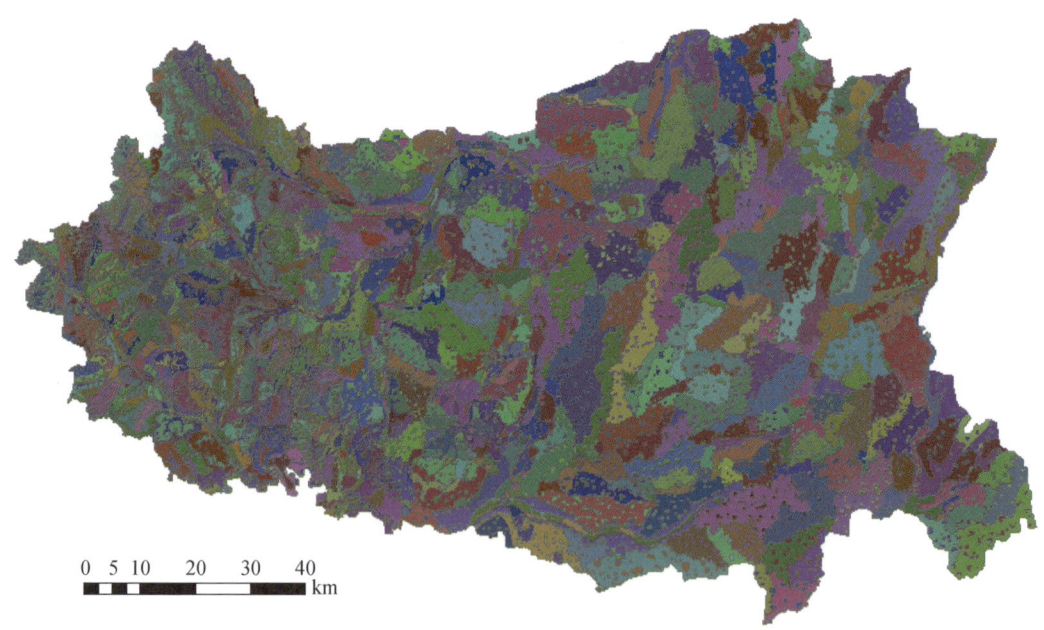

图 4-10　邯郸市基础模拟单元的剖分

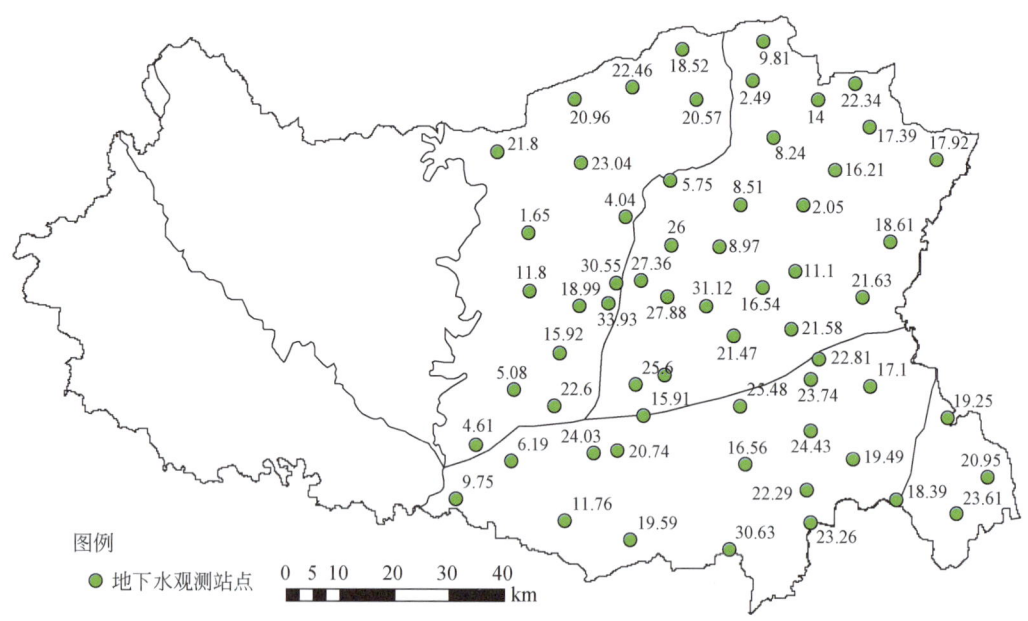

图 4-11　邯郸市浅层地下水位观测点及 1998 年年初地下水位（单元：m）

通过对地下水观测散点进行空间插值并统计到模型的各子流域，得到模型初始运行时的浅层地下水水位分布状况，见图 4-12。深层地下水位数据未收集到，并且参考《邯郸市水资源评价》，邯郸市浅层地下水与深层地下水之间并无直接的水力联系，因此模拟时主要考虑深层地下水的蓄变过程，并不对其埋深变化进行研究。山区浅层地下水位也无观测数据，暂假设其埋深均为 4m。

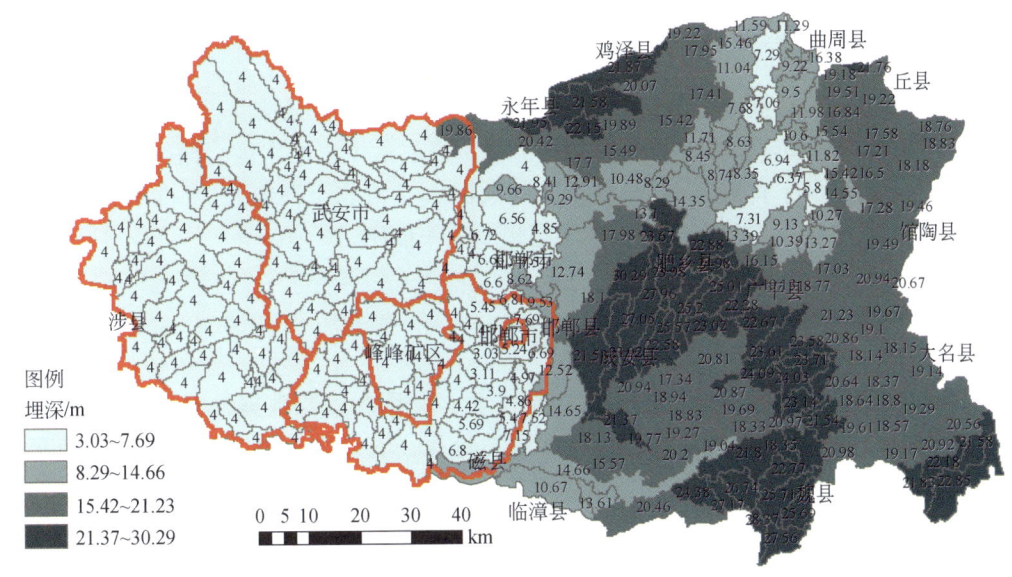

图 4-12 邯郸市水循环模型初始地下水位埋深（1998 年年初）

需要指出的是，邯郸市浅层地下水埋深分布与该市咸水区的分布具有较强的空间对应关系。图 4-13 为邯郸市浅层地下水矿化度分布图。在曲周县附近分布有大面积 5g/L 以上矿化度的咸水，魏县附近同样也有矿化度较高的咸水区分布，因此在咸水区分布地区，浅层地下水埋深相对较浅。而矿化度相对较小的淡水区，其地下水埋深相对较深。究其原因，应该是矿化度较高的咸水开采利用价值不大，限制了该地区的地下水开采利用，而矿化度较低的淡水，则由于长期的超采导致浅层地下水埋深日趋加大。

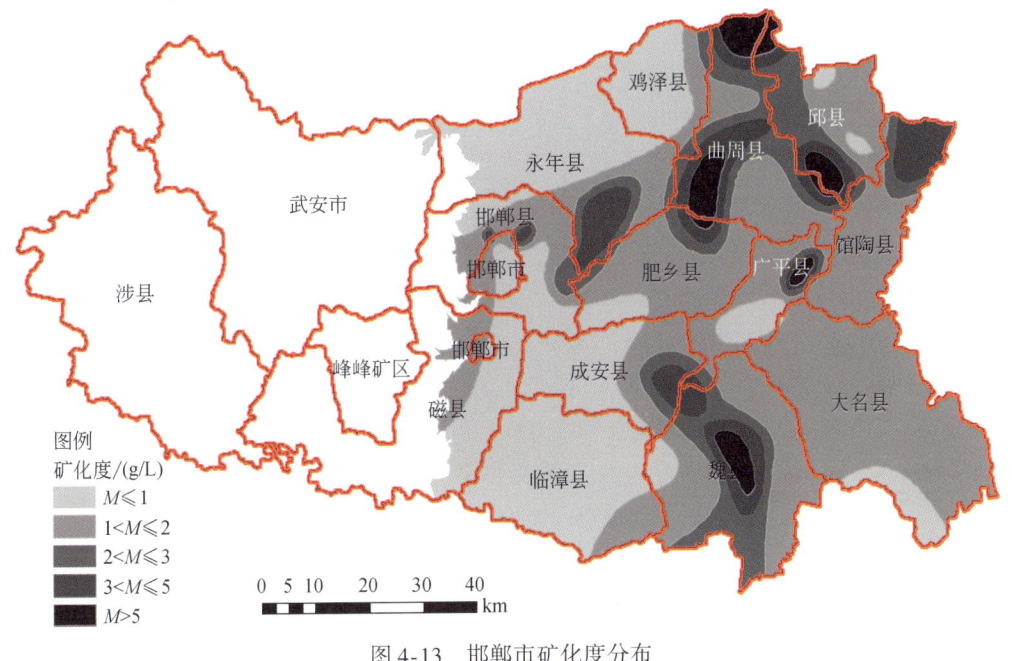

图 4-13 邯郸市矿化度分布

4.3.1.5 其他空间数据

模型所需的其他数据主要包括空间分布的土壤各项参数（孔隙度、干容重、水力传导度等），河道宽度、长度，水库的各项工程参数，浅层地下水给水度，深层地下水的弹性释水系数，子流域的平均坡度/坡长等，这些数据从《河北土种志》、《邯郸市水资源评价》等文献、遥感数据中均有出处，限于篇幅不一一描述。

4.3.2 主要水循环驱动数据

邯郸市水循环模型的驱动数据主要包括 7 类，分别为气象数据（日降雨、气温、湿度、太阳辐射、风速），入境水量，水库的调蓄过程，农业种植及灌溉过程，城市工业、生活用水过程，农村生活用水过程，城市工业、城镇生活的退水过程。

4.3.2.1 气象站分布与数据展布

本次资料收集共收集到涉县、武安、临漳、邱县四个县级气象站的气象数据（包括降雨、最高/最低气温、平均湿度、风速、日照时数 5 项数据），以及刘家庄站、贺进站、徘徊站、临洺关站、白土站、大名站、磁县站 7 站雨量数据。降雨数据和气象数据的空间展布如图 4-14 和图 4-15 所示。展布时以类泰森多边形法进行，即根据子流域质心坐标位置与附近气象站和降雨站坐标位置之间的距离进行判断，与子流域质心最近的气象站或降雨站为子流域在模拟过程中所用的气象站或降雨站。

图 4-14 子流域与雨量站关系

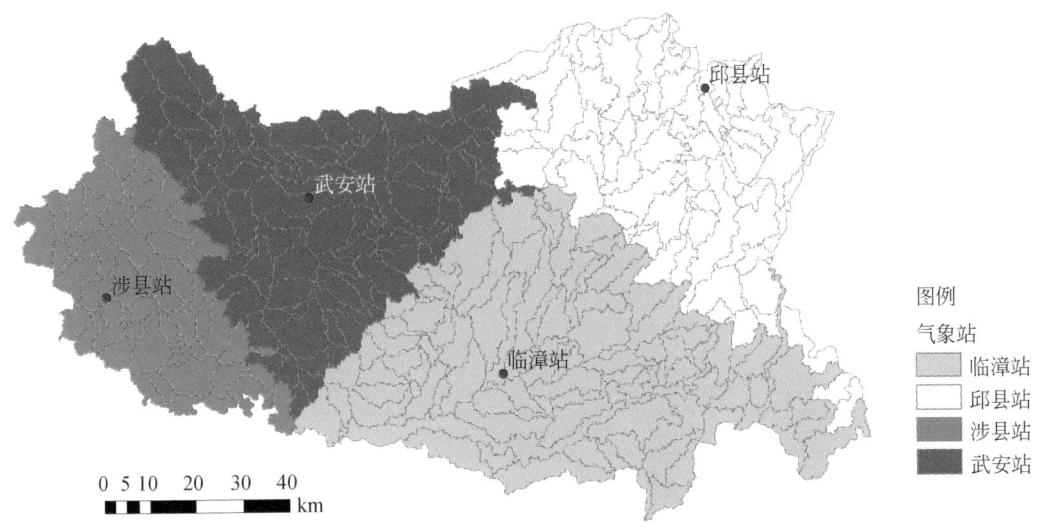

图 4-15 子流域与其他气象要素站关系

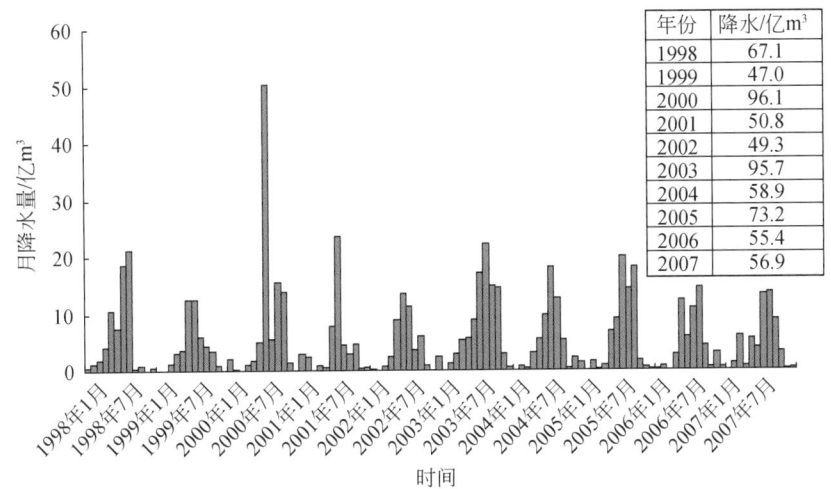

图 4-16 邯郸市 1998~2007 年降水月份分布

4.3.2.2 入境流量

邯郸市主要的入境河流包括清漳河、浊漳河、卫河、马会河、淤泥河五条河流，1998~2007 年入境水量约每年 6.9 亿 m³，在模型中以河道的入境点源处理。入境流量如表 4-6 所示。除入境流量外，每年漳河还向东武仕平均调水 1.62 亿 m³。主要入境河流的分布和主要径流观测站见图 4-17。

表 4-6 模型入境流量数据 （单位：亿 m³）

河流	清漳河	浊漳河	卫河	马会河	淤泥河	合计	漳河调入东武仕水库水量
计算依据	刘家庄水文站	天桥断水文站	元村水文站	计算	计算		
1998 年	1.09	1.64	3.47	0.05	0.03	6.28	1.85
1999 年	0.56	0.49	2.77	0.04	0.02	3.88	1.23
2000 年	1.31	0.90	5.56	0.10	0.06	7.93	1.02
2001 年	0.90	0.52	2.42	0.18	0.10	4.12	1.43
2002 年	1.31	0.19	1.32	0.23	0.13	3.18	1.31
2003 年	2.13	3.00	4.90	0.07	0.08	10.18	1.96
2004 年	1.52	0.88	6.39	0.04	0.01	8.84	2.07
2005 年	1.43	0.48	6.90	0.14	0.08	9.03	1.29
2006 年	1.84	0.66	5.93	0.07	0.04	8.54	2.47
2007 年	1.58	1.15	4.30	0.06	0.03	7.12	1.60
平均	1.37	0.99	4.40	0.10	0.06	6.92	1.62

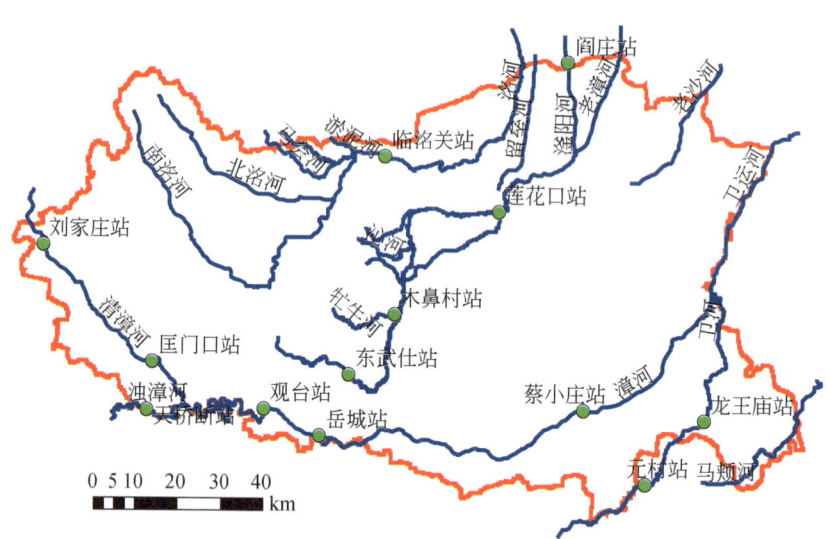

图 4-17 邯郸市入境水量控制站及部分水库入流观测站

4.3.2.3 水库调蓄

水库为邯郸市水循环体系的重要组成部分，总水库个数为 75 座。本次水循环模拟过程中考虑了邯郸市全部的 7 个大中型水库，以及蓄水库容较大的 26 个小型水库和平原区水闸，其余未考虑的小型水库的蓄水作用通过适当调节模型中水库的蓄水库容进行处理。模型中水库情况见表 4-7 及图 4-18。

表 4-7 模型水库主要参数

水库编号	水库名称	所在县	所在子流域	规模	总库容对应面积/hm²	总库容/万 m³	兴利库容对应面积/hm²	兴利库容/万 m³
1	刑提闸	鸡泽县	9	蓄水闸	21	120	13	60
2	口上水库	武安县	13	中	187	3 208	170	2 800
3	四里岩水库	武安县	25	中	94	1 144	82	940
4	车谷水库	武安县	31	中	209	3 799	104	1 327
5	沙洺水库	武安县	35	小	138	2 034	98	1 230
6	马会水库	武安县	47	小	98	1 218	70	736
7	青塔水库	涉县	56	中	101	1 271	89	1 050
8	夏堡店闸	永年县	70	蓄水闸	27	180	17	90
9	王青闸	鸡泽县	43	蓄水闸	13	60	8	30
10	西关闸	鸡泽县	3	蓄水闸	35	260	22	130
11	偏城水库	涉县	89	小	59	577	47	405
12	北叫牛水库	邯郸县	105	小	23	141	15	71
13	康庄水库	邯郸县	134	小	28	188	18	95
14	北里庄水库	邯郸县	126	小	45	385	29	194
15	八合水库	邯郸县	108	小	26	170	17	85
16	王安堡橡皮坝	邯郸县	153	蓄水闸	11	46	7	23
17	西佛店水库	磁县	166	小	4	10	3	7
18	西王女水库	磁县	184	小	46	388	35	264
19	大洺远水库	武安县	106	小	43	356	31	215
20	古台水库	涉县	190	小	29	198	23	139
21	姚庄水库	峰峰矿区	187	小	24	146	18	95
22	军营水库	磁县	189	小	4	12	3	8
23	东武仕水库	磁县	247	大	592	18 100	509	14 450
24	小屯闸	邱县	22	蓄水闸	85	982	53	491
25	沙屯水闸	永年县	95	蓄水闸	34	248	21	124
26	岳城水库	磁县	308	大	2 113	122 000	1 364	63 300
27	呈孟闸	曲周县	41	蓄水闸	55	514	35	257
28	南铺城关闸	曲周县	30	蓄水闸	33	240	21	120
29	六町闸	曲周县	16	蓄水闸	24	150	15	75
30	马兰头闸	曲周县	6	蓄水闸	31	220	20	110
31	西营闸	魏县	286	蓄水闸	107	1 402	68	701
32	满谷营闸	馆陶县	160	蓄水闸	69	720	43	360
33	马颊河闸	大名县	313	蓄水闸	80	900	50	450

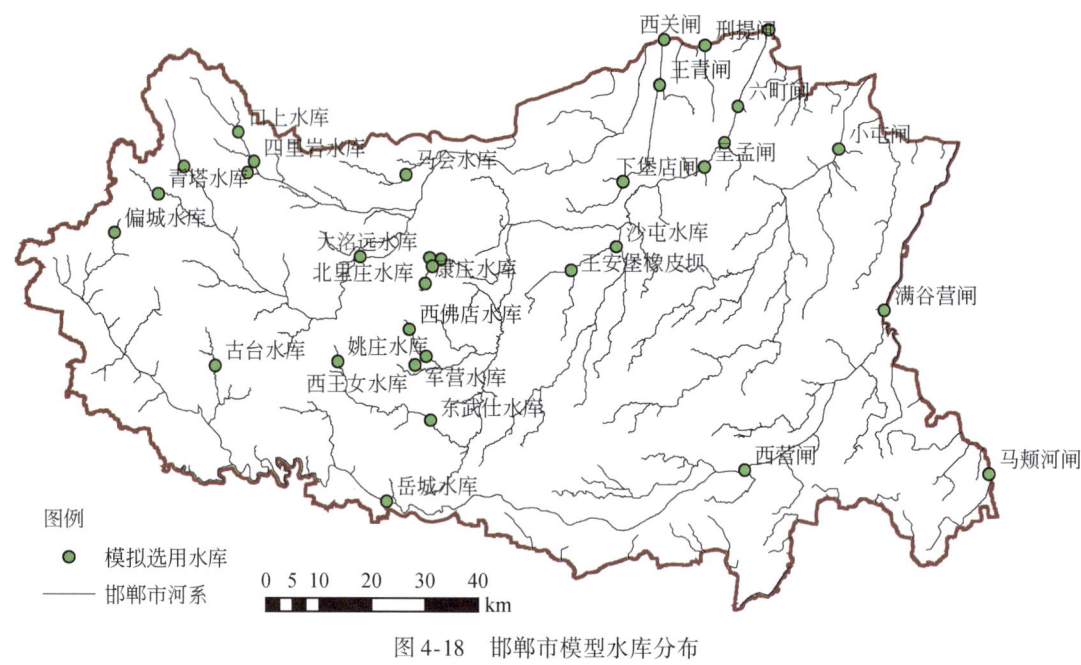

图 4-18 邯郸市模型水库分布

4.3.2.4 农业种植及灌溉过程

邯郸市农业发达，农业用水占全邯郸市用水的 65%~70%，农业种植与灌溉过程为影响邯郸市整体过程的重要因素，在模型中需要仔细考虑。农业种植和灌溉问题向来是多数水文模型处理的难点和重点。MODCYCLE 模型为天然－人工水循环模型，可以对农业种植和灌溉过程进行细致模拟，这也是 MODCYCLE 模型的重要优点。数据的处理主要有以下工作。

第一，邯郸市耕地面积比重大，特别是在平原地区，耕地占地面积近 90%。限于遥感识别的精度，目前我国多数土地利用图仅能将耕地大致分为"平原旱地"、"丘陵旱地"和"山地旱地"这三种土地利用类型，不能识别出具体作物的空间分布状况。对此MODCYCLE 模型专门开发了 SPLITHRU 辅助软件，可根据各县作物种植结构对基础模拟单元进行再次剖分。

第二，除将不同作物作为不同土地利用类型对基础模拟单元进行再次划分外，还要考虑不同作物灌溉和雨养的面积比例问题，因为并非所有作物都能够灌溉，而灌溉和雨养的区别与蒸发量和产量密切相关。

第三，MODCYCLE 模型对农业灌溉操作按照各种作物的灌溉制度进行模拟。模型以日为模拟时间尺度，需要给出每年每种作物的灌溉次数，具体每次灌溉日期和灌溉水量。MODCYCLE 模型自带 MODIFYOPER 辅助模型，根据各作物的实际灌溉制度自动为各基础模拟单元设置预设灌溉事件，供 MODCYCLE 模型在运行时进行动态灌溉识别。

第四，MODCYCLE 在农业灌溉操作上考虑水源问题。灌溉水源包括水库、河道、浅层地下水、深层地下水和外调水五种。每个县市的某种作物灌溉时水源引自哪个水库、哪条河道、哪个子流域的浅层或深层地下水，在模拟之前都将由 MODIFYOPER 将作物和水源建立关系。

（1）未利用地分离

经分析发现 GIS 识别的耕地面积比实际耕地面积大，原因是其中包含有一部分未利用地（包括道路、荒地、灌溉沟渠等），需要将它分离出来。为此也提出了未利用地的分离原则。

1）平原区只需要根据耕地面积与 GIS 识别面积之差来计算未利用地的面积和比例（表 4-8）。

2）在县市有山区和平原区时，灌溉面积认为全在平原旱地，雨养面积以平原旱地扣除灌溉面积后和丘陵旱地面积之比为权重进行分配，其余为未利用地。

表 4-8　年鉴统计耕地面积与 GIS 识别耕地面积对比

县区	武安市	鸡泽县	丘县	永年县	曲周县	邯郸县	肥乡县	馆陶县	涉县
年鉴耕地面积/km²	519	262	333	636	512	326	388	317	170
GIS 耕地面积/km²	947	299	400	727	591	449	448	395	512
面积比例/%	182	114	120	114	115	138	116	125	301
县区	广平县	成安县	魏县	磁县	临漳县	大名县	邯郸市	峰峰矿区	合计
年鉴耕地面积/km²	232	369	617	516	517	768	23	111	6616
GIS 耕地面积/km²	266	417	735	692	584	924	30	207	8623
面积比例/%	115	113	119	134	113	120	129	186	130

（2）作物划分和复种调整

查询 2000~2007 年《邯郸市年鉴》，认为进入 2000 年以来邯郸市作物种植结构相对稳定，各年间差异不大，因此模拟时以 2003 年统计年鉴为准进行邯郸市作物划分。根据 2003 年邯郸市播种面积统计（表 4-9），邯郸市主要作物共有 14 种，分别为冬小麦、稻谷、玉米、谷子、高粱、薯类、大豆、绿豆、花生、油菜、芝麻、棉花、蔬菜和瓜果。总播种面积为 102 万 hm²。邯郸市当年的耕地面积为 65 万 hm²，复种指数匡算为 1.57。邯郸市的耕地中有 52 万 hm² 为水浇地，12 万 hm² 为无水浇条件的旱地。因此，需要对邯郸市种植结构进行复种调整。

表 4-9　2003 年邯郸市各县作物种植面积　　　（单位：khm²）

县区	冬小麦	稻谷	玉米	谷子	高粱	薯类	大豆	绿豆	花生	油菜	芝麻	棉花	蔬菜	瓜类	其他作物	合计
武安市	11.61	0.00	22.30	11.99	0.10	1.80	4.61	0.73	0.88	2.08	0.47	4.19	2.04	0.10	0.40	63.30
鸡泽县	16.30	0.00	6.07	1.17	0.01	0.03	0.58	0.31	0.40	0.06	0.01	8.01	8.54	0.02	0.00	41.51
邱县	6.44	0.00	3.82	1.01	0.00	0.18	0.26	0.03	1.12	0.04	0.01	24.46	3.28	1.40	0.14	42.19
永年县	31.73	0.33	27.42	2.58	0.16	0.65	2.07	0.30	2.33	0.29	0.30	2.76	39.84	0.13	0.00	110.89
曲周县	26.60	0.00	21.76	1.04	0.10	0.35	0.53	0.04	1.42	0.06	0.03	14.84	6.40	0.16	0.00	73.33

续表

县区	冬小麦	稻谷	玉米	谷子	高粱	薯类	大豆	绿豆	花生	油菜	芝麻	棉花	蔬菜	瓜类	其他作物	合计
邯郸县	15.77	0.82	13.56	3.09	0.15	0.68	2.44	0.16	0.97	1.32	0.11	2.35	2.88	0.24	0.01	44.55
肥乡县	22.20	0.00	17.50	0.96	0.03	0.64	1.19	0.13	0.50	0.62	0.21	12.02	10.25	0.30	0.00	66.55
馆陶县	19.33	0.00	13.93	0.69	0.02	0.19	1.15	0.04	3.59	0.01	0.00	8.08	7.42	0.20	0.27	54.92
涉县	10.40	0.52	5.57	3.36	0.01	0.69	4.63	0.11	0.01	0.14	0.03	0.09	1.43	0.00	0.14	27.13
广平县	15.19	0.00	11.09	0.50	0.03	1.15	0.91	0.01	1.48	0.19	0.02	4.43	2.27	0.44	0.00	37.70
成安县	18.72	0.00	12.53	2.42	0.00	0.99	0.71	0.12	1.20	0.06	0.01	15.36	3.91	4.11	0.02	60.15
魏县	41.92	0.00	32.97	1.29	0.01	1.97	2.54	0.01	3.64	0.46	0.01	4.65	5.74	0.35	0.05	95.70
磁县	24.20	1.74	21.05	5.98	0.02	1.32	1.41	0.38	0.55	1.72	0.46	3.00	5.03	0.35	0.00	67.21
临漳县	35.25	0.00	28.74	1.44	0.01	1.93	1.93	0.01	2.40	0.73	0.02	6.23	11.30	1.06	0.00	90.90
大名县	54.55	0.00	21.14	1.97	0.01	1.42	2.15	0.24	33.33	0.02	0.01	2.18	10.49	0.28	0.00	127.79
邯郸市	0.46	0.04	0.22	0.10	0.00	0.00	0.00	0.00	0.01	0.00	0.00	0.04	1.68	0.00	0.00	2.75
峰峰矿区	5.99	0.00	4.87	0.98	0.00	0.24	0.42	0.05	0.05	0.32	0.04	0.01	2.07	0.01	0.03	15.08
全市	263.98	3.12	183.17	22.78	0.28	10.9	19.63	1.46	47.72	5.65	0.93	58.44	64.47	7.34	0.56	690.43

作物种植面积之和并非耕地面积，作物的复种可提高耕地的使用率。模型需要通过复种调整确定每种耕地的管理方式和灌溉管理。通过走访河北省有关农田水利专家，参考《水经济价值及相关政策影响分析》一书考虑作物的经济价值，总结出如下复种原则。

1）蔬菜复种两次。
2）小麦复种时考虑作物的经济价值，优先顺序为玉米、花生、大豆、薯类、谷子和油菜。
3）在小麦套种后还调整不下来时，再考虑油菜的复种，复种次序同小麦。
4）最后考虑棉花的间种，优先顺序为瓜类、蔬菜。

经过调整后作物的种类共有 20 种，分别为冬小麦、麦复蔬菜、稻谷、麦复玉米、玉米、麦复谷子、谷子、薯类、麦复薯类、麦复大豆、大豆、麦复花生、花生、油菜复大豆、油菜、棉套西瓜、棉套蔬菜、棉花、蔬菜和林果，如表 4-10 所示。

(3) 灌溉面积和雨养面积划分

邯郸市总耕地面积为 65 万 hm^2，灌溉面积为 52.5 万 hm^2，需要将灌溉面积展布在各种作物上，根据当地实际情况建立如下原则，进行作物灌溉雨养的划分。

1）水田、蔬菜全部为灌溉面积，从总灌溉面积中先行分出。
2）如果总灌溉面积有剩余，按照作物灌溉用水量大小作为评判原则划分灌溉和雨养作物，优先考虑小麦复种作物作为灌溉面积。如灌溉面积还有剩余则小麦视为灌溉面积。
3）其他作物的灌溉面积和雨养面积按剩余的总灌溉面积和总雨养面积的比例进行划分。

以武安市为例，各种作物灌溉和雨养划分结果如表 4-11 所示。

表 4-10　2003 年邯郸市各县作物所占耕地面积

（单位：10^3hm^2）

县区	冬小麦	麦复蔬菜	稻谷	麦复玉米	玉米	麦复谷子	谷子	麦复薯类	薯类	麦复大豆	大豆	麦复花生	花生	油菜复大豆	油菜	棉套西瓜	棉套蔬菜	棉花	蔬菜	林果	总面积
武安市	0.00	0.00	0.00	12.27	11.29	0.00	12.67	0.00	1.90	0.00	4.87	0.00	0.00	0.00	1.40	0.00	0.00	4.42	1.08	2.00	51.90
鸡泽县	2.38	5.60	0.00	6.02	0.00	1.15	0.00	0.00	0.00	0.57	0.00	0.00	0.00	0.00	0.00	0.00	2.80	7.92	1.43	1.09	26.16
邱县	0.00	0.00	0.00	3.35	0.00	0.89	0.00	0.00	0.00	0.00	0.00	0.99	0.00	0.00	0.00	1.23	0.00	17.47	0.00	6.52	33.25
永年县	0.00	0.00	0.00	29.02	0.00	0.00	2.73	0.00	0.00	1.54	0.00	2.47	0.00	0.00	0.00	0.00	0.00	2.93	21.08	3.82	63.59
曲周县	6.27	0.00	0.00	21.03	1.30	0.00	1.07	0.00	0.00	1.30	0.00	0.00	1.46	0.00	0.00	0.00	0.00	15.23	3.28	1.56	51.20
邯郸县	0.00	0.00	0.86	14.16	0.00	0.00	3.23	0.00	0.71	1.27	0.00	1.01	0.00	1.09	0.00	0.00	0.00	2.20	1.51	6.58	32.65
肥乡县	0.00	1.52	0.00	18.78	0.00	1.03	0.00	0.00	0.00	1.20	0.00	3.77	0.00	0.00	0.00	0.00	8.09	4.49	0.37	3.21	38.76
馆陶县	0.00	0.00	0.00	14.62	0.00	0.00	3.51	0.00	0.73	4.65	0.00	0.00	0.00	0.00	0.00	0.00	4.95	3.32	1.42	2.38	31.66
涉县	0.38	0.00	0.54	5.83	0.00	0.50	6.20	1.17	0.00	0.93	0.00	1.50	0.00	0.00	0.00	0.44	0.00	0.00	0.75	0.62	17.01
广平县	0.00	0.00	0.00	11.25	0.00	2.43	0.00	0.99	0.00	0.71	0.00	1.21	0.00	0.00	0.00	4.13	1.12	4.05	1.07	2.24	23.15
成安县	0.00	0.89	0.00	12.60	0.00	0.00	1.33	0.00	2.04	1.74	0.00	3.76	0.00	0.00	0.00	0.00	0.00	10.19	0.93	1.73	36.93
魏县	3.75	0.00	0.00	34.11	0.00	0.00	0.00	0.00	1.37	0.00	0.00	0.00	0.00	0.00	1.79	0.00	0.00	4.81	2.97	7.18	61.71
磁县	9.52	0.00	1.80	15.56	6.25	0.00	1.98	1.66	0.00	1.99	1.46	2.48	0.00	0.00	0.00	1.10	5.34	3.11	2.61	1.90	51.57
临漳县	0.00	0.00	0.00	29.72	0.00	0.00	0.00	0.00	1.44	0.00	0.00	29.65	3.95	0.00	0.00	0.00	0.00	0.00	2.79	6.60	51.68
大名县	4.02	0.00	0.00	21.31	0.00	0.00	0.12	0.00	1.44	0.00	2.16	0.00	0.00	0.00	0.07	0.00	0.00	2.20	5.29	4.79	76.79
邯郸市区	0.55	0.00	0.05	0.00	0.26	0.00	1.00	0.00	0.24	0.00	0.18	0.00	0.00	0.00	0.33	0.00	0.00	0.00	1.01	0.10	2.34
峰峰矿区	2.09	0.00	0.00	4.02	0.95	0.00	0.00	0.00	0.00	0.00	0.43	0.00	0.00	1.09	0.00	0.00	0.00	0.00	1.05	0.98	11.09
全市	28.96	8.01	3.25	253.65	20.05	6.00	33.84	3.82	8.43	15.90	9.10	46.84	5.41	1.09	3.59	6.90	22.30	82.34	48.64	53.30	661.42

表 4-11 武安市灌溉和雨养作物划分表

编号	作物	总面积/hm²	分类	面积/hm²	面积比例/%
1	麦复夏玉米	12 269	灌溉	12 269	23.6
			雨养	0	0.0
2	玉米	11 294	灌溉	2 766	5.3
			雨养	8 528	16.4
3	谷子	12 668	灌溉	3 102	6.0
			雨养	9 566	18.4
4	薯类	1 901	灌溉	466	0.9
			雨养	1 435	2.8
5	大豆	4 875	灌溉	1 194	2.3
			雨养	3 681	7.1
6	春油菜	1 402	灌溉	343	0.7
			雨养	1 059	2.0
7	棉花	4 423	灌溉	1 083	2.1
			雨养	3 340	6.4
8	蔬菜	1 078	灌溉	1 078	2.1
			雨养	0	0.0
9	林果	2 000	灌溉	490	0.9
			雨养	1 510	2.9
合计	—	51 910	灌溉	22 791	100
			雨养	29 119	

（4）基础模拟单元细化

MODCYCLE 模型自带 SPLITHRU 辅助模型对基础模拟单元进行细化，细化的目的有两个：一是将跨区域的子流域进行拆分；二是将平原旱地和丘陵旱地（山地旱地也算在丘陵旱地内）按照作物类型进行拆分。具体细化原则如下。

1）先根据县市与子流域之间的空间叠加关系将子流域的基础模拟单元分到每个县市。如果某个子流域在某区县以内（图 4-19），该子流域的基础模拟单元全部划分到该县市；如果某子流域分属不同的区县（图 4-20），则按照各县市占该子流域的面积比例对子流域的基础模拟单元进行拆分和划分。

2）再根据各县市作物占耕地面积比例对初始基础模拟单元中的"平原旱地""丘陵旱地"进行细化拆分。

经过细化，邯郸市初始基础模拟单元有 2771 个，细化后最终模型实际应用基础模拟单元为 7052 个。

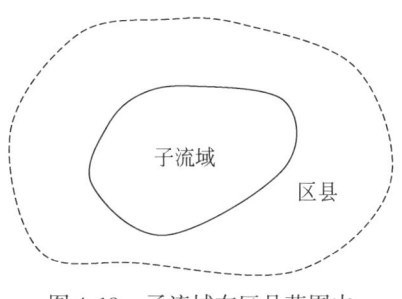
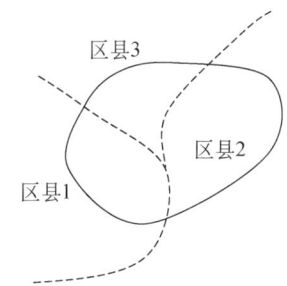

图 4-19　子流域在区县范围内　　　图 4-20　子流域分属不同区县范围

（5）灌溉水源处理

地下水源处理。由于邯郸市收集的资料中地下水灌溉量无法区分浅层用水和深层用水，目前地下水灌溉水源都处理成浅层地下水。需要灌溉的基础模拟单元（为某种作物）的地下水灌溉水源为其所在子流域的浅层地下水。

地表水水源处理。邯郸市地表水灌溉水源主要为水库供水，因此根据各个水库向各县的农业灌溉供水资料确定位于不同县市基础模拟单元的地表水灌溉水源。

4.3.2.5　城市工业/生活用水过程

邯郸市城市工业、生活用水每年平均约 5 亿 m^3，其中地表水为 1.9 亿 m^3，地下水为 3.3 亿 m^3（表 4-12、表 4-13）。地表水中主要由水库供水，其中岳城水库和东武仕水库取水比例较大，地下水则以深层地下水为主。模型模拟时先界定各区县城市工业、生活用水地表水所对应的水库，并按各水库供水比例进行分配。地下水则以各区县居工地面积为权重将各县地下水用量分配在子流域的深层地下水上。

表 4-12　邯郸市各区县城市工业、生活地表水用量　　　　（单位：万 m^3）

县区	1998 年	1999 年	2000 年	2001 年	2002 年	2003 年	2004 年	2005 年	2006 年	2007 年	10 年平均
城市三区	18 270	18 261	18 260	18 260	10 316	10 135	10 441	10 709	10 930	10 187	13 577
峰峰矿区	2 732	2 274	109	0	0	0	539	0	0	0	565
武安市	2 738	2 585	2 370	2 387	2 362	1 608	2 468	2 179	1 852	2 038	2 259
邯郸县	97	57	50	2	0	0	30	0	0	4	24
大名县	0	0	0	0	0	0	0	0	0	0	0
魏　县	0	0	0	0	0	0	0	0	0	0	0
曲周县	0	0	0	0	0	0	0	0	0	0	0
邱　县	0	0	0	0	0	0	0	0	0	0	0
鸡泽县	0	0	0	0	0	0	0	0	0	0	0
肥乡县	0	0	0	0	0	0	0	0	0	0	0
广平县	0	0	0	0	0	0	0	0	0	280	28
成安县	0	0	0	0	0	0	0	0	0	0	0

续表

县区	1998年	1999年	2000年	2001年	2002年	2003年	2004年	2005年	2006年	2007年	10年平均
临漳县	0	0	0	0	0	0	0	0	0	0	0
磁县	15	330	621	600	588	0	13	0	0	357	252
涉县	0	3 576	3 630	3 342	2 348	3 860	3 353	3 800	2 670	1 810	2 839
永年县	0	15	0	0	0	0	0	0	0	0	2
馆陶县	0	0	0	0	0	0	0	0	0	0	0
合计	23 852	27 098	25 040	24 591	15 614	15 603	16 844	16 688	15 452	14 676	19 546

表4-13 邯郸市各区县城市工业、生活地下水用量　　（单位：万 m³）

县区	1998年	1999年	2000年	2001年	2002年	2003年	2004年	2005年	2006年	2007年	10年平均
城市三区	7 971	8 002	8 825	8 831	6 819	5 808	6 118	6 140	5 182	4 170	6 787
峰峰矿区	1 374	2 900	5 760	6 446	8 044	6 740	6 341	4 115	3 560	4 235	4 951
武安市	3 496	2 493	2 742	2 653	2 965	3 144	1 817	2 239	2 833	3 368	2 775
邯郸县	757	840	926	966	1 005	854	768	835	1 300	328	858
大名县	482	491	484	485	541	577	725	963	1 047	551	635
魏县	1 355	1 198	1 190	1 187	1 231	1 080	1 144	904	863	552	1 070
曲周县	1 438	1 472	804	804	773	825	858	538	459	529	850
邱县	343	406	415	407	419	422	432	323	247	276	369
鸡泽县	135	293	295	293	248	251	303	289	239	434	278
肥乡县	478	566	216	216	204	361	287	257	239	151	298
广平县	575	478	497	494	495	536	543	525	463	534	514
成安县	486	404	532	588	630	440	465	353	330	310	454
临漳县	1 240	1 411	1 240	1 234	722	1 752	1 770	1 240	928	802	1 234
磁县	1 363	1 120	4 207	4 223	4 698	1 240	1 242	1 171	1 098	757	2 112
涉县	5 363	7 255	7 420	7 716	7 717	6 660	5 644	3 400	3 227	3 350	5 775
永年县	4 150	4 010	4 185	4 176	4 205	3 875	3 797	3 334	2 770	2 498	3 700
馆陶县	290	450	1 186	1 183	1 221	468	589	736	595	454	717
合计	31 296	33 789	40 924	41 902	41 227	35 033	32 843	27 362	25 380	23 298	33 305

4.3.2.6 农村生活用水过程

邯郸市农村生活用水每年约 1.1 亿 m³，其中地表水 0.02 亿 m³，地下水 1.05 亿 m³（表 4-14、表 4-15），以浅层地下水为主。模型处理时的方式与城市工业、生活用水处理类同，将用水量按各区县农村居民地面积比例权重分配在农村居民地所在的子流域河道或浅层地下水上。

表 4-14　邯郸市各区县农村生活地表水用量　　　　　　　　　　　（单位：万 m³）

县区	1998年	1999年	2000年	2001年	2002年	2003年	2004年	2005年	2006年	2007年	10年平均
城市三区	0	0	0	0	0	0	0	0	0	0	0
峰峰矿区	0	0	0	0	0	0	0	0	0	0	0
武安市	190	302	156	78	0	243	0	0	0	406	137
邯郸县	47	51	41	20	0	0	0	0	0	0	16
大名县	0	0	0	0	0	0	0	0	0	0	0
魏县	0	0	0	0	0	0	0	0	0	0	0
曲周县	0	0	0	0	0	0	0	0	0	130	13
邱县	0	0	0	0	0	0	0	0	0	0	0
鸡泽县	0	0	0	0	0	0	0	0	0	0	0
肥乡县	0	0	0	0	0	0	0	0	0	0	0
广平县	0	0	0	0	0	0	0	0	0	0	0
成安县	0	0	0	0	0	0	0	0	0	0	0
临漳县	0	0	0	0	0	0	0	0	0	0	0
磁县	23	15	0	0	0	0	0	0	0	172	21
涉县	0	34	0	0	0	0	0	0	0	0	3
永年县	0	0	0	0	0	0	0	0	0	0	0
馆陶县	0	0	0	0	0	0	0	0	0	0	0
合计	260	402	197	98	0	243	0	0	0	708	191

表 4-15　邯郸市各区县农村生活地下水用量　　　　　　　　　　　（单位：万 m³）

县区	1998年	1999年	2000年	2001年	2002年	2003年	2004年	2005年	2006年	2007年	10年平均
城市三区	121	120	0	0	180	136	136	140	0	0	83
峰峰矿区	1 701	1 761	442	444	254	320	320	235	236	235	595
武安市	446	310	460	540	356	313	747	962	970	776	588
邯郸县	2 109	2 199	712	743	770	999	799	798	811	275	1 022
大名县	770	780	741	749	698	880	1 280	1 813	1 823	1 728	1 126
魏县	1 630	2 229	1 385	1 402	1 374	1 399	1 368	1 368	1 626	1 470	1 525
曲周县	502	515	736	741	772	677	682	541	544	155	587
邱县	331	353	348	351	365	362	307	325	357	371	347
鸡泽县	420	480	483	490	537	392	400	402	410	660	467
肥乡县	24	24	326	336	348	437	290	289	292	410	278
广平县	227	146	247	251	250	351	353	351	353	345	287
成安县	601	629	566	570	536	825	1 029	1 024	1 030	836	765
临漳县	437	437	437	444	925	702	717	720	730	1 070	662
磁县	357	596	1 165	1 183	721	477	482	451	465	295	619
涉县	490	516	600	607	618	490	594	556	570	1 150	619
永年县	680	722	710	717	712	715	723	735	738	1 297	775
馆陶县	639	660	614	619	616	519	514	499	507	516	570
合计	11 485	12 477	9 972	10 187	10 032	9 994	10 741	11 209	11 462	11 589	10 915

4.3.2.7 城市工业、城镇生活的退水过程

用水过程中并不是所有的水量都被消耗掉，模型在处理时认为农村人畜用水全部消耗，城市工业/城镇生活用水按照 70% 的耗水率处理（该数据来自于《邯郸市水资源评价》），并按照各子流域中城市面积分布情况概化出 75 个退水点源，总退水量每年 1.59 亿 m^3，参与邯郸市河道系统水循环过程。

4.4 模型率定与验证

邯郸市水循环模型的率定检验目标主要包括以下 4 点：
1) 区域年出境水量及其过程与实测资料接近。
2) 浅层地下水位变化及过程与实测接近。
3) 关键水量与邯郸市水资源评价结果接近。
4) 水循环"四水转化"量必须平衡。

模型中涉及大量参数，率定过程中主要考虑其中对水分转化较为敏感的参数，包括地表最大积水深度、蒸发/蒸腾因子、土壤对植物可利用水量体积比、土壤饱和渗透系数、主河道及子河道渗漏系数、辐射利用效率等。以下是参数率定过程最终完成后各检验目标的验证结果。

4.4.1 匡门口断面径流量验证

匡门口水文站位于清漳河上，上游有刘家庄水文站控制入境水量，匡门口断面上游人类活动较少，仅有三条渠，每年定期引水，适合进行径流验证。

(1) 模拟期平均年均径流量误差尽可能小

年均径流量误差是整个模拟期模拟径流量与实测径流量差值百分比的绝对值，径流量误差绝对值越小越好。

$$D_v = \left| (R-F_0)/F_0 \right| \times 100\% \tag{4-1}$$

式中，D_v 为径流量误差（%）；F_0 为实测流量过程的均值（m^3/s）；R 为模拟流量过程的均值（m^3/s）。

(2) Nash-Sutcliffe 效率系数尽可能大

Nash-Sutcliffe 效率系数（简称 Nash 效率系数）是指模拟结果相对于"以多年平均观测值作为最简单的预测模拟"的效率。

$$\eta = 1 - \Sigma(Q_{sim} - Q_{obs})^2 / \Sigma(Q_{sim} - \overline{Q}_{obs}) \tag{4-2}$$

式中，Q_{sim}、Q_{obs} 和 $\overline{Q}_{obs}$ 分别为模拟流量、观测流量和观测流量的多年平均值。

匡门口 2000 年 1 月～2005 年 12 月径流量模拟值与实测值对比如图 4-21 所示。匡门口 2000 年 1 月～2005 年 12 月模拟径流量的径流量误差为 8.3%，Nash 效率系数为 0.84。从

Resfsgaard 等提出的率定效果评价准则来看：径流量误差属于"好";Nash 效率属于"一般"。

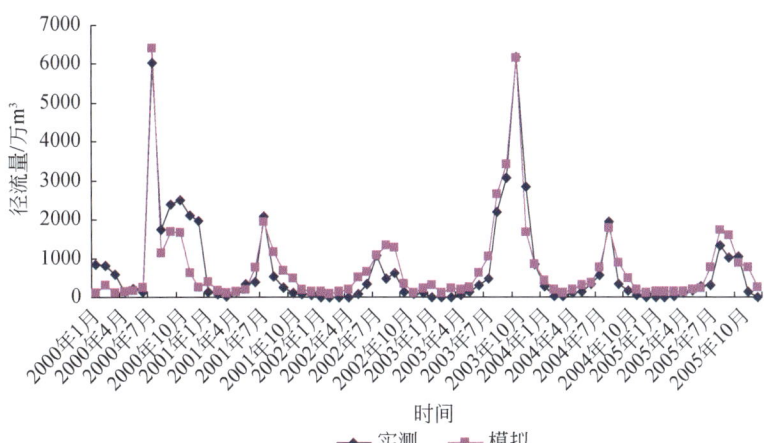

图 4-21　匡门口 2000 年 1 月~2005 年 12 月径流量模拟值与实测值对比

4.4.2　出境水量验证

出境水量验证见图 4-22。邯郸市 1998~2007 年观测的出境水量总量为 8.95 亿 m^3，本次率定模拟结果为 9.08 亿 m^3，两者较为接近。模拟的出境水量年过程线与实测趋势一致，但变化幅度仍有一定差异，主要原因是：①因为本次模拟时入境水量的资料只有年值，入境水量月过程为推断值；②区域内有些水库蓄泄过程的资料不足，使用经验办法处理导致与实际过程存在一定偏差。但从出境水量的整体模拟效果看，基本能够满足率定要求。

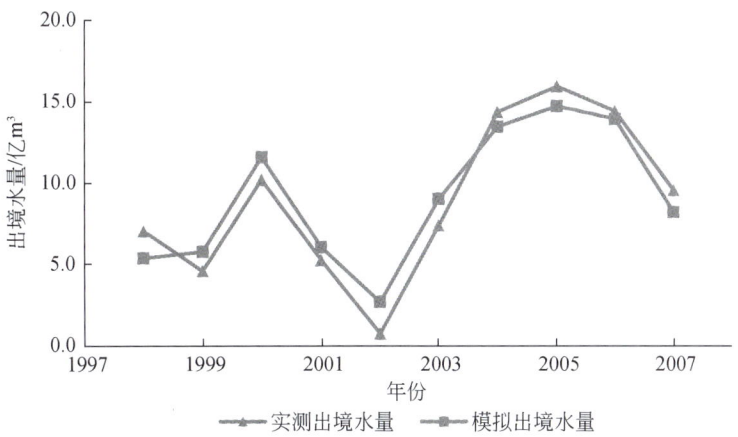

图 4-22　1998~2007 年邯郸市模拟出境水量及实测出境水量对比

4.4.3　浅层地下水位变化过程验证

浅层地下水位的验证通过对比实测和模拟的平原区浅层地下水埋深变化过程进行。为控制总体对比效果，采用全平原区埋深变化对比的方式。根据邯郸市水资源分区（见《邯郸市水资源评价》），将邯郸市水循环模型全部子流域基本按照邯郸市山区/平原区边界划分为山区子流域和平原区子流域（图 4-23），其中山区面积 4485km^2，平原区面积 7570km^2。通过按面积加权统计的办法计算模拟的邯郸市平原区平均地下水埋深变化过程，并与《邯郸市水资源公报》公布的平原区地下水位变化数据（表 4-3）相比较进行验证。浅层地下水埋深变化的模拟与实测结果的对比见图 4-24。

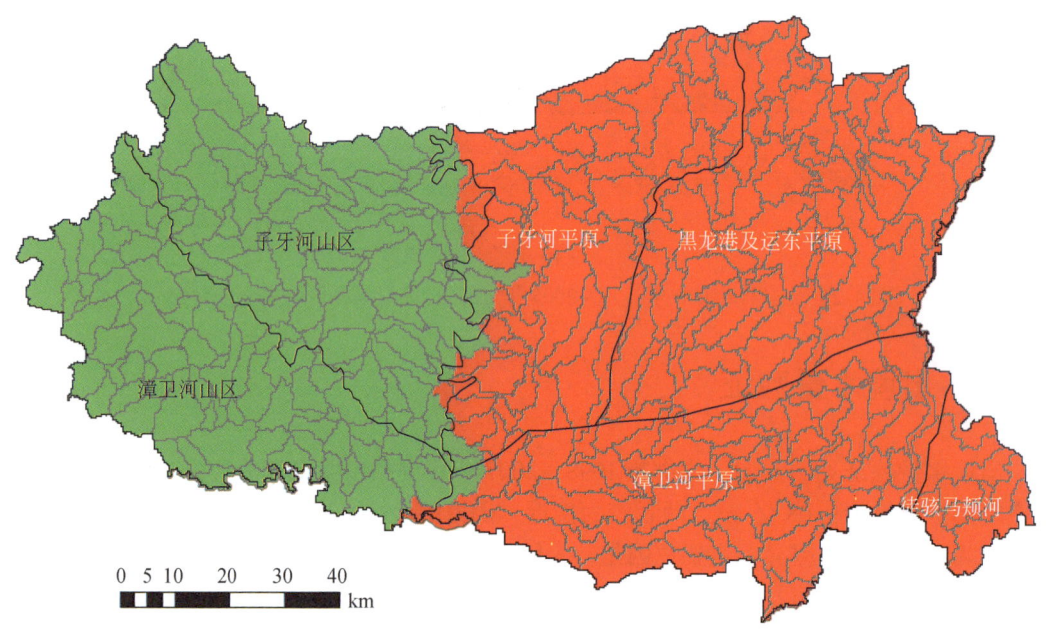

图 4-23　邯郸市山区/平原区子流域划分

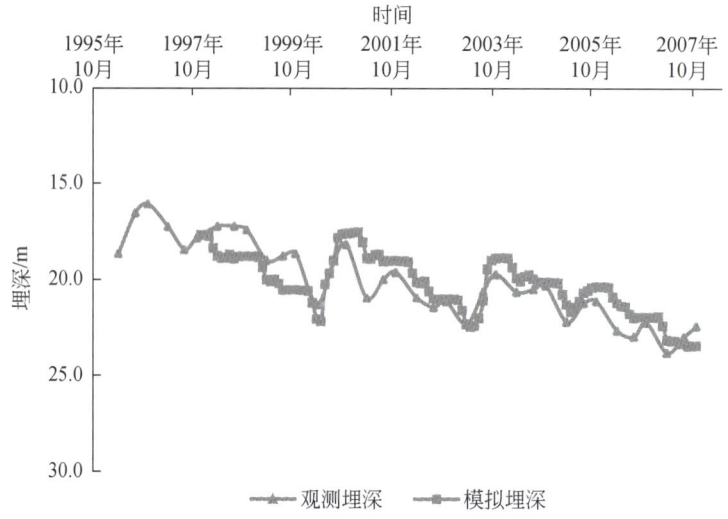

图 4-24　邯郸市浅层地下水埋深模拟与实测对比图

从实测和模拟浅层地下水埋深过程的对比来看,在 10 年的模型率定期内,模拟的浅层地下水埋深变化过程与实测的数据基本一致,尤其是 2000~2006 年,两条变化曲线的起伏过程吻合相当良好。1998 年年初两者之间存在一定的系统误差,应该是由统计基础的差异所致。因为模拟的地下水埋深是通过子流域面积加权统计的,而实测的地下水埋深是通过区县面积加权统计的。根据统计结果,10 年实测邯郸市平原区浅层地下水埋深降幅为 4.58m,模拟的 10 年累计降深为 5.75m,两者相差 1.17m。实际上主要的模拟误差在 2007 年,如果按照 1998~2006 年累积降深统计,实测值为 4.4m,模拟值为 4.3m,仅相差 0.1m。有可能 2007 年实测值有误,因为根据降雨数据,2007 年降雨量与 2006 年基本相当,均为 56 亿 m³ 左右,但实测数据中 2007 年地下水埋深与 2006 年相比基本持平(表 4-16)。

由于浅层地下水埋深变化过程受浅层地下水的补给和开采两个因素的双向综合作用,只有在对两者的模拟都达到相当精度时才能做到准确刻画,具有相当的难度。此次率定过程中能达到这样的效果,说明所建的模型能够较好反映邯郸市土壤水与地下水的转化,以及浅层地下水补给与开采之间的联系。

表 4-16 1997~2007 年邯郸市东部平原区浅层埋深实测数据

县区	面积/km²	1997年年底埋深/m	1998年年底埋深/m	1999年年底埋深/m	2000年年底埋深/m	2001年年底埋深/m	2002年年底埋深/m	2003年年底埋深/m	2004年年底埋深/m	2005年年底埋深/m	2006年年底埋深/m	2007年年底埋深/m
大名县	1065.5	20.5	19.4	20.0	20.6	21.2	22.8	22.5	23.2	23.5	24.5	24.7
广平县	312.8	15.1	23.3	24.1	24.9	25.6	26.5	27.4	28.0	28.9	30.1	30.4
磁县	362.9	6.0	6.4	6.8	5.5	7.2	8.3	6.3	6.5	7.4	8.1	8.0
成安县	487.3	20.5	20.4	25.0	25.1	26.9	27.6	27.1	28.6	30.0	31.6	32.9
邱县	446.7	20.7	10.1	11.3	10.9	11.7	12.7	10.7	10.6	11.3	12.2	11.8
永年县	849.2	15.7	17.8	19.6	19.0	23.5	24.6	22.9	23.4	22.4	24.1	24.0
曲周县	673.5	7.5	9.2	10.6	9.0	10.4	11.5	9.1	8.9	10.0	10.7	10.1
临漳县	740.0	16.0	16.8	17.1	16.5	16.6	20.3	19.6	20.4	23.5	24.5	25.5
馆陶县	470.3	20.0	19.1	19.4	19.5	20.6	21.2	19.9	19.3	19.9	20.6	20.6
魏县	860.0	22.7	18.7	18.7	18.2	19.4	21.1	20.7	21.5	22.7	23.8	24.8
肥乡县	507.5	25.8	23.3	23.0	22.2	23.3	24.9	24.0	25.2	26.4	27.4	27.0
鸡泽县	337.6	21.7	23.2	26.0	25.1	26.6	28.2	26.8	28.1	29.0	30.1	30.3
邯郸县	416.6	16.3	18.7	23.5	21.7	23.2	24.7	17.0	17.5	18.4	19.0	18.7
平均埋深		17.8	17.4	18.6	18.2	19.6	21.1	19.7	20.3	21.1	22.2	22.4

资料来源:历年《邯郸市水资源公报》

4.4.4 关键水资源特征量对比

在邯郸市水循环模型 1998~2007 年 10 年的率定期中,平均降雨量为 65.09 亿 m³,接近邯郸市 1980~2000 年多年平均 66.07 亿 m³ 的降雨量。在降雨量相近的情况下,如果区域下垫面情况变异不大,在区域产流和平原区地下水补给排泄规律等方面应该具有可比性，多年平均的某些关键的水量应该处于相同的量级。为此，本次率定过程将《邯郸市水资源评价（1980~2000）》中评价出的部分数据与模型模拟的结果进行对照，作为判断模型模拟结果合理性的重要参考，详见表 4-17。

表 4-17 关键水量模拟及其与《邯郸市水资源评价》的对比 （单位：亿 m³）

对比项目		关键水资源项		评价报告（1980~2000 年）	模拟评价（1998~2007 年）
地表水	降雨	山区降雨量		25.42	24.79
		平原降雨量		40.65	40.45
		合计		66.07	65.24
	产流	山区产流量		5.41	5.27
		平原区产流量		0.80	0.93
		合计		6.21	6.20
平原地下水	浅层补给	降雨入渗补给		8.01	6.96
		河道渗漏补给		1.03	0.67
		灌溉渗漏补给	渠系渗漏	0.45	1.39
			渠灌田间渗漏	0.18	
			井灌回归	0.93	
			合计	1.56	
		山前侧向		0.23	9.02
		合计总补给		10.83	11.30
	浅层排泄	总浅层开采量		12.10	0.34
		基流排泄			11.64
		合计总排泄		12.10	-2.62
	蓄变	评价总补给减总开采		-1.27	0.00
		地下水埋深计算年均蓄变		-2.47	
	评价误差			-1.20	

从表 4-17 中可以看出，1998~2007 年阶段邯郸市山区和平原区的降雨量分别与 1980~2000 年的降雨量接近，在山区和平原区的产流量模拟方面，模型得出的结果与评价报告接近，分别为 5.27 亿 m³ 和 0.93 亿 m³。模拟的平原区浅层地下水蓄变总量为 -2.62 亿 m³，与评价报告中的 -2.47 亿 m³ 接近。平原区地下水总补给的模拟量为 9.02 亿 m³，比评价报告中的 10.83 亿 m³ 少了约 1.71 亿 m³，但考虑到评价报告中总补给与总开采间有 -1.20 亿 m³ 的评价误差，因此评价报告中的补给量可能偏大。

总体而言，从关键水量对比来看，通过模型率定，模拟结果与《邯郸市水资源》中揭示的邯郸市水资源特征基本保持一致，因此可以进一步证明邯郸市水循环模型能够合理刻画邯郸市水循环系统及其过程。

4.4.5 水量平衡检验

水量平衡检验为判断模型正确与否的重要方面。邯郸市水循环系统涉及因素众多，不仅有水循环的自然过程，还有水循环的人工过程。在自然水循环过程方面包括大气过程的降雨、积雪、融雪、积雪升华、植被截留、截留蒸发，地表过程的坡面汇流、河道汇流、湿地蓄滞、水面蒸发、河道渗漏、水库/湿地渗漏，土壤过程的产流/入渗、地表积水、积水蒸发、土壤蒸发、植被蒸腾、壤中流，地下过程的土壤深层渗漏补给、潜水蒸发、基流排泄、深浅层越流。在人工水循环过程方面包括水库调蓄及用水、河道用水、地下水开采、工业城镇生活退水、农业灌溉、水库/河道间调水等多个方面。在涉及众多天然-人工过程的整体水循环模拟中，邯郸市水循环结果能否在水量平衡方面严格闭合，对检验模型的正确性至关重要。

为此，将邯郸市全区多年平均水平衡状况作为分析目标，分别从耗水和人工取用水两个角度审视邯郸市全区水量平衡，详见表4-18和表4-19。

表4-18　耗水角度的邯郸市水平衡表　　（单位：亿 m^3）

输出项	补给		排泄		蓄变	
\multicolumn{7}{c}{全邯郸市水量平衡表}
1	土地利用单元总降雨量	65.04	总植被截留蒸发量	3.67	土地利用单元总蓄变	1.44
2	池塘的总降雨量	0.00	总积雪升华量	0.02	池塘总蓄变水量	0.00
3	湿地的总降雨量	0.05	总土壤蒸发量	22.85	湿地总蓄变水量	-0.01
4	水库的总降雨量	0.14	总植物蒸腾量	37.27	河道总蓄变水量	0.02
5	入境地表水量	6.91	总积水蒸发量	0.38	水库总蓄变量	0.58
6			池塘的总蒸发量	0.00	浅层地下水总蓄变量	-2.61
7			湿地的总蒸发量	0.06	深层地下水总蓄变量	-5.80
8			河道的总蒸发量	0.29		
9			河岸蓄积的总蒸发量	0.02		
10			水库的蒸发量	0.18		
11			出境地表水量	9.08		
12			工业城镇总耗水	3.60		
13			农村生活总耗水	1.10		
合计		72.14		78.52		-6.38
平衡误差	\multicolumn{6}{c}{0.00}

表 4-19　人工取用水角度的全邯郸市水量平衡表　　（单位：亿 m³）

输出项		补给		排泄		蓄变	
1	土地利用单元总降雨量	65.04	总植被截留蒸发量	3.67	土地利用单元总蓄变	1.44
2	池塘的总降雨量	0.00	总积雪升华量	0.02	池塘总蓄变水量	0.00
3	湿地的总降雨量	0.05	总土壤蒸发量	22.85	湿地总蓄变水量	-0.01
4	水库的总降雨量	0.14	总植物蒸腾量	37.27	河道总蓄变水量	0.02
5	入境水量	6.91	总积水蒸发量	0.38	水库总蓄变量	0.58
6	工业城镇生活退水	1.59	池塘的总蒸发量	0.00	浅层地下水总蓄变量	-2.61
7	田间灌溉量	14.57	湿地的总蒸发量	0.06	深层地下水总蓄变量	-5.80
8	灌溉渗漏量	1.81	河道的总蒸发量	0.29		
9			河岸蓄积的总蒸发量	0.02		
10			水库的蒸发量	0.18		
11			出境水量	9.08		
12			池塘的总用水量	0.00		
13			主河道的总用水量	0.00		
14			水库工业总用水	1.85		
15			水库农业灌溉总用水	2.25		
16			浅层地下水农村生活开采	1.10		
17			浅层地下水农业灌溉开采	11.67		
18			深层地下水工业城镇生活开采	3.34		
19			深层地下水农业灌溉开采	2.46		
合计		90.11		96.49		-6.38
平衡误差			0.00				

耗水角度的平衡基于传统水量平衡观点，在区域水量的补给端，只考虑降雨和入境水量，在区域水量的排泄端，除出境水量外，只统计水分的实际耗散量。

人工取用水角度是指在区域水量平衡的排泄端，将人工取用水作为排泄项，这样在区域水量的补给端需要加上部分重复水量，但其优点是能够在表中直观认知人工用水参与区域水循环的状况。

从表 4-18 和表 4-19 可知，无论是从耗水角度还是人工取用水角度评价邯郸市水平衡状况，最后总的水量平衡误差为 0，水分循环转化过程完全闭合，说明模型在水量平衡方面是正确的。

4.5　基于水循环模拟的邯郸市水循环规律分析

4.5.1　降水量年际变化

通过现状模拟得出邯郸市 1998~2007 年水资源要素时空变化的分布，这 10 年中 2000 和 2003 年为丰水年，月降水年际分布见图 4-25。模拟结果较好反映邯郸市降水特点，全年降水量的 70%~80% 集中在 6~9 月，其中又主要集中在 7 月下旬和 8 月上旬。

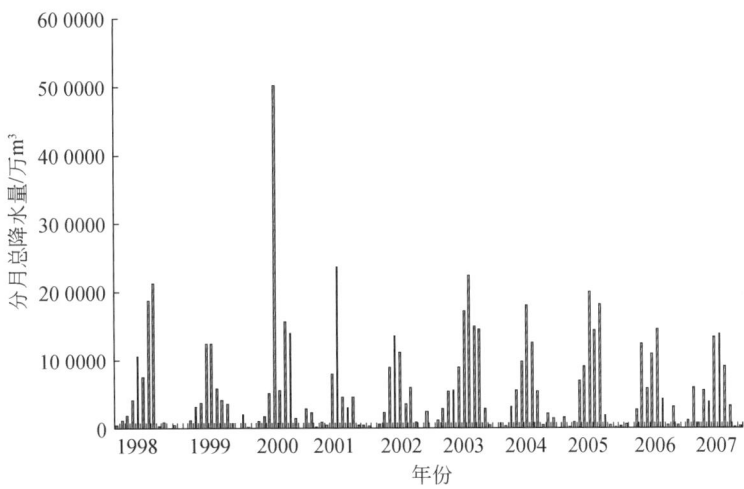

图 4-25　邯郸市 1998~2007 月降水年际分布图

4.5.2　ET 量空间分布

根据现状模拟结果分析，邯郸市总蒸发量在 2001 年、2003 年和 2004 年最高，与降雨量年际分布基本吻合略有推迟，蒸发量年际变化较平和，各年蒸发量差异不大，如图 4-26 及表 4-20 所示。

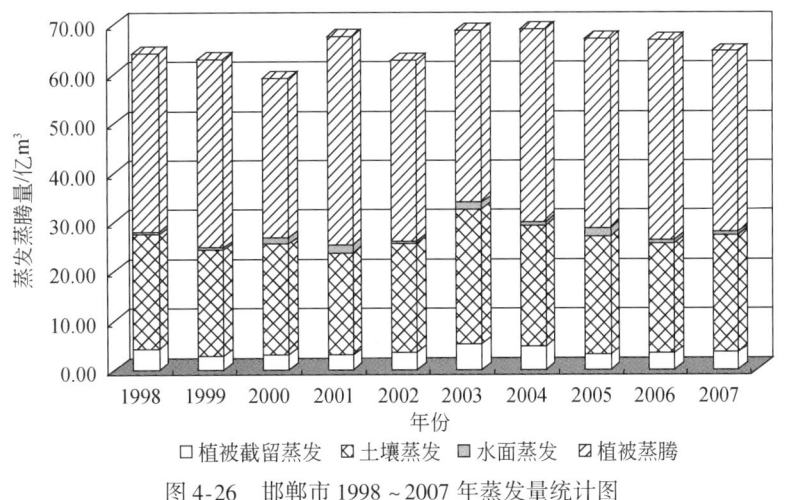

图 4-26　邯郸市 1998~2007 年蒸发量统计图

在各项蒸发要素中植被蒸腾量最大占总蒸发量的 59.41%，其次为土壤蒸发占总蒸发量的 33.96%，植被截留蒸发和水面蒸发分别占总蒸发量的 5.63% 和 1.46%，现状多年平均蒸发量为 65.36 亿 m^3。

表 4-20 不同年份各蒸发比例

年份	植被截留蒸发/亿 m³	土壤蒸发/亿 m³	植被蒸腾/亿 m³	水面蒸发/亿 m³	总蒸发/亿 m³
1998	4.30	23.11	36.26	0.65	64.32
1999	2.83	21.41	38.31	0.49	63.04
2000	3.02	22.44	32.51	1.28	59.24
2001	2.98	20.74	42.35	1.61	67.68
2002	3.54	22.00	36.71	0.62	62.86
2003	5.36	27.24	34.91	1.32	68.83
2004	4.82	24.37	39.17	0.69	69.04
2005	3.15	23.91	38.41	1.63	67.09
2006	3.36	22.20	40.66	0.67	66.89
2007	3.44	23.86	36.75	0.58	64.63
多年平均	3.68	23.13	37.60	0.95	65.36
比例/%	5.63	35.38	57.53	1.46	100.00

4.5.3 地表产流量空间分布

图 4-27 为邯郸地区产流量空间分布图，明显看出山区产流量大，尤其在西部山区林地分布较多的地带，广大平原区产流量较少，符合《河北省邯郸市水资源评价》的评价结果，突出体现了山区和平原区的产流特点。图 4-28 为平原区产流机制，平原区土地利用

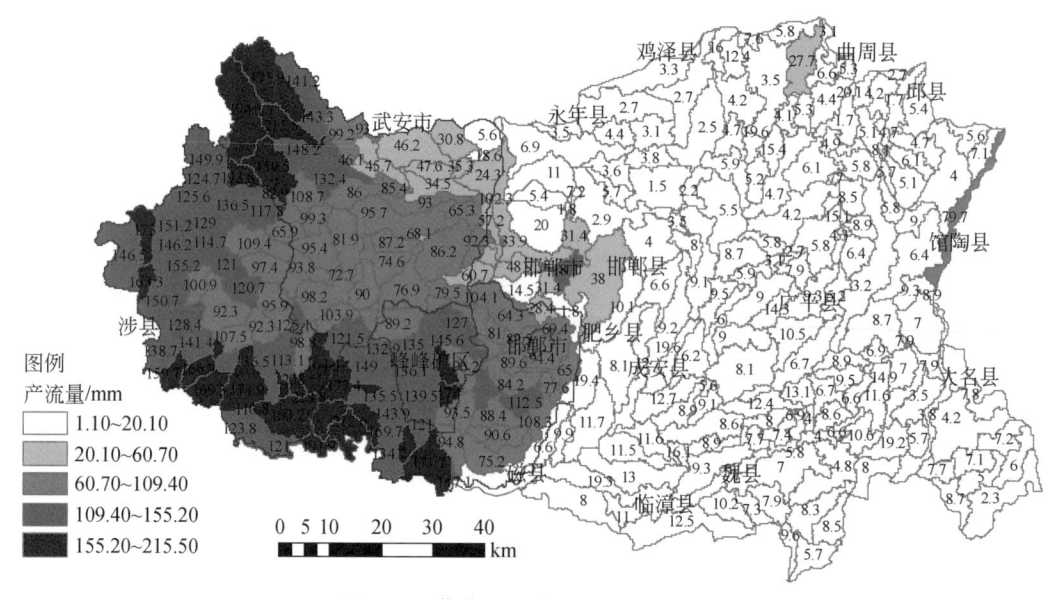

图 4-27 邯郸地区产流量空间分布图

大部分为平原旱地，耕地间布满田埂和路坎，有效降雨被田埂阻挡，在土壤表面形成积水，达到一定深度后才产流。在这个过程中增加了积水在土壤表层的滞留时间，增加了下渗量，因此，与山地相比平原区的产流量非常低。

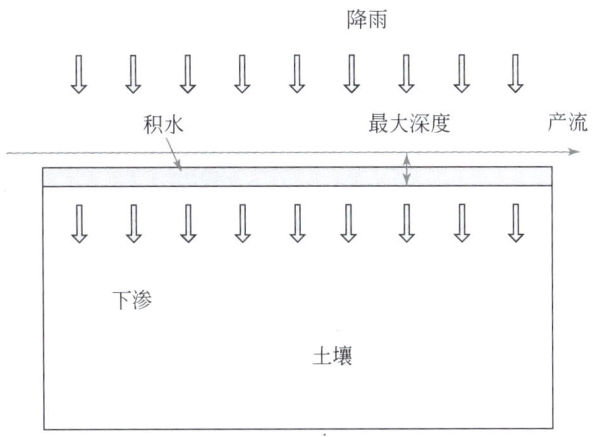

图 4-28 平原地区产流机制说明图

4.5.4 土壤蓄变与地下水埋深变化

1999~2007 年，邯郸市土壤水蓄变量平均保持均衡状态（图 4-29），2000 年和 2003 年由于降雨量偏丰，对土壤层来了较多补给。邯郸市浅层地下水蓄变量为负均衡状态，多年平均减少 2.28 亿 m^3，造成地下水位逐年降低，地下漏斗扩大。2000 年和 2003 年浅层地下水也得到较大补给，但其余年份浅层地下水蓄变量均为负值，主要原因为浅层地下水超采严重。除 2001 年外，浅层地下水的负均衡量都高于土壤水含水量，2005 年和 2007 年土壤水蓄变量为正时，浅层地下水蓄变量也为负值。

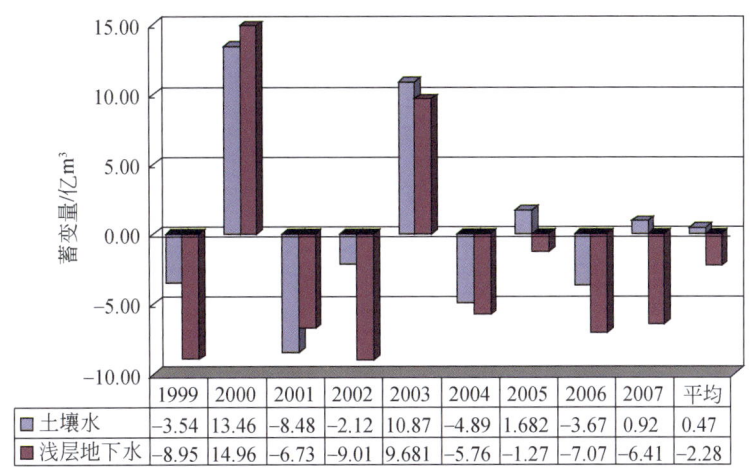

图 4-29 1999~2007 年邯郸市土壤水及浅层地下水量

图4-30为模拟出的邯郸地区1998年浅层地下水埋深分布图,图4-31为模拟出的邯郸地区2007年浅层地下水埋深分布图,两图对比可以看出,邯郸地区地下漏斗区在现状十年中有所转移。1998年埋深较大的区域主要集中在肥乡县、成安县北部和魏县南部,2008年埋深较大区域向东南方转移,主要集中在广平县和魏县。

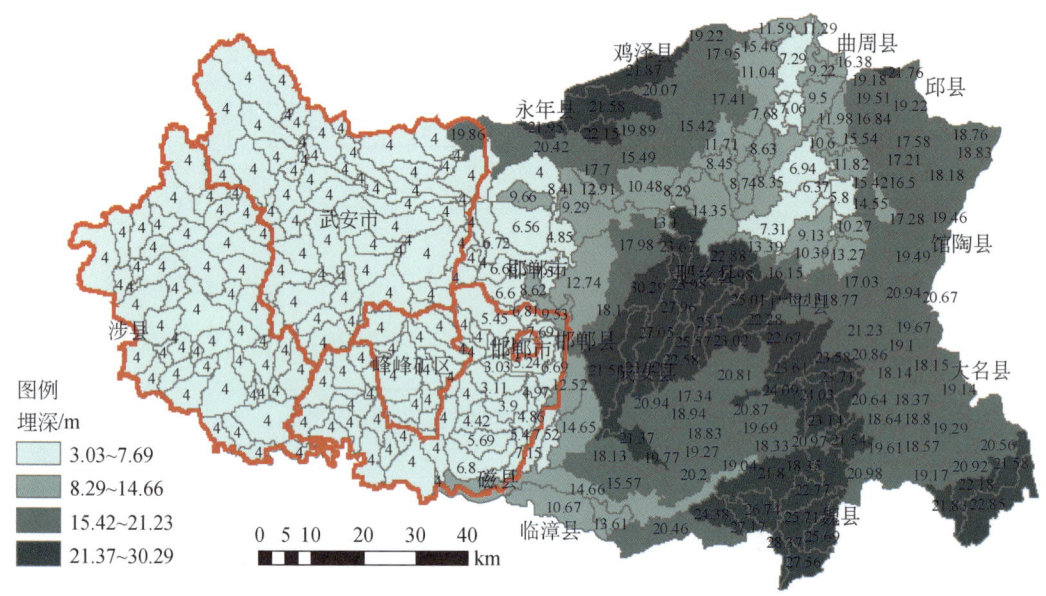

图4-30 邯郸地区1998年浅层地下水埋深分布图

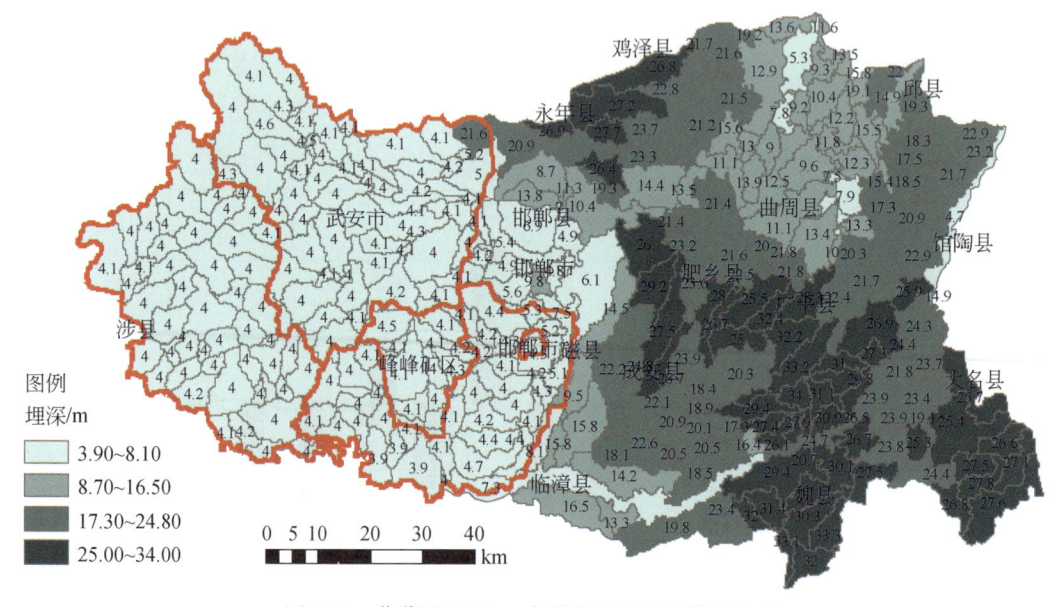

图4-31 邯郸地区2007年浅层地下水埋深分布图

4.5.5 山区平原水循环通量规律分析

华北平原水循环具有山区形成水资源、平原散失水资源的二元水循环结构特征，山区约有20%可形成河水、泉水和湖水，成为平原区人类直接开发利用的地表水资源。

山区水循环形成水资源：上游山区为径流形成区，由于这里海拔较高和地形切割，人类活动稀少、山地坡陡、降水较多并形式多样，经植被截留、地表径流和壤中流转化，除植被蒸发和植被蒸腾外，形成降雨径流，并迅速汇集于河道，同时还有一部分降水和径流在山坡和河谷盆地入渗地下，随地形、地质条件变化出流进入河道。因此，地表径流随山溪河流沿程增加，到达出山口时，河川径流达到最大。在山区地表水资源形成转化同时，山区的降水与径流还支撑着山地生态系统。这样，出山地表径流可分为山区降雨径流和地下水基流两部分（表4-21）。

表4-21 邯郸市山区子流域平衡表 （单位：亿 m³）

输出项	补给		排泄		蓄变	
1	土地利用单元总降雨量	24.79	土地利用单元总植被截留蒸发量	1.38	土地利用单元总蓄变	0.51
2	池塘的总降雨量	0.00	土地利用单元总积雪升华量	0.01	池塘总蓄变水量	0.00
3	湿地的总降雨量	0.00	土地利用单元总土壤蒸发量	8.609	湿地总蓄变水量	0.00
4	河道上游总入流	58.26	土地利用单元总植物蒸腾量	9.90	河道总蓄变水量	0.00
5	入境量+退水	2.51	土地利用单元总积水蒸发量	0.16	浅层地下水总蓄变量	0.00
6	田间灌溉量	2.06	池塘的总蒸发量	0.00	深层地下水总蓄变量	-1.988
7	灌溉渗漏量	0.42	湿地的总蒸发量	0.00		
8			河道内的总蒸发量	0.03		
9			河岸蓄积的总蒸发量	0.00		
10			河道下游总出流	64.35		
11			池塘用水			
12			主河道用水	0.00		
13			河道调出水量	1.62		
14			浅层地下水农村生活开采	0.24		
15			浅层地下水农业灌溉开采	1.22		
16			深层地下水工业城镇生活开采	1.62		
17			深层地下水农业灌溉开采	0.26		
合计		88.04		89.399		-1.478
平衡误差			0.00			

平原区水循环散失水资源：径流出山后以地表水与地下水两种形式相互转换，尽管平原区也有降水，但很快形成地表径流。伴随着人类开发利用，随之水流渗漏进入地下，或蒸

发蒸腾散失于空气中，最终消耗掉山区形成的部分水资源。在河道上游人类筑坝拦水、修建水库、在两岸开渠引水，改变了水流与河道、积水湖泊的关系，改变了地表水和地下水的转化路径，也改变了原有的地下水所赋存的环境。这在流域内天然水循环的框架下，形成了取水—输水—用水—排水—回归等环节构成的地表水流侧支循环；人工开采地下水采用引流泉水、打井提水，甚至回补或截引地下含水层，也构成地下水侧支循环（表4-22）。

表4-22　邯郸市平原子流域平衡表　　　　　　　　　（单位：亿 m³）

输出项	补给		排泄		蓄变	
1	土地利用单元总降雨量	40.25	土地利用单元总植被截留蒸发量	2.29	土地利用单元总蓄变	0.93
2	池塘的总降雨量	0.00	土地利用单元总积雪升华量	0.01	池塘总蓄变水量	0.00
3	湿地的总降雨量	0.05	土地利用单元总土壤蒸发量	14.25	湿地总蓄变水量	−0.00
4	河道上游总入流	48.54	土地利用单元总植物蒸腾量	27.36	河道总蓄变水量	0.02
5	入境量+退水	4.40	土地利用单元总积水蒸发量	0.22	浅层地下水总蓄变量	−2.62
6	田间灌溉量	12.52	池塘的总蒸发量	0.00	深层地下水总蓄变量	−3.93
7	灌溉渗漏量	1.39	湿地的总蒸发量	0.06		
8			河道内总蒸发量	0.26		
9			河岸蓄积的总蒸发量	0.02		
10			河道下游总出流	53.04		
11			池塘用水	0.00		
12			主河道用水	0.00		
13			河道调出水量	0.00		
14			浅层地下水农村生活开采	0.86		
15			浅层地下水农业灌溉开采	10.44		
16			深层地下水工业城镇生活开采	1.72		
17			深层地下水农业灌溉开采	2.21		
合计		107.14		112.75		−5.61
平衡误差	0.00					

山区和平原在人类活动和土地覆盖上有明显区别（表4-23），在邯郸市山区的土地利用类型主要为有林地及高中低覆盖的草地，而平原土地利用类型主要为耕地和居工地。

表4-23　山区平原水循环通量对比表

分区	降雨量/亿 m³	ET/亿 m³	ET/降雨量	径流量/亿 m³	径流系数	土壤蒸发/亿 m³	植被蒸腾/亿 m³	植被/土壤	水循环通量 人类活动/亿 m³	水循环通量 总量/亿 m³	比值
山区	24.79	21.39	0.86	5.30	0.21	8.60	9.90	1.15	3.34	21.20	0.16
平原	40.25	46.28	1.16	0.93	0.02	14.25	27.36	1.92	15.23	40.20	0.38

在山区人口稀少，人类活动对水循环的影响主要为水库蓄水，调节水循环的时空变化，平原区人口密集，相对人类活动较多，主要为开采地下水灌溉农田。山区和平原水循环特征呈现如下规律。

1）山区 ET 消耗小于降雨，为降雨的 86%；平原 ET 消耗大于降雨，约为降雨的 116%，ET 为平衡表中所有蒸发量之和。

2）邯郸市主要产流在山区，山区产流 5.3 亿 m^3，径流系数达到 21%，平原产流 0.93 亿 m^3，径流系数仅为 2%，远远小于山区，径流系数为产流量与降雨量比值。

3）山区的植被蒸腾/土壤蒸发为 1.15，土壤蒸发与植被蒸腾接近，而平原区植被蒸腾量几乎为土壤蒸发量的 2 倍，主要由于平原区大量种植作物，复种指数高，植被蒸腾量大。

4）山区水循环中人类活动通量为 3.34 亿 m^3，人类活动通量为开采地下水资源量，仅占总水循环量的 16%，总水循环量为降雨量与入境量之和减去出境量；而平原区人类活动水循环通量为总水循环通量的 38%。

5）山区的产流量主要来源于壤中流，而平原地区的产流量主要是地表直接产流（表 4-24）。

表 4-24 山区平原地表产流组分表

年份	地表直接产流/亿 m^3 山区	地表直接产流/亿 m^3 平原	壤中流/亿 m^3 山区	壤中流/亿 m^3 平原	基流/亿 m^3 山区	基流/亿 m^3 平原	总量/亿 m^3 山区	总量/亿 m^3 平原
1998	0.29	0.66	3.14	0.06	0.43	0.01	3.85	0.73
1999	0.08	0.09	1.84	0.05	0.12	0.00	2.05	0.14
2000	2.57	1.96	4.21	0.13	3.57	0.40	10.35	2.49
2001	0.48	0.47	2.14	0.06	0.69	0.09	3.31	0.61
2002	0.12	0.25	2.17	0.05	0.75	0.07	3.04	0.37
2003	0.68	0.76	4.50	0.12	4.02	0.98	9.20	1.86
2004	0.43	0.15	2.79	0.05	1.54	0.35	4.76	0.56
2005	0.87	0.55	3.59	0.09	3.71	1.01	8.16	1.64
2006	0.22	0.24	2.68	0.06	1.31	0.28	4.21	0.58
2007	0.18	0.17	2.51	0.06	1.06	0.21	3.76	0.45
平均	0.59	0.53	2.96	0.07	1.72	0.34	5.27	0.94
比例/%	11	56	56	8	33	36	—	—

4.6 变化环境下邯郸市水循环响应预测

4.6.1 变化环境因子识别

4.6.1.1 气候变化因子

华北地区气候干旱事实已十分明显，为开展未来气候的相关研究，常见的方法之一就是假设不同的气候情景。华北地区是我国典型干旱区，众多学者对该区域未来气候进行了模拟与预测。高庆先等（2002）选择了 5 个比较公认的气候模式模拟了 2030 年华北地区气候变化情景。5 个模式在两种假设情景下的模拟结果虽然不完全一致，但大部分预测结果的总体趋势是未来我国华北大部地区将出现干旱少雨的情况。我国华北大部地区未来（2030 年）降水总的趋势减少，未来我国华北地区将仍然是干旱、少雨，属于水资源严重缺乏的地区。王馥棠（2002）认为到 2050 年我国东部农业生产区种植制度将发生重大变化，种植制度多样化和复种指数增加。根据相关文献研究，华北地区气候变化为暖干趋势。因此，本章设置两个情景 F11 和 F12 探讨气候变化对水循环要素的影响。其中，F11 设置为气温升高 1℃，F12 设置为降雨减少 3%。

4.6.1.2 节水因子

农业节水的发展实质上是人们改造农田系统水循环的过程。人工水循环是以取水-输水-用水-排水-回归为基本路径，而人们利用各种防渗技术和非充分灌溉技术来减少农田输水过程渗漏量、棵间蒸发量，有效地提高了土地单位面积水利用率，同时也影响了地表水对地下水的补给，使得地表径流和地下径流的转化逐渐减少，对水文循环的过程产生了不同程度的影响。例如，渠系衬砌改变了地表水对地下水的补给量；土壤水的充分利用改变了降雨产流条件，也改变了降雨入渗和地下水补给条件；地膜覆盖技术抑制土壤水分蒸发的同时也对降雨入渗产生了影响，等等。根据《东、中线一期工程沿线区域生态影响评估技术研究》报告，邯郸市未来主要以全面实行地下水监测与开采管理、逐步实行限额开采制度、提高田间节水技术为重点；在工程节水的基础上，改善地面灌水技术，实行矿物学灌溉制度；引入旱作农业节水保墒技术，包括配方施肥、种子胞衣、合理倒茬、选用耐旱品种、蓄水保水等耕作技术，以达到大量降低田间水分消耗的目的。在保持种植结构不变的前提下，实施以上节水措施，邯郸市农业节水将减少灌溉水量 12%。

邯郸市工业和生活节水共有四种措施，不同措施的节水效率见表 4-25。

表 4-25　邯郸市各节水调控方式 2020 年节水效应分析

节水调控模式		节水量/亿 m³	节水量占非农需水量的比例/%
产业结构调整		0.24	1.7
水价调整		1.65	12.1
用水定额调整	定额降低 10%	1.09	8
	定额降低 15%	1.58	11.5
	定额降低 20%	2.06	15.1
城市非常规水源利用		0.95	6.9

综合考虑以上四种措施，本章设置情景 F3 为节水情景，即农业节水 12%，工业节水 15%。

4.6.1.3 引江水的置换作用

南水北调通水后，实现了邯郸市的水源置换效应。根据《南水北调受水区地下水压采与管理典型区水资源合理配置研究》南水北调通水后水源使用原则如下：优先利用南水北调水，合理利用当地地表水，控制地下水开采。深层承压水仅作为应急资源。南水北调中线工程实施后供水目标优先次序为：供给城市用水，当来水满足直供城市目标后还有余水时，平原洼地进行蓄供。压采原则为：先压直接受水区、后压间接受水区；先压城镇、后压农村；先压严重超采区，后压一般超采区；先压深层承压水、后压浅层地下水；先压工业、后压农业；先压生产、后压生活。

由以上配置原则，根据《东、中线一期工程沿线区域生态影响评估技术研究》第三专题对海河流域的整体配置结果分离出邯郸市水源置换关系，如表 4-26、图 4-32 所示。邯郸市共有引江水 3.52 亿 m^3，全部供城镇，其中一大部分用于压采深层地下水开采，余下 1.41 亿 m^3 置换城镇地表水供水量，置换出的地表水水源只有 0.15 亿 m^3 直接排入河道增加出境流量，其余 1.26 亿 m^3 水量供农业，实现浅层地下水压采 0.76 亿 m^3，农业深层地下水压采 0.14 亿 m^3。

表 4-26 引江水量置换当地水效应 （单位：亿 m^3）

情景	总供水	城镇供水					农村供水			
		总供水	地表水	浅层	深层	外调水	总供水	地表水	浅层	深层
F0	23	7.48	3.21	0	4.27	0	15.52	1.7	11.63	2.19
F2	23.45	7.48	1.8	0	2.16	3.52	15.97	2.96	10.96	2.05
F2−F0	0.45	0	−1.41	0	−2.11	3.52	0.45	1.26	−0.67	−0.14

注：正值为增加供水量（或开采量），负值为减少供水量（或开采量）

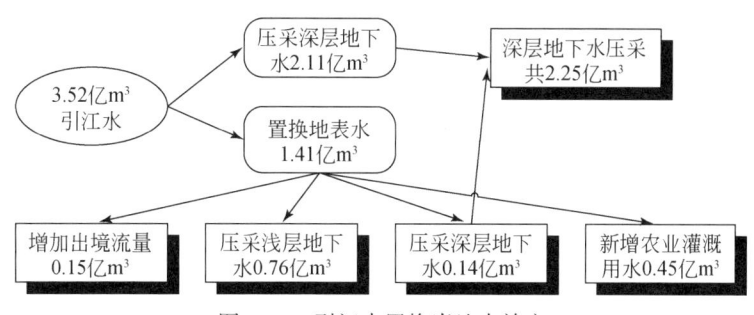

图 4-32 引江水置换当地水效应

4.6.2 预测方案设置

经过率定和检验，分析可得 MODCYCLE 模型可以较好地模拟邯郸市水循环各要素变化过程。本章设置六个情景（表 4-27），分析变化情景下邯郸市水循环的响应机制。

表4-27 情景设置表

情景设置	模拟时段	水文系列	供用水系列	具体设置
现状情景	F现状	1998~2007年	《邯郸市水资源公报》	对比方案
基准情景	F0	2011~2020年	1998~2007年	根据《河北省邯郸市水资源评价》预测得到2011~2020年供水数据	考虑经济发展
气候变化	F11			气温上升1℃
	F12			降雨减少3%
南水北调	F2			引江水3.52亿 m³
节水情景	F3			农业节水12%，工业节水10%

4.6.3 区域总水量平衡特征

2011~2020年邯郸市水循环要素的变化状况列于表4-28。

1) 总补给量。气温升高1℃（F11），邯郸地区获得的总补给量与现状情景（F现状）和基准情景（F0）相同；降雨减少3%（F12），邯郸地区降雨补给量减少2亿 m³，同时总补给量减少2亿 m³；南水北调通水后（F2）增加一期工程引水量3.5亿 m³；采取节水措施（F3）对全流域总补给没有影响。

表4-28 邯郸地区总水量平衡 （单位：亿 m³）

情景设置		F现状	F0	F11	F12	F2	F3	与F现状相比				
								F0	F11	F12	F2	F3
补给量	降雨量	65.26	65.25	65.24	63.28	65.25	65.25	0.0	0.0	-2.0	0.0	0.0
	入境量	6.91	6.91	6.91	6.91	6.91	6.91	0.0	0.0	0.0	0.0	0.0
	引江水	0	0	0	0	3.52	0	0.0	0.0	0.0	3.5	0.0
	小计	72.17	72.16	72.15	70.19	75.68	72.16	0.0	0.0	-2.0	3.5	0.0
排泄量	蒸腾蒸发量(ET) 土壤蒸发	22.72	22.73	23.74	22.61	22.73	22.72	0.0	1.0	-0.1	0.0	0.0
	植被蒸腾	35.97	35.9	36.43	36.85	35.96	35.33	-0.1	0.5	0.9	0.0	-0.6
	其他蒸发	4.63	4.61	4.41	4.58	4.61	4.61	0.0	-0.2	0.0	0.0	0.0
	出境量（地表径流量）	9.89	9.79	9.23	8.73	10.1	9.85	-0.1	-0.7	-1.2	0.2	0.0
	工业城镇耗水	3.60	5.30	5.28	5.24	5.3	4.28	1.7	1.7	1.6	1.7	0.7
	农村生活耗水	1.20	1.20	1.20	1.20	1.20	1.20	0.0	0.0	0.0	0.0	0.0
	小计	78.01	79.53	80.28	79.21	79.90	77.99	1.5	2.3	1.2	1.9	0.0
蓄变量	土壤蓄变	1.41	1.40	1.38	1.39	1.41	1.35	0.0	0.0	0.0	0.0	-0.1
	水库蓄变	0.2	-0.05	-0.05	-0.06	0.21	-0.03	-0.3	-0.3	-0.3	0.0	-0.2
	浅层蓄变	-1.93	-2.27	-2.81	-3.59	-1.63	-1.95	-0.3	-0.9	-1.7	0.3	0.0
	深层蓄变	-5.53	-6.46	-6.65	-6.76	-4.21	-5.20	-0.9	-1.1	-1.2	1.3	0.3
	小计	-5.84	-7.38	-8.13	-9.02	-4.22	-5.83	-1.5	-2.3	-3.2	1.6	0.0

2）总排泄量。与现状年相比，除 F3（节水情景）外其余未来情景总排泄量均有所增加，情景 F0、F11、F12 和 F2 将分别增加排泄量 1.5 亿 m³、2.3 亿 m³、1.2 亿 m³ 和 1.9 亿 m³。其中，①土壤蒸发量情景 F11（气温升高 1℃）增加了 1 亿 m³，其余情景没有变化。②植被蒸腾量情景 F11 增加 0.5 亿 m³，情景 F12（降雨量减少 3%）增加 0.9 亿 m³，气候变化对于蒸发量的影响非常显著。而情景 F3 由于采用节水措施（如秸秆覆盖、引进节水品种、控制灌溉等），植被蒸腾量减少 0.6 亿 m³。③气候变化对出境流量的影响也非常显著，情景 F11 出境流量减少了 0.7 亿 m³，而情景 F12 出境流量减少 1.2 亿 m³。引江后，邯郸地表水流量将略有增加，仅增加了 2000 万 m³，增加水量主要来源于新增城镇工业用水的退水，滏阳河主河道和漳河主河道沿线的流量均有一定幅度的增量（图 4-33），其中滏阳河主河道增量相对较大，因为滏阳河上游的东武仕水库原为邯郸市主要的工业城镇生活水源地，南水北调通水后东武仕水库较大比例的工业城镇生活用水量将被引江水置换，转而服务农业和生态用水。④随着工业和城镇化发展需水量增加，情景 F0、F11、F12、F2、F3 将分别增加工业城镇耗水 1.7 亿 m³、1.7 亿 m³、1.6 亿 m³、1.7 亿 m³ 和 0.7 亿 m³。

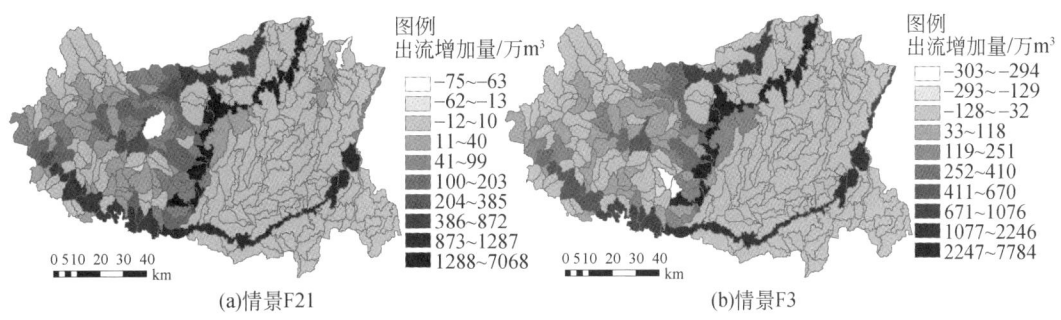

图 4-33　引江情景（F21 和 F3）相对不引江情景（F11）出流增量

3）蓄变量。与现状相比，不考虑任何环境变化仅考虑经济发展，邯郸市每年蓄变量将减少 1.5 亿 m³，在考虑温度升高情景 F11 时蓄变量将减少 2.3 亿 m³，在假设降水减少情景 F12 时蓄变量将减少 3.2 亿 m³，主要表现为加大深层地下水开采量；引江后尽管总蓄变量仍呈现负均衡 -4.22 亿 m³（F2），但与现状相比减少水量亏缺 1.6 亿 m³，其中减少浅层地下水开采量 0.3 亿 m³（F2），减少深层地下水开采量 1.3 亿 m³（F2），说明引江对减少邯郸地区地下水开采量的作用比较显著。通过节水措施，使得在经济发展供水量增大的情况下区域蓄变量没有减少，维持现状。

4.6.4　水循环要素变化特征

根据文献综述，前期关于气候变化对水循环的影响主要关注蒸发量和地表产流量，本章除分析以上两个水循环要素外还将分析水循环系统的地下水补给量、浅层地下水蓄变量、深层地下水蓄变量和土壤水蓄变量，并将山区和平原分别研究（图 4-34、图 4-35）。

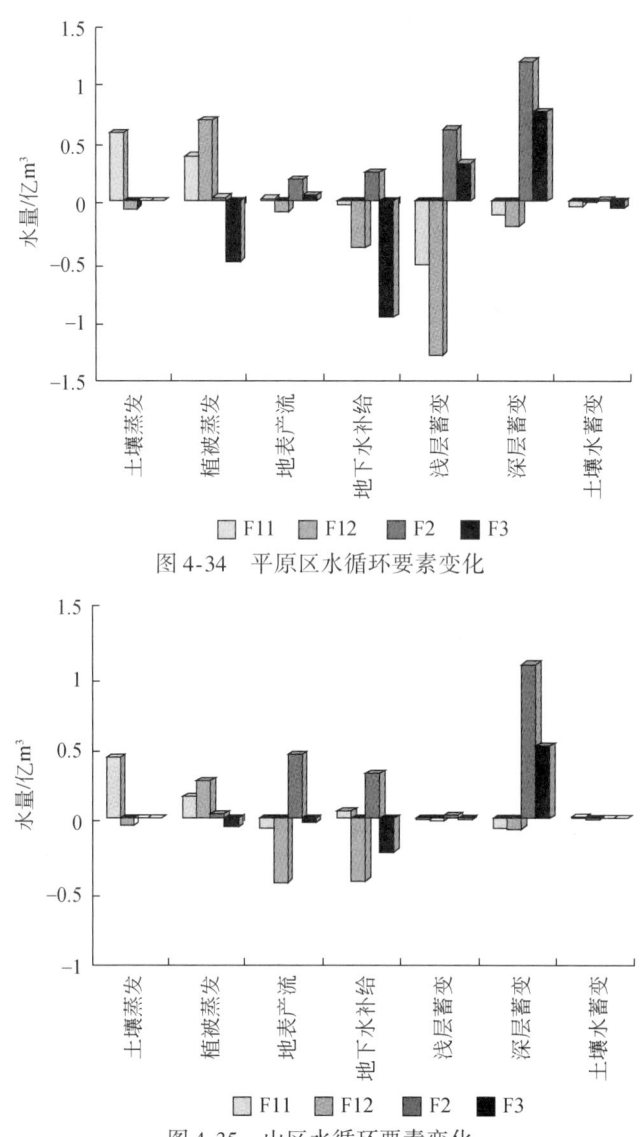

图 4-34 平原区水循环要素变化

图 4-35 山区水循环要素变化

根据研究，对土壤蒸发量影响最大的是气温因素，气温升高 1℃时平原和山区土壤蒸发增加均为 0.5 亿 m³ 左右；气温增加植被蒸腾增加，降雨减少植被蒸腾也增加，主要由于农业灌溉用水增加，平原地区植被蒸发对降雨因子和节水因子响应较为强烈，降雨减少 3%，植被蒸腾增加 0.6 亿 m³ 左右，实施节水措施后植被蒸发减少 0.5 亿 m³。山区的地表产流要素对变化环境的响应强烈，降雨减少 3%，地表产流减少约 0.5 亿 m³，南水北调通水后地表产流增加近 0.5 亿 m³。从地下水补给来看，降雨减少地下水补给减少，南水北调通水后地下水补给增加，实施节水措施后平原区地下水有大幅度变化，地下水补给减少 1 亿 m³。山区的浅层地下水蓄变量基本不受变化环境的影响，平原区影响巨大，气候变化因子对水循环系统有负向影响，南水北调通水和节水措施会使浅层地下水系统恶化趋势减缓。南水北调通水和节水措施对深层蓄变正向影响显著，土壤水蓄变几乎没有变化。

4.6.5 平原区地下水补排分析

一期工程通水后，邯郸市东部平原地下水补给、排泄状况列于表4-29，与现状情景比较结果列于表4-30。

表4-29 邯郸市东部平原区地下水补排分析表 （单位：亿m³）

情景	浅层地下水									深层地下水			
	补给量				排泄量					蓄变量	排泄量			蓄变量
	降水补给	河道补给	灌溉回归	小计	潜水蒸发	基流排泄	灌溉开采	农村生活	小计		灌溉开采	城镇开采	小计	
F现状	6.91	0.69	1.27	8.87	0.01	0.39	9.53	0.86	10.79	-1.93	2.01	1.72	3.73	-3.73
F0	6.86	0.65	1.22	8.73	0.01	0.44	9.53	0.99	10.97	-2.24	2.01	2.2	4.21	-4.21
F11	6.74	0.66	1.31	8.71	0.01	0.41	10.08	0.99	11.49	-2.78	2.13	2.2	4.33	-4.33
F12	6.31	0.65	1.36	8.32	0	0.34	10.54	0.99	11.87	-3.55	2.23	2.2	4.43	-4.43
F2	6.9	0.62	1.45	8.97	0.01	0.56	9.04	0.99	10.6	-1.63	1.91	1.11	3.02	-3.02
F3	6.42	0.64	0.68	7.74	0.01	0.43	8.33	0.89	9.66	-1.92	1.76	1.7	3.45	-3.45

表4-30 邯郸市东部平原区地下水补排分析表（与现状比较） （单位：亿m³）

情景	浅层地下水									深层地下水			
	补给量				排泄量					蓄变量	排泄量			蓄变量
	降水补给	河道补给	灌溉回归	小计	潜水蒸发	基流排泄	灌溉开采	农村生活	小计		灌溉开采	城镇开采	小计	
F0	0.0	0.0	-0.1	-0.1	0.0	0.1	0.0	0.1	0.2	-0.3	0.0	0.5	0.5	-0.5
F11	-0.2	0.0	0.0	-0.2	0.0	0.0	0.6	0.1	0.7	-0.9	0.1	0.5	0.6	-0.6
F12	-0.6	0.0	0.1	-0.5	0.0	-0.1	1.0	0.1	1.1	-1.6	0.2	0.5	0.7	-0.7
F2	0.0	-0.1	0.2	0.1	0.0	0.2	-0.5	0.1	-0.2	0.3	-0.1	-0.6	-0.7	0.7
F3	-0.5	0.0	-0.6	-1.1	0.0	0.0	-1.2	0.0	-1.1	0.0	-0.3	0.0	-0.3	0.3

1）浅层地下水。与现状相比，情景F0蓄变量减少0.3亿m³，情景F11和情景F12蓄变量减少大于情景F0，分别为-0.9亿m³和-1.6亿m³。情景F2蓄变量略大于F0，较现状增加0.3亿m³。气候变化情景的补给量都减少，分别减少0.2亿m³和0.5亿m³，引江水通水后灌溉回归略有增加，因为引江水置换部分供城市的地表水转供农业，增加渠系渗漏。节水措施非常不利于浅层地下水的补给，情景F3浅层地下水补给共建设1.1亿m³。气候变化不仅减少补给量还增加了排泄量，情景F11和F12分别增加排泄量0.7亿m³和1.1亿m³。主要为灌溉水量增加。而引江水和节水情景有利于减少排泄量，情景F2和F3分别减少排泄0.2亿m³和1.1亿m³，主要减少的是农业灌溉开采量（表4-30），这

是引江水对地下水的置换效应。

2) 深层地下水。与现状相比，情景 F0、F11 和 F12 分别增加深层地下水排泄量 0.5 亿 m^3、0.6 亿 m^3 和 0.7 亿 m^3，一方面来自经济发展城镇供水的增加，另一方面由于气候向暖干趋势变化，增加灌溉开采量。引江后减少深层地下水开采量 0.7 亿 m^3，其中减少城镇开采量 0.6 亿 m^3，约占总压采量的 86%。节水措施实施后减少地下水开采 0.3 亿 m^3。参见表 4-30。

4.6.6 地下水位响应

根据模拟结果（图 4-36），情景 F0 情况下，到 2020 年东部平原区浅层地下水平均埋深将达到 28.71m，2007 年年末浅层地下水平均埋深为 22.68m，平均下降 0.47m/a。情景 F11（气温升高 1℃）和情景 F12（降雨减少 3%）将使邯郸市东部平原平均地下水位迅速下降，到 2020 年地下水埋深达到 29.95m 和 31.70m。采取节水措施后情景 F3 较情景 F0 区域水位下降略加缓慢，到 2020 年年末地下水埋深比情景 F0 少增加 0.71m，对于抑制地下水位下降，南水北调通水最有成效，情景 F2 较情景 F0 地下水埋深少增加 1.13m，在有引江水的情景下，平均每年地下水位下降 0.36m，低于 1998～2008 年的现状 0.5m/a 水平。

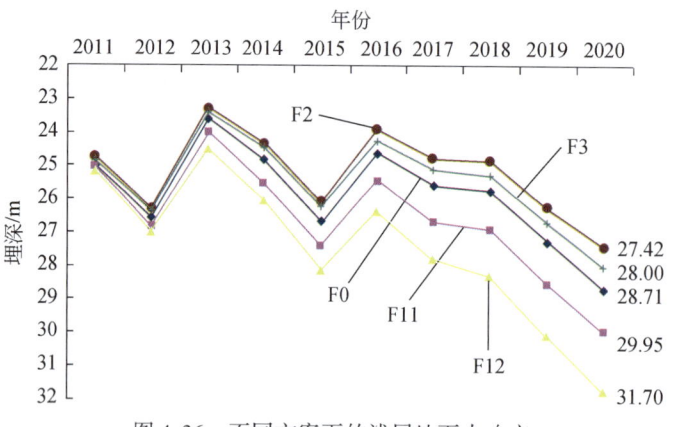

图 4-36 不同方案下的浅层地下水响应

各县市对引江水的响应情况不同（图 4-37），圆圈大小代表情景 F2 较情景 F0 浅层地下水位减少下降的幅度，其中邯郸县减少下降的幅度较多，在全平原平均减少下降 1.13m 的情况下邯郸县减少下降了 1.67m。减少下降幅度较大的还有永年县、鸡泽县和曲周县。其原因是，引江水置换了东武仕水库的地表水源，东武仕水库主要负责滏阳河平原的农业供水，被置换的地表水大多供给以上四个县市农业用水。永年县和曲周县有较大范围的浅层地下水漏斗，这两个县对引江水有较好响应，有利于减缓漏斗继续扩大。

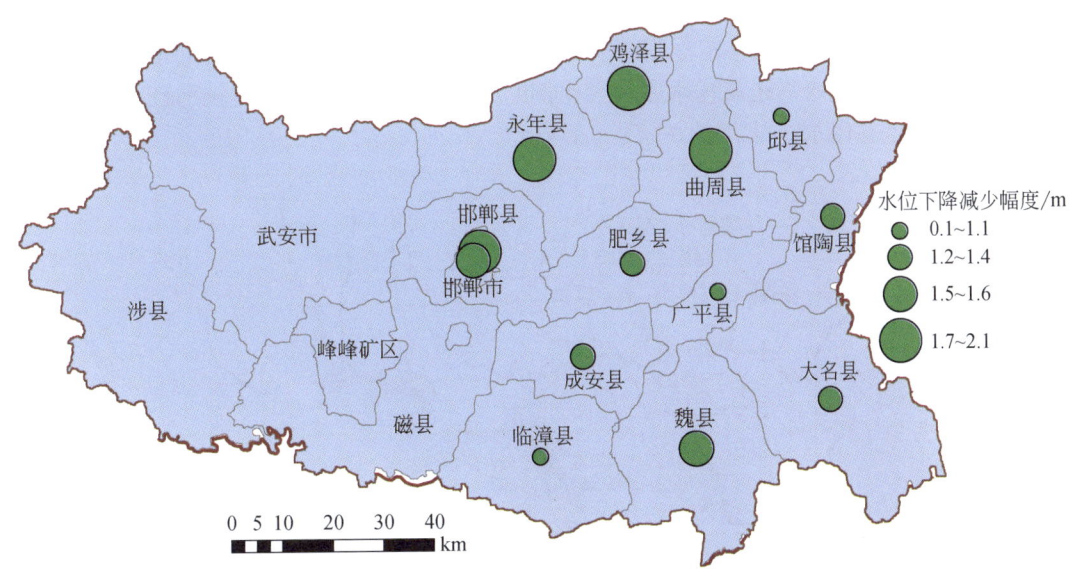

图 4-37 浅层水位下降减少幅度分布图

4.6.7 地表径流量响应

邯郸市 2011~2020 年情景 F0 多年平均出境流量为 9.79 亿 m³，情景 F3（节水情景）与 F0 相近，出境流量为 9.85 亿 m³。考虑气候变化后出境流量分别减少为 9.23 亿 m³（F11）和 8.73 亿 m³（F12），与现状相比出境流量分别减少 5.7% 和 8.4%。一期工程引江水通水之后，情景 F2 出境流量为 10.10 亿 m³，比情景 F0 增加 3.2%，南水北调在增加河道水量方面效果并不明显，这部分水主要来源于新增城镇工业用水的退水。

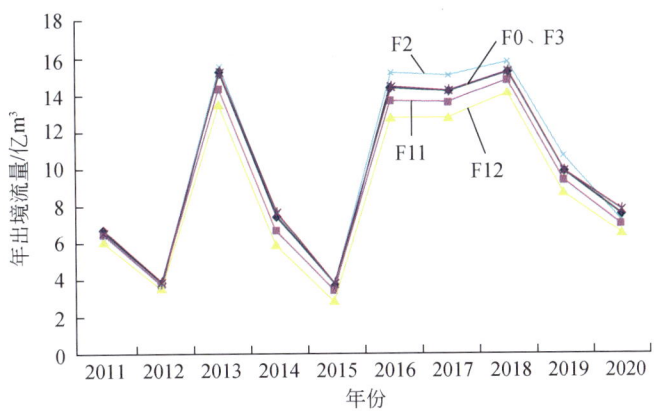

图 4-38 2011~2020 年各情景出境流量年际变化图

将情景 F2 和情景 F0 全境 337 个子流域出口断面的流量进行比较，情景 F2 较情景 F0

河道流量增幅较为明显的子流域共有 28 个，通过空间分布分析，这些子流域均在滏阳河水系上（图 4-39）。其原因在于滏阳河上游的东武仕水库原为邯郸市主要的工业城镇生活水源地，南水北调通水后东武仕水库较大比例的工业城镇生活用水量将被引江水置换，转而服务农业和生态用水。

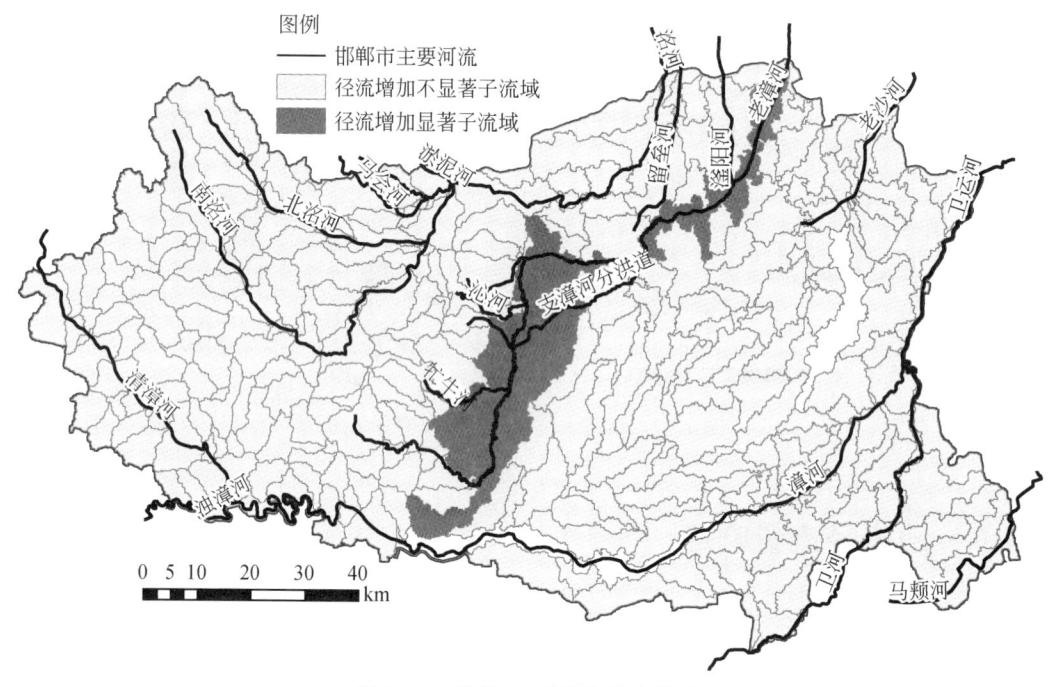

图 4-39　情景 F2 下地表径流增量

4.7　本章小结

邯郸市位于海河流域南系，是以农业为主的区域。本章通过 MODCYCLE 以邯郸市为海河南系的典型单元进行了模拟，并详细研究了 1998~2007 年邯郸市的区域水循环规律和特征。由模拟率定结果可以看出 MODCYCLE 模型对于海河流域以农业为主的区域能够较好应用，特别是在农业作物的细化和灌溉过程的处理上比较细致，取得了良好的模拟效果。主要研究结论如下。

1）10 年的模拟表明，邯郸市现状多年平均蒸散发量为 69.44 亿 m³，约比多年平均降雨多 4.21 亿 m³。在各项蒸散发要素中耗水结构如下：植被蒸腾量最大，占总蒸发量的 53.7%；其次为土壤蒸发占总蒸发量的 32.9%，植被截留蒸发和水面蒸发分别占总蒸发量的 5.3% 和 1.34%，人工耗水包括城镇工业生活和农村生活用水，约占 6.7%。

2）邯郸市山区和平原在人类活动和土地覆盖上有明显区别，在邯郸市山区的土地利用类型主要为有林地及高中低覆盖的草地，而平原土地利用类型主要为耕地和居工地。在山区人口稀少，人类活动对水循环的影响主要为水库蓄水，调节水循环的时空变化，平原区人口密集，相对人类活动较多，主要为开采地下水灌溉农田。

3）邯郸市山区和平原水循环特征呈现如下规律。①山区 ET 消耗小于降雨，为降雨的 86%，平原 ET 消耗大于降雨，约为降雨的 116%。②邯郸市主要产流在山区，山区产流 5.3 亿 m³，径流系数达到 21%，平原产流 0.93 亿 m³，径流系数仅为 2%，远远小于山区。这主要是因为平原地区道路、田埂等的阻水作用增加了地表产流在局部地区的循环下渗。③山区的产流量中壤中流比例大，约占 56%，地表直接产流和基流占 44%。而平原地区的产流量主要是地表直接产流。④山区的植被蒸腾/土壤蒸发为 1.15，土壤蒸发与植被蒸腾接近，而平原区植被蒸腾量几乎为土壤蒸发量的 2 倍，主要因为平原区大量种植作物，复种指数高，植被蒸腾量大。

4）邯郸市山区水循环中人类活动通量为 3.34 亿 m³，仅占总水循环量的 16%；而平原区人类活动水循环通量为 15.2 亿 m³，占总水循环通量的 38%。说明平原区受人类活动干扰的程度远大于山区。

5）气候变化对邯郸地区水循环系统具有较显著负面影响。考虑全球气候变暖、降水减少，气候变化将在一定程度上加剧邯郸地区水循环系统的恶化速度，增加蒸发量，减少地下水补给量，减少流域出境流量，浅层地下水蓄变量减少，深层地下水蓄变量减少。

6）一期调水规模仍无法遏制邯郸市水循环系统恶化趋势。邯郸市现状和未来经济社会发展对水资源的需求量远超出区域水资源的承载能力。在南水北调一期工程调入 3.52 亿 m³ 引江水的情况下，虽然对地下水超采具有一定的抑制作用，但仍无法弥补供水缺口。根据水循环模拟预测结果，在引江条件下，区域浅层和深层地下水的负均衡趋势仍难以逆转，不合理的地下水开采量，浅层维持在 1.63 亿 m³，深层维持在 4.21 亿 m³ 左右。出境水量仅增加了 3000 万 m³，对恢复当地生态系统特别是河道生态环境功能的作用有限。

7）节水型社会建设是缓解邯郸市水资源供需矛盾的重要手段。由于水资源供需缺口太大，分配调水量无法从根本上解决邯郸市缺水问题，节水措施对邯郸地区水循环系统有正向的效应，因此需要加强节水型社会建设，包括逐步建立和完善水资源管理制度体系，建立与水资源承载力相协调的经济结构体系，进行节水工程建设和推广节水技术等。在农业节水方面，要围绕农业生产结构调整，积极开展资源性节水灌溉技术应用；在工业与生活节水方面，要建立和逐步完善节水法规体系和管理体制，制定主要行业、主要产品用水定额。

第 5 章 MODCYCLE 模型区域尺度研究应用二

——海河北系城市典型单元水循环模拟

5.1 区域概况及现状分析

5.1.1 区域概况

5.1.1.1 地理位置与分区

天津市位于华北平原东北部，海河流域下游，北依燕山，东临渤海，位于38°33′57″N~40°14′57″N，116°42′05″E~118°03′31″E，处于国际时区的东八区。北起蓟县黄崖关，南至大港区翟庄子沧浪渠，南北长189km；东起汉沽区洒金坨以东陡河西干渠，西至静海县子牙河王进庄以西滩德干渠，东西宽117km。全市总面积11 919.7km²，疆域周长约1290.8km，海岸线长153km，陆界长1137.48km。

天津市行政区下辖和平、河东、河西、南开、河北、红桥6个中心区，汉沽、塘沽和大港3个滨海新区，东丽、津南、西青、北辰、武清、宝坻6个市外围区，以及蓟县、宁河和静海3个县。天津市行政分区图见图5-1。

根据全国水资源综合规划规定，天津市在海河流域中分属海河北系和海河南系两个二级区，其中海河北系分属北三河山区、北四河下游平原两个三级区，海河南系属大清河淀东平原三级区。天津市水资源三级区划图见图5-2。

5.1.1.2 地形地貌

天津市地势为北高南低，呈现由蓟县北部向南、由武清县西部永定河冲积扇向东、由静海县西南的河流冲积平原向东北呈逐渐下降的趋势。全市最高峰为蓟县和河北省兴隆县交界处的九山顶，海拔1078.5m。

区域地貌类型丰富，包括山地、丘陵、平原、洼地、海岸带、滩涂等。其中，平原占天津总面积的93.9%，分布于燕山之南至渤海之滨的广大地区，山地面积较小，集中分布在蓟县北部。丘陵主要是侵蚀丘陵区，分布在山地向平原过渡的地带。低平海岸带区分为潮间带区和水下岸坡区两部分。

| 第 5 章 | MODCYCLE 模型区域尺度研究应用二

图 5-1 天津市行政分区图

图 5-2 天津市水资源三级区划图

（1） 山地、丘陵

1) 中低山。分布于蓟县北部，燕山山脉南侧，面积306.7km²，山体由石灰岩、页岩、白云岩、花岗岩等组成。其中，北部边缘地带，山高多在海拔750m以上，山势突兀挺拔，山峰巍峨，谷深狭长，山坡陡峭；津围公路两侧和马伸桥至下营公路以南地域，地形破碎，坡度较缓，山峰海拔750m以下，山地为天津市主要林果生产基地，山间有面积不等、土层较厚的沟谷川地，是山区重要农耕地。

2) 丘陵。分布于山区南侧，面积228.7km²。邦（均）—喜（峰口）公路北侧及于桥水库南侧，多为海拔200m左右缓丘，丘陵间谷地开阔。

（2） 平原、洼地

平原、洼地约占全市土地面积的95.5%，均在海拔20m以下，其中三分之二地区为低于4m的洼地。

1) 洪积、冲积倾斜平原。分布在蓟县山地丘陵地之南，地面坡度为1/500~1/300，河漫滩宽300~500m，地面以黄土类亚沙土为主，山前地段有红色黏土。地下水丰富，埋藏深度3~5m，水质良好。

2) 冲积平原。分布在燕山山前洪积、冲积平原以南，滨海以西的广大地区。该平原地势低平，海拔均在10m以下，地面坡度为1/10000~1/5000，受河流交叉沉积影响，地面有小规模缓坡和蝶型洼地交错起伏，河流泛区分布有沙丘、沙地。

3) 海积、冲积平原。分布在宁河、潘庄、北仓、杨柳青一线以南，南运河以东，汉沽、塘沽、甜水井一线以西，海拔在2.5m左右，地面坡度小于1/5000，地面河网密布。

4) 海积平原。位于海积、冲积平原以东和海啸所达上界之间的狭长地带，海拔1~3m，地面坡度小于1/10000，现仍受海水影响，多盐滩、沼泽和低湿地，表面组成物质以盐质黏土为主。

（3） 海岸带和滩涂

海岸带和滩涂位于特大高潮位线以下地区。海岸物质粒径小于0.05mm的占50%以上，属于泥质海岸。通常有龟裂带、潮间浅滩及水下岸坡等。

5.1.1.3 气象水文

（1） 气候特征

天津属暖温带半湿润大陆性季风气候，主要受温带季风控制，四季分明，春秋短促，夏季高温、雨热同季，常年平均气温12℃，极端最高气温为42.7℃（1942年6月15日），极端最低气温为-27.4℃（1966年）。历年无霜期平均为221d，最长为267d，最短为171d。初霜一般出现在10月中、下旬，终霜最晚在4月上旬。有霜期平均为161d，冰冻期平均为75d，一般在12月中旬至2月中旬，历年降雪期一般自11月下旬至3月中旬。

天津年日照时数平均为2600~3000h，其中汉沽日照时间最长，达3055h；宝坻最少，为2613h；市区日照时数为2661h。全市年太阳总辐射量为120~135kcal/cm²[①]，在地区分布上，

---

① 1cal=4.184J

塘沽区最高，宝坻区最低。年平均相对湿度为 55%~65%。年平均风速为 2~5m/s，极大风速为 33m/s。

(2) 河流概况

天津市占海河流域面积的 3.55%，境内有一级河道 19 条，二级河道 79 条，主要一级河道分置于海河流域的六个水系。有多条主干河道经天津入海。随着工、农业发展，20 世纪 50 年代以后，海河流域进行了大规模的水利建设，天津市开挖了青龙湾、永定新河、独流减河、马厂减河、子牙新河等人工河道，同时兴建了一大批水闸、水库和扬水泵站，截至 2004 年天津市共有大型水库 3 座，中型水库 12 座，小型水库 126 座，大中型水闸 50 多座，改善了排涝条件，形成了人工河道和天然河道纵横交错、水系散乱、水利工程密布，入境水量受上游地区水利工程和水资源开发的影响，用水量不断增加，上游地区进行了大规模的水利工程建设，入境水量日趋减少。天津市境内各主要河流概况见表 5-1 和图 5-3。

表 5-1　天津市河道基本情况一览表

水系	河流名称	起止地点 起	起止地点 止	河道长度/km	流域面积/km² (%)	历史上河道主要功能
北三河	蓟运河	九王庄	防潮闸	189.0	6227 (55.1)	农灌、工业用水、泄洪
	沟河	红旗庄闸	九王庄	55.0		农灌、泄洪
	引沟入潮	罗庄渡槽	郭庄	7.0		农灌、泄洪
	青龙湾减河	庞家湾	大刘坡	45.7		农灌、泄洪
	潮白新河	张甲庄	宁车沽	81.0		农灌、工业用水、泄洪
	北运河	西王庄	屈家店	89.8		农灌、工业用水、泄洪
	北京排水河	里老闸	东堤头	73.7		排污、农灌、泄洪
	还乡新河	西淮沽	闫庄	31.5		农灌、泄洪
永定河	永定河	落垡闸	屈家店	29.0	327 (2.9)	农灌、泄洪
	永定新河	屈家店	北塘口	62.0		农灌、泄洪
大清河	大清河	台头西	进洪闸	15.0	2637 (23.3)	农灌、泄洪
	子牙河	小河村	三岔口	76.1		农灌、泄洪
	独流减河	进洪闸	工农兵闸	70.3		农灌、泄洪
	子牙新河	蔡庄子	洪口闸	29.0		农灌、泄洪
漳卫南运河	马厂减河	九宣闸	北台	40.0	8 (0.1)	农灌、泄洪
	南运河	九宣闸	十一堡	44.0		农灌、泄洪
黑龙港运东	沧浪渠	翟庄子	防潮闸	27.4	40 (0.3)	农灌、泄洪
	北排水河					农灌、泄洪
海河干流	海河干流	三岔口	大沽口	72.0	2066 (18.3)	城市备用水源、景观工业用水、泄洪、农灌

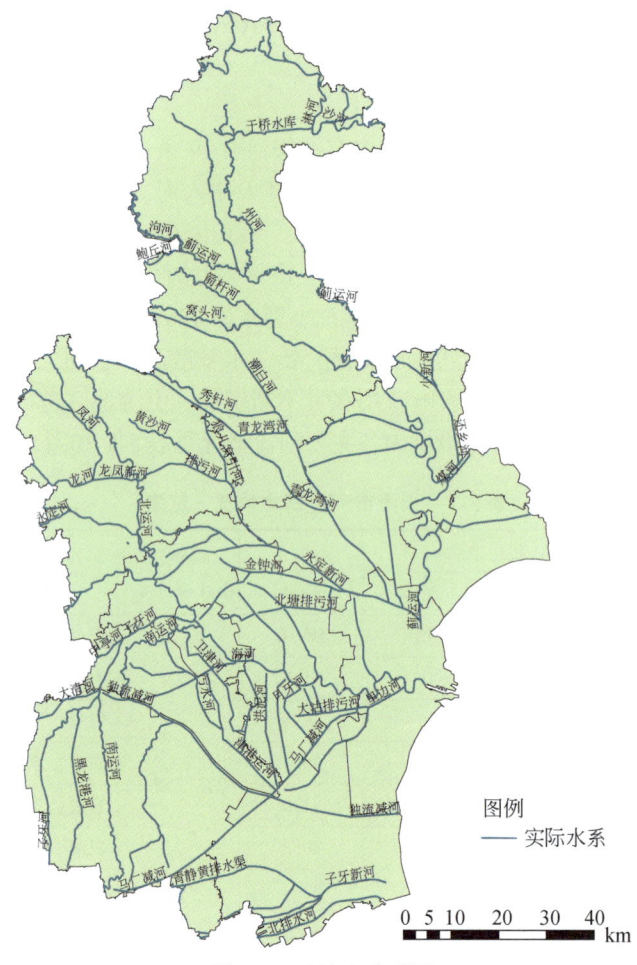

图 5-3 天津市水系图

(3) 降水

根据《天津市水资源评价》结果，天津市 1956~2000 年多年平均降水量 574.9mm，最大为 1964 年的 948.3mm，次大为 1977 年的 852.8mm；最小为 1968 年的 306.5mm，次小为 1999 年的 348.0mm，年降水量过程线见图 5-4。频率分析结果 20%、50%、75%、95% 降水量分别为 701.3mm、563.4mm、459.9mm、344.9mm。

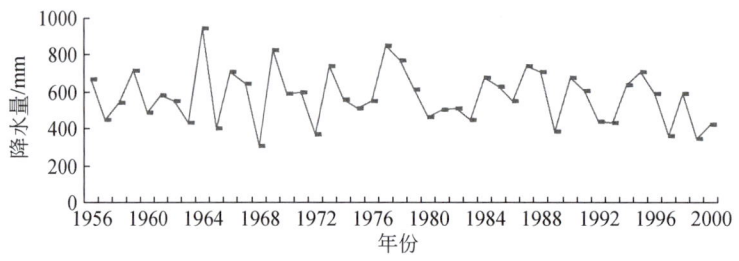

图 5-4 天津市 1956~2000 年降水量过程线

按流域分区计算，北三河山区 1956~2000 年多年平均降水量为 717.8mm，最大为 1978 年的 1189.5mm，次大为 1964 年的 1150.4mm；最小为 1999 年的 390.0mm，次小为 1981 年的 390.9mm。频率分析结果 20%、50%、75%、95%降水量分别为 890.1mm、696.3mm、559.9mm、402.0mm。

北四河下游平原 1956~2000 年多年平均降水量为 578.0mm，最大为 1964 年的 880.7mm，次大为 1977 年的 832.0mm；最小为 1968 年的 324.5mm，次小为 1972 年的 335.9mm。频率分析结果 20%、50%、75%、95%降水量分别为 705.2mm、566.4mm、462.4mm、364.8mm。

大清河淀东平原 1956~2000 年多年平均降水量为 551.0mm，最大为 1964 年的 999.7mm，次大为 1977 年的 871.9mm；最小为 1968 年的 259.6mm，次小为 1989 年的 327.6mm。频率分析结果 20%、50%、75%、95%降水量分别为 683.2mm、534.5mm、429.8mm、308.6mm。天津市各分区降水量特征值见表 5-2。

表 5-2 天津市年降水量特征值（按水资源分区）

三级区	计算面积/km²	统计时间	年数	年均值/mm	C_v	C_s/C_v	20%	50%	75%	95%
北三河山区	727	1956~2000 年	45	717.8	0.30	2	890.1	696.3	559.9	402.0
		1956~1979 年	24	756.5	0.29	2	930.5	733.8	597.6	431.2
		1971~2000 年	30	693.6	0.30	2	860.1	672.8	541	388.4
		1980~2000 年	21	663.2	0.31	2	829	643.3	517.3	364.8
北四河平原	6 059	1956~2000 年	45	578.0	0.27	2	705.2	566.4	462.4	346.8
		1956~1979 年	24	605.4	0.28	2	738.6	587.2	484.3	357.2
		1971~2000 年	30	568.0	0.26	2	687.3	556.6	460.1	352.2
		1980~2000 年	21	546.7	0.26	2	661.5	535.8	442.8	339
大清河淀东平原	5 134	1956~2000 年	45	551.0	0.30	2	683.2	534.5	429.8	308.6
		1956~1979 年	24	573.1	0.33	2	722.1	550.2	435.6	303.7
		1971~2000 年	30	547.1	0.28	2	667.5	530.7	437.7	322.8
		1980~2000 年	21	525.7	0.28	2	641.4	509.9	420.6	310.2
全市	11 920	1956~2000 年	45	574.9	0.27	2	701.3	563.4	459.9	344.9
		1956~1979 年	24	601.2	0.29	2	739.5	583.2	475	342.7
		1971~2000 年	30	566.6	0.25	2	680	555.3	464.6	357
		1980~2000 年	21	544.7	0.25	2	653.7	533.9	446.7	343.2

(4) 蒸发

1) 水面蒸发量的年内分配。根据《天津市水资源评价》结果，天津市水面蒸发的年内分配受各月湿度、气温、风速和日照等因素的影响。本流域春季风大，干旱少雨，饱和差大，而雨季一般在6月下旬才开始，有时推迟到7月，初夏气温高，干热有利于蒸发，所以5月、6月蒸发量最大，两个月水面蒸发量约占全年的三分之一，12月至翌年1月气温最低，水面蒸发量亦最小，两个月水面蒸发量仅占全年的5.0%左右。

2）水面蒸发量的地区分布。根据《天津市水资源评价》结果，天津市水面蒸发量为850～1300mm。由于气温一般随高程的增加而降低，风速和日照一般随高程的增加而增大，故平原区的蒸发能力大于山丘区，沿海大于内陆，从等值线图来看，平原区（含山间盆地区）年均水面蒸发量为1000～1300mm，山丘区为850～1000mm。各行政分区蒸发量见表5-3。

表5-3 天津市水面蒸发量统计表 （单位：mm）

均值	蓟县	宝坻	武清	宁河	静海	东丽	津南	西青	北辰	市区	塘沽	汉沽	大港
Φ20cm	1589.9	1530.6	1667.8	1837.7	1837.7	1689.1	1676.2	1629.9	1461.8	1555.3	1944.4	1531.6	2070.2
E601	969.8	994.9	1084.1	1194.5	1194.5	1097.9	1089.5	1059.5	950.1	1011.0	1263.8	995.5	1345.6

注：Φ20折合E601采用系数蓟县0.61，其他0.65

5.1.1.4 水利工程

(1) 地表水供水基础设施及供水能力

1）蓄水工程。截至2000年天津蓄水工程总蓄水能力为19.02亿m³。全市已建成大型水库3座，蓄水能力为9.15亿m³；中型水库11座，蓄水能力为2.40亿m³；小型水库94座，蓄水能力为1.23亿m³；塘坝198座，蓄水能力为0.08亿m³；一级河道蓄水能力为4.11亿m³；二级河道蓄水能力为0.55亿m³；深渠蓄水能力为1.50亿m³。其水资源分区情况如下：

北三河山区：大型水库1座，即于桥水库，蓄水能力为3.85亿m³；小型水库11座，蓄水能力为0.12亿m³；塘坝71座，蓄水能力为0.04亿m³；一级河道1条，即州河，蓄水能力为0.05亿m³；深渠蓄水能力为0.05亿m³。总蓄水能力为4.11亿m³。

北四河平原：中型水库3座，分别为营城水库、东七里海水库、上马台水库，总蓄水能力为0.74亿m³；小型水库34座，蓄水能力为0.48亿m³；一级河道6条，分别为蓟运河、还乡河、引沟入潮、潮白新河、北运河及永定新河，总蓄水能力为1.93亿m³；二级河道总蓄水能力为0.18亿m³；深渠蓄水能力为1.10亿m³。总蓄水能力为4.43亿m³。

大清河淀东平原：大型水库两座，分别为北大港水库和团泊洼水库，蓄水能力分别为3.84亿m³、1.46亿m³；中型水库8座，分别为黄港一库、黄港二库、北塘水库、新地河水库、沙井子水库、钱圈水库、鸭淀水库及津南水库，蓄水能力为1.66亿m³；小型水库49座，蓄水能力为0.63亿m³；塘坝127座，蓄水能力为0.04亿m³；一级河道6条分别为海河二道闸上区、独流减河、子牙新河、子牙河、金钟河及马厂减河，蓄水能力为2.13亿m³；二级河道蓄水能力为0.37亿m³；深渠蓄水能力为0.35亿m³。总蓄水能力为10.48亿m³。

2）引水工程。引滦入津工程，1983年建成通水，主要向城市供水。根据国务院国办发［1983］44号文规定，在75%年份，潘家口水库调节水量为19.5亿m³，天津市分水量为 10.0 亿 m³；在 95% 年份，潘家口水库调节水量为 11.0 亿 m³，天津市分水量为 6.60 亿 m³。入市区净水量保证率 75%、95% 时分别为 7.50 亿 m³、4.95 亿 m³。

3) 调水工程。调水工程 1 项，引黄济津工程。引黄工程分配给河北、天津水量共 20 亿 m³，黄河水沿途经山东、河北两省，扣除沿途损失及天津市内输水和调蓄水库蒸发、渗漏损失，实际利用净水量约为 4.0 亿 m³。

(2) 地下水供水基础设施及供水能力

全市现有生产井共计 2.71 万眼，其中浅层地下水生产井 0.89 万眼，深层承压水生产井 1.82 万眼。地下水设施供水能力为 9.65 亿 m³。

(3) 其他水源供水基础设施

海水利用工程：海水直接利用工程两项，北大港电厂直流冷却利用，年用水量 14.00 亿 m³，可替代淡水 0.30 亿 m³；塘沽 1 万 t/d 海水净水厂出水用于天津碱厂溶碱，年替代淡水 0.04 亿 m³。海水淡化工程 1 项，北大港电厂日产 7200t 淡水闪蒸海水淡化装置，年产淡水 0.02 亿 m³。

集雨工程：主要分布在蓟县山区，集雨水窖共 1500 处，年利用量为 4.5 万 m³。

5.1.1.5 社会经济

天津是我国四大直辖市之一，是我国北方重要的工业城市，也是我国首批沿海对外开放城市之一，首都北京的门户，还是华北、西北两大地区的出海口。天津现辖 13 区县，2004 年全市常住人口为 1011.95 万人，年末户籍人口为 926.95 万人，其中非农业人口为 549.7 万人，农业人口为 376.3 万人，当年人口自然增长率为 6‰。2004 年全市国内生产总值为 3111 亿元，三产的比例为 3.7∶50.8∶45.5，人均国内生产总值为 3.35 万元。

经过几十年的努力，天津已经初步形成了较为稳定合理的农业产业结构。天津市的农业属于城郊型农业，粮食生产以小麦、玉米、稻谷为主，经济作物主要有花生、棉花等。此外，利用沿海优越自然条件，大力发展鱼虾和贝类养殖。2003 年实现农业总产值 193.5 亿元，养殖业占农业总产值的 53.3%，经济作物占农作物播种面积的比重达到 58.0%。实有耕地面积为 627.8 万亩，有效灌溉面积为 531.2 万亩，农作物总播种面积为 752.3 万亩。粮食总产量为 119.3 万 t，蔬菜总产量为 602.8 万 t。

作为中国近代工业的发祥地，天津的工业门类齐全，综合配套能力强。2003 年天津实现工业总产值 4370.76 亿元，电子信息、汽车、医药、冶金、化工及新能源等六大优势行业 2003 年完成工业总产值 2775.0 亿元，增长 28.9%，占规模以上工业总产值的比重达到 68.5%，对工业增长的贡献率达到 79.2%。

天津建城设卫之前，天津港是京杭大运河的一个内河港口。1860 年，被辟为五大通商口岸之一。长期以来，天津港与 170 多个国家和地区的 300 多个港口保持贸易往来，是连接亚欧大陆桥距离最近的东部起点。2004 年，集装箱吞吐量完成 381.6 万标准箱，货物吞吐总量达到 2 亿 t，实现一年净增 4000 万 t 的跨越式发展。

5.1.2 区域水资源情况

5.1.2.1 地表水资源量

根据《天津市水资源调查评价》结果，天津市多年平均地表径流量（1956~2000 年）为 106 534 万 m^3，20%、50%、75%、95% 频率的地表径流量分别为 154 549 万 m^3、93 230 万 m^3、57 918 万 m^3、25 408 万 m^3。

北三河山区多年平均地表径流量（1956~2000 年）为 18 116 万 m^3，20%、50%、75%、95% 频率的地表径流量分别为 26 168 万 m^3、15 902 万 m^3、9964 万 m^3、4428 万 m^3。北四河下游平原多年平均地表径流量（1956~2000 年）为 46 729 万 m^3，20%、50%、75%、95% 频率的地表径流量分别为 69 543 万 m^3、39 525 万 m^3、23 014 万 m^3、8805 万 m^3。大清河淀东平原多年平均地表径流量（1956~2000 年）为 41 688 万 m^3，20%、50%、75%、95% 频率的地表径流量分别为 63 234 万 m^3、34 172 万 m^3、18 740 万 m^3、6313 万 m^3。

天津市全市及三个水资源分区统计特征见表 5-4。

表 5-4 天津市天然年径流量（地表水资源量）特征值

三级区（或地级行政区）	面积/km^2	统计时间	年数	均值/万 m^3	C_v	C_s/C_v	20%	50%	75%	95%
北三河山区	727	1956~2000 年	45	18 116	0.61	2	26 168	15 902	9 964	4 428
		1956~1979 年	24	21 601	0.55	2	30 442	19 491	12 860	6 430
		1971~2000 年	30	16 990	0.75	2	25 836	13 974	7 640	2 614
		1980~2000 年	21	14 134	0.69	2	21 000	12 014	6 966	2 625
北四河下游平原	6 059	1956~2000 年	45	46 729	0.69	2	69 543	39 525	23 014	8 805
		1956~1979 年	24	49 924	0.7	2	74 537	42 021	24 212	9 104
		1971~2000 年	30	47 994	0.75	2	72 843	39 377	21 642	7 314
		1980~2000 年	21	43 077	0.76	2	65 618	35 163	19 134	6 311
大清河淀东平原	6 059	1956~2000 年	45	41 688	0.75	2	63 234	34 172	18 740	6 313
		1956~1979 年	24	44 179	0.83	2	68 622	34 562	17 431	4 909
		1971~2000 年	30	42 114	0.69	2	62 720	35 611	20 807	7 903
		1980~2000 年	21	38 842	0.73	2	58 563	32 235	18 020	6 307
全市	11 920	1956~2000 年	45	106 534	0.62	2	154 549	93 230	57 918	25 408
		1956~1979 年	24	115 704	0.64	2	169 206	100 303	61 202	25 901
		1971~2000 年	30	107 097	0.66	2	157 743	91 984	55 150	22 420
		1980~2000 年	21	96 054	0.66	2	141 479	82 546	49 428	20 111

从统计结果上看均值 1956~1979 年系列普遍大于其他三个系列年段，为最大，1980~2000 年系列均值为最小，1956~2000 年和 1979~2000 年居中，与降水出现的特征基本相同。

5.1.2.2 外调水量

(1) 引滦入津工程可供水量

引滦入津工程水源为滦河上的潘家口水库。根据国务院国办发［1983］44 号文件规定，引滦潘家口水库分配给天津市的水量（大黑汀分水闸计量），75% 频率下为 10 亿 m^3，95% 频率下为 6.6 亿 m^3，扣除输水损失后入市区净水量（引滦水源保护工程完工后，减少输水损失 0.26 亿 m^3）分别为 7.76 亿 m^3 和 5.21 亿 m^3，多年平均（1956~1996 年）入水厂净水量为 7.25 亿 m^3。

(2) 引黄济津工程可供水量

2025 年南水北调东线通水后，引黄与东线使用同一条输水线路。因此 2025 年以前可利用引黄水量，2025 年以后用南水北调东线水量。引黄作为特殊情况时的应急供水或补水水源。

(3) 南水北调中线工程可供水量

根据《南水北调工程总体规划》，中线一期工程丹江口水库陶岔渠首多年平均分配给天津市水量为 10.2 亿 m^3，总干线和天津干线输水损失率 15%。天津干线末端以下至水厂，输水管渠损失率和调节水库蒸发渗漏损失率合计 6%，入水厂净水量多年平均 8.16 亿 m^3。

根据《天津市南水北调（中线）与引滦联合运用调节计算分析报告》，南水北调中线、引滦组合供水量系列（1956~1996 年系列），多年平均可调水量为 15.41 亿 m^3，50% 频率下为 15.23 亿 m^3，75% 频率下为 14.83 亿 m^3，95% 频率下为 13.14 亿 m^3。

(4) 南水北调东线工程可供水量

根据《南水北调东线（东平湖-天津）工程规划》，南水北调东线和中线工程可共同为天津市供水。考虑到东线工程向天津供水量正在落实中，因此，2015 水平年东线工程暂不考虑可供水量。2025 水平年东线工程按九宣闸收水量 5.0 亿 m^3 考虑，扣除输水管渠损失、水库蒸发渗漏损失等情况，入水厂净水量多年平均为 3.0 亿 m^3。

5.1.2.3 出入境水量

(1) 入境水量

入境水量是天津市地表水资源的补充部分。天津地处海河流域下游，入境河流主要有：北三河山区的沟河、淋河、沙河、黎河，北四河下游平原的沟河、潮白新河、北运河、北京排污河、永定河、还乡河，大清河淀东平原的南运河、子牙河、大清河、子牙新河、北排水河。入境水量受上游地区水利工程和水资源开发的影响，20 世纪五六十年代随着工、农业发展，用水量不断增加，上游地区进行了大规模的水利工程建设，入境水量随之减少，特别是 1963 年大水后，海河流域进行大规模流域治理工程，开挖多条直接入海通道，使流域发生改变，本市部分河道功能随之改变，使得入境水量有明显减少趋势。见表 5-5。

表 5-5 天津市入境水量　　　　　　　　　　　　　　（单位：万 m³）

年份	北三河山区	北四河下游平原	大清河淀东平原	全市合计
均值	61 687	237 559	313 796	613 042
1956～1959	60 382	750 150	1 121 500	1 932 032
1960～1969	45 255	293 318	639 200	977 772
1970～1979	49 593	231 799	227 271	508 663
1980～1989	55 917	79 428	23 754	159 099
1990～2000	93 342	149 467	66 599	309 409

（2）出境、入海水量

天津市出境河流中除山区沟河流入北京海子水库外其他均注入渤海。

1）出境水量。沟河发源于河北省兴隆县，由黄崖关进入天津市，经罗庄子下游入北京海子水库。出境水量见表 5-6。

表 5-6 沟河出境水量统计　　　　　　　　　　　　　（单位：万 m³）

项目	1956～1959 年	1960～1969 年	1970～1979 年	1980～1989 年	1990～2000 年
出境水量	15 865	8 090	1 578	5 449	6 732

2）入海水量。历史上海河流域除漳卫南运河有部分水量，由四女寺减河和捷地减河入海外，其余全部由天津市入海。建国后除蓟运河外各河都相继开辟入海通道，改变了水流集中由海河入海的局面。天津市目前有入海河道 9 条，其中，海河北系 4 条，包括蓟运河、潮白新河、北京排污河、永定新河；海河南系 5 条，包括海河、金钟河、独流减河、子牙新河、北排水河。各河入海水量是根据实测资料进行计算的，本市多年平均入海水量 480 584 万 m³。按河系分潮白蓟运河 142 341 万 m³，永定金钟河 44 464 万 m³，海河干流 187 455 万 m³，独流减河 88 117 万 m³，子牙新河 19 486 万 m³，北排水河 4611 万 m³。见表 5-7。入海水量按水资源分区划分，其中海河北系 210 746 万 m³，海河南系 269 838 万 m³，详见表 5-8。

表 5-7 天津市河流入海水量统计　　　　　　　　　　（单位：万 m³）

年份	潮白蓟运河	永定金钟河	海河干流	独流减河	子牙新河	北排水河	全市合计
均值	142 341	44 464	187 455	88 117	19 486	4 611	480 584
1956～1959	300 500	169 000	653 975	366 000			1 489 475
1960～1969	144 500	30 989	436 520	180 100			808 292
1970～1979	198 930	58 012	100 838	40 408	32 470	13 301	443 959
1980～1989	50 404	25 616	16 999	680	2 300	14	96 013
1990～2000	114 999	16 245	25 091	26 309	15 857	201	198 703

表 5-8　天津市分区入海水量统计　　　　　　　　　　（单位：万 m³）

年份	全市合计	海河北系	海河南系
均值	480 584	210 746	269 838
1956~1959	1 489 475	547 725	941 750
1960~1969	808 292	243 059	565 233
1970~1979	443 959	266 822	177 137
1980~1989	96 013	77 749	18 264
1990~2000	198 703	128 759	69 944

5.1.2.4　地下水资源量

天津市可开采资源量分布由西北向东南由丰富向贫乏过渡。北部全淡区水量相对丰富，尚有一定开采潜力，而南部有咸水区大多超采深层地下水。从行政分区上看，蓟县、宝坻水资源相对丰富，除有浅层淡水资源外，部分地区还有岩溶水源，武清、宁河及静海有少量浅层水水源，市区、新四区、塘沽、汉沽和大港区可开采水资源量为 0。天津市可开采地下水资源量见表 5-9~表 5-11。

表 5-9　天津市水资源分区地下水可采资源量（矿化度<2g/L）　（单位：亿 m³）

分区	浅层水	岩溶水	岩溶水水源地	深层承压水	合计
北三河山区	0	0.34	0.44	0	0.78
北四河平原	3.79	0	0.52	0.68	4.99
大清河淀东平原	0.37	0	0	1.2	1.57
全市合计	4.16	0.34	0.96	1.88	7.34

表 5-10　天津市咸、淡水分区地下水可采资源量（矿化度<2g/L）　（单位：亿 m³）

分区	浅层水	岩溶水	岩溶水水源地	深层承压水	合计
山区	0	0.34	0.44	0	0.78
平原全淡水区	2.43	0	0.52	0.72（与浅层水混合开采，故不考虑）	2.95
平原有咸水区	1.73	0	0	1.88	3.66
全市合计	4.16	0.34	0.96	1.88	7.34

表 5-11　天津市行政分区地下水可采资源量（矿化度<2g/L）　（单位：亿 m³）

行政分区	浅层水	岩溶水	岩溶水水源地	深层承压水	合计
蓟县	1.46	0.34	0.59	0	2.39
宝坻	1.29	0	0.37	0.14	1.8
武清	0.82	0	0	0.14	0.96

续表

行政分区	浅层水	岩溶水	岩溶水水源地	深层承压水	合计
宁河	0.22	0	0	0.32	0.54
静海	0.37	0	0	0.3	0.67
东丽	0	0	0	0.12	0.12
津南	0	0	0	0.11	0.11
西青	0	0	0	0.08	0.08
北辰	0	0	0	0.09	0.09
塘沽	0	0	0	0.19	0.19
汉沽	0	0	0	0.1	0.10
大港	0	0	0	0.26	0.26
市区	0	0	0	0.03	0.03
总计	4.16	0.34	0.96	1.88	7.34

注：根据水资源规划大纲要求深层承压水不作为可开采量，所有深层承压水的开采量均按超采计，在规划的可采资源量中不予考虑，天津市地下水总可采资源量为 7.34−1.88＝5.46 亿 m^3。

5.1.2.5 地下水超采区分布

天津市地下水超采的是深层地下水，因此超采区划定也只针对有深层地下水分布的区域，具体范围见图 5-5。

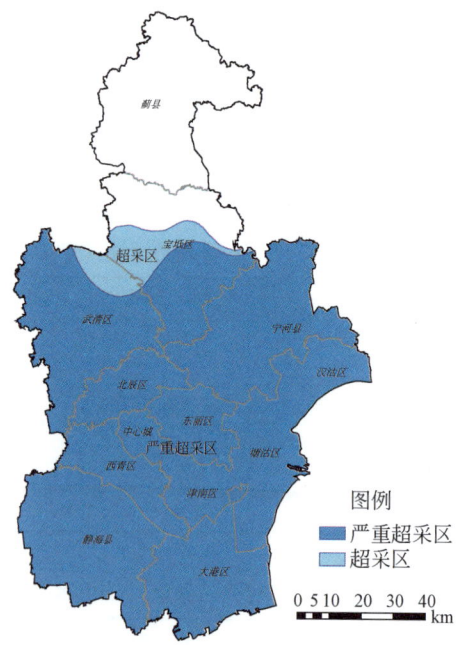

图 5-5 天津市超采区划定范围示意图

1) 超采区。武清河北屯，宝坻新开口、口东、八门城一线以南，至武清河西务、崔黄口及宝坻周良庄、林亭口一线以北地区，面积约 770km^2。按照《地下水超采区评价导则》的技术标准，将此区域亦划为超采区。

2)严重超采区。超采区以南地区,面积约 8988km²。此区域地面沉降年均速率均超过 10mm,按照《地下水超采区评价导则》的技术标准,将此区域划为严重超采区。

5.2 区域水循环模拟构建

5.2.1 空间数据及其处理

本次研究选取 1997~2004 年气象降雨和人工取用水数据对天津市水循环进行模拟。模拟数据说明如表 5-12 所示。MODCYCLE 模型的构建需要基础空间数据和水循环驱动数据两类。基础空间数据用来划分子流域和基础模拟单元,建立水库与河道的拓扑关系,主要包括数字高程图、土地利用类型图和土壤类型图等。水循环驱动数据包括气象数据和人工取用水数据。水文气象数据包括天津、北京、承德、惠民和惠来五个国家气象站点 1997~2004 年的气象要素逐日数据(最高/最低温度、辐射、风速、湿度);潮白新河宁车沽、蓟运河新防潮闸等 27 个雨量站点 1997~2004 年的降雨逐日数据,水文气象数据根据地理位置就近原则进行展布。供水数据为 1997~2004 年逐年出入境水量、农业用水、工业用水、城市生活用水和农村生活用水的统计数据。在数据处理中,农业用水展布是重点,本研究按照不同作物及其灌溉制度和灌溉定额进行动态展布,并考虑了地表、地下和外调水源的不同。非农业用水主要是根据面积进行展布。

表 5-12 MODCYCLE 模型输入数据

数据类型	数据内容	说明
基础地理信息	数字高程图	90m×90m
	土地利用类型分布图	1:10 万(2000 年)
	土壤分布图	1:100 万
	数字河道	1:25 万
气象信息	降水、气温、风速、太阳辐射、相对湿度,气象站分布	国家气象部门
土壤数据库	孔隙度、密度、水力传导度、田间持水量、土壤可供水量	《天津土种志》
农作物管理信息	作物生长期和灌溉定额	天津市水务局提供
水利工程信息	水利工程参数	摘自《天津市水资源评价》
出入境水量信息	系列年出入境水量	摘自《天津市水资源公报》
地下水位信息	地下水观测井及埋深	天津市水务局提供
供水信息	农业灌溉用水、城市工业和生活用水,农村生活用水	摘自《天津市水资源公报》
用水信息	耗水率	摘自《天津市水资源评价》

5.2.1.1 子流域划分及模拟河道

根据模型计算原理,在空间上,首先根据 DEM(图 5-6)将全天津市划分成多个子流域，以刻画地表水系特征。但是天津市大部分地区地势平坦，而人工河道和天然河道纵横交错、水系散乱、水利工程密布，仅仅根据 DEM 难以刻画其复杂的河道系统，因此划分子流域时除利用 DEM 以外，还需要用数字河系图（图 5-7）做引导。在本次模拟过程中，全天津市共划分为 356 个子流域，具体情况见图 5-8。

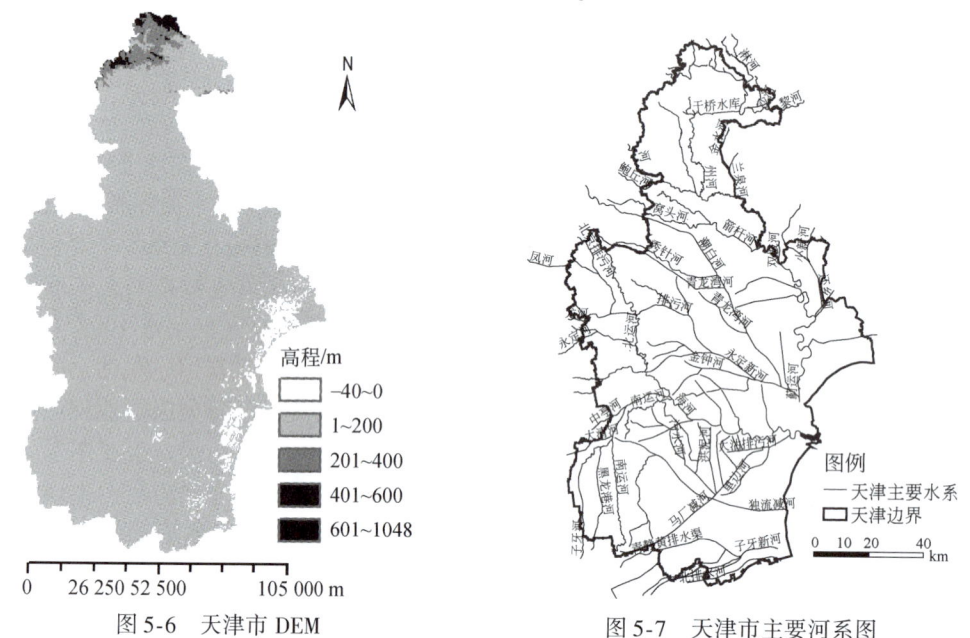

图 5-6 天津市 DEM

图 5-7 天津市主要河系图

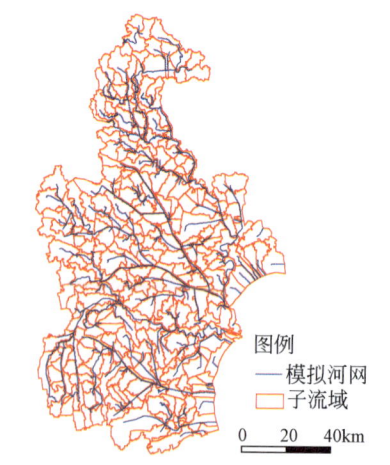

图 5-8 天津市模拟河道与子流域分布图

5.2.1.2 气象站分布

本次研究中选用 5 个国家气象站点的实测逐日气象数据,包括降水、最高温度、最低温度、风速、太阳辐射量和相对湿度,除此之外,还采用 26 个天津市雨量站的实测逐日降水数据。雨量站分布及对应子流域见图 5-9,气象站分布及对应子流域见图 5-10。

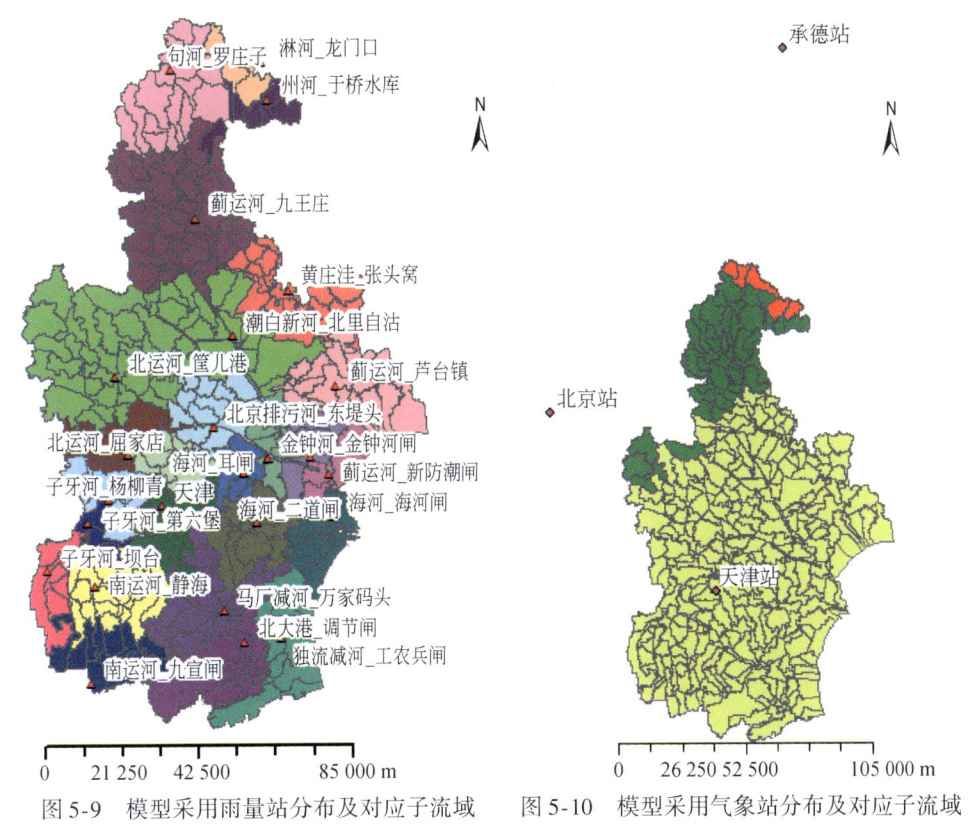

图 5-9　模型采用雨量站分布及对应子流域　　图 5-10　模型采用气象站分布及对应子流域

5.2.1.3 土地利用与土壤分布

在子流域划分的基础上,进一步需要将不同子流域内的土地利用和土壤类型进行综合叠加,构建模型的基本模拟单元。2000 年的土地利用类型图和土壤类型图基本反映了模拟期(1997~2004 年)天津市的下垫面情况和土壤类型分布情况。土地利用类型图和土壤类型图见图 5-11、图 5-12。天津市各区县不同土地利用类型和土壤类型面积分别见表 5-13 和表 5-14。

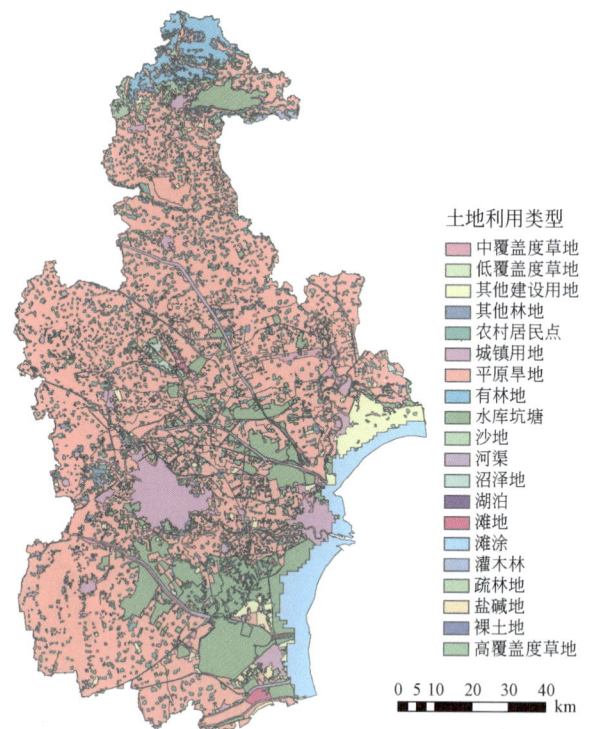

图 5-11 天津市土地利用类型图

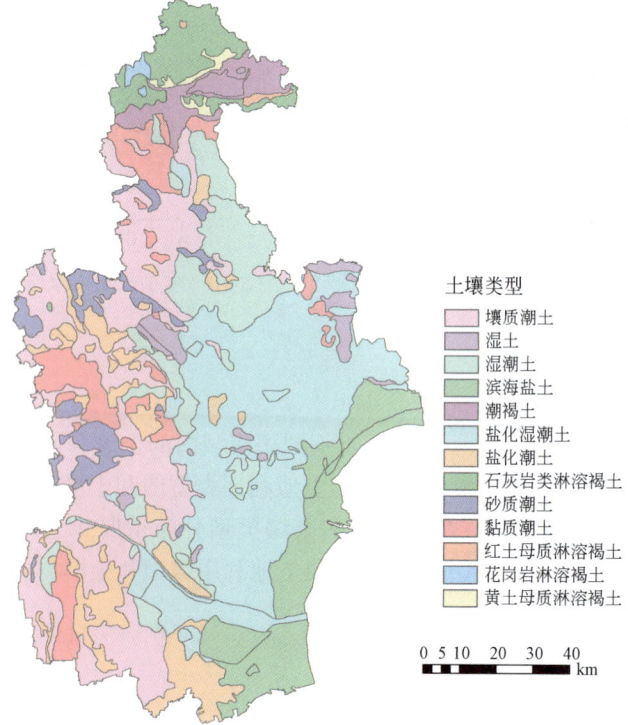

图 5-12 天津市土壤类型图

表 5-13 天津市各区县不同土地利用类型面积及比例

(单位: $10^5 \mathrm{~m}^2$)

区县	城镇用地	低覆盖度草地	高覆盖度草地	灌木林	河渠	湖泊	裸土地	农村居民点	平原旱地	其他建设用地	其他林地	沙地	疏林地	水库坑塘	滩地	滩涂	盐碱地	有林地	沼泽地	中覆盖度草地	总计
宝坻区	13	2	10		55		0	181	1165	9	21			52	1		0	1	0	11	1522
北辰区	35				25			32	297	12	30			36	1		0	0		10	479
大港区	41		2		38	0		39	317	43	3			380	21	105	44		1	19	1052
东丽区	49				15			35	300	21	5			45	0		1		0	10	479
汉沽区	18		1		7			13	102	164	0			30	1	101				6	445
蓟县	26	0	105	31	4			173	824	23	73		21	98	3			219		14	1612
津南区	14		1		4			37	171	9	4			143						2	386
静海县	23		2		11		1	98	1171	16	9	0	0	125	0		3	1	0	19	1475
宁河县	13		2	1	48			93	1115	17	9			212	6		3	1	8	46	1572
塘沽区	88	0	1		19			15	121	20	2			197	4	255			3	27	755
武清区	24	1	4		22			143	1241	24	20	0	0	61	8		0	1	19	5	1575
西青区	32		4		22			30	269	14	14			178				0		3	565
中心城	172				0			0	1	0	0			3							177
总计	546	3	133	31	270	0	1	889	7094	371	190	0	21	1560	45	461	52	223	32	171	11 919.7
比例/%	5	0	1	0	2	0	0	7	59	3	2	0	0	13	0	4	0	2	0	1	100

表 5-14 天津市各区县不同土壤类型面积及比例

区县	滨海盐土	潮褐土	红土母质淋溶褐土	花岗岩林溶褐土	黄土母质淋溶褐土	壤质潮土	砂质潮土	湿潮土	湿土	石灰岩类林溶褐土	盐化潮土	盐化湿潮土	黏质潮土	总计
宝坻区						529	87	618	8		31	218	30	1 522
北辰区						136	99	53			71	55	66	479
大港区	501					9		0			244	297		1 052
东丽区						27		57	17			377	0	479
汉沽区	290								7			148		445
蓟县		383	23	35	63	125	8	161		519	26	30	240	1 612
津南区						12		15	7			351		386
静海县						784	6	88			301	153	144	1 475
宁河县	1							14	125		26	1 359	47	1 572
塘沽区	462							6	0			287		755
武清区						653	254	90	79	3	227	3	268	1 575
西青区						261	17	126	15		84	61		565
中心城						166		6			5	0		177
总 计	1 254	383	23	35	63	2 702	472	1 234	259	521	1 014	3 340	794	119 197
比 例	10	3	0	0	1	22	4	10	2	4	8	28	7	100

5.2.1.4 基本模拟单元构建

MODCYCLE 模型自带 SPLITHRU 辅助模型对基础模拟单元进行细化，细化的目的有两个：一是将跨区域的子流域进行拆分；一是将平原旱地和丘陵旱地（山地旱地也算在丘陵旱地内）按照作物类型进行拆分。具体细化原则如下：

先根据县市与子流域之间的空间叠加关系将子流域的基础模拟单元分到每个县市。如果某个子流域在某县市以内，该子流域的基础模拟单元全部划分到该县市（图 4-19）；如果某子流域分属不同的县市，则按照各县市占该子流域的面积比例对子流域的基础模拟单元进行拆分和划分（图 4-20）。

再根据各县市作物占耕地面积比例以及不同的管理操作对初始基础模拟单元中的"平原旱地""丘陵旱地"进行细化拆分。

通过子流域和土地利用类型图、土壤类型图的叠加，天津市划分的初始基础模拟单元有 3506 个，细化后最终模型实际应用基础模拟单元 6707 个。

5.2.1.5 水库分布与处理

随着工、农业发展，20世纪50年代以后，海河流域进行了大规模的水利建设，截至2004年天津市共有大型水库3座，中型水库12座，小型水库126座，大中型水闸50多座，改善了排涝条件，形成了人工河道和天然河道纵横交错、水系散乱、水利工程密布，入境水量受上游地区水利工程和水资源开发的影响，用水量不断增加，上游地区进行了大规模的水利工程建设，入境水量日趋减少。天津市主要大中型水库见表5-15。

表5-15 天津市大中型水库基本情况

水库名称	水库规模	所在区县	正常蓄水位/m	总库容/亿 m³	兴利库容/亿 m³	水面面积/km²	占地面积/km²
于桥水库	大	蓟县	21.16	15.59	3.85	113.80	260.00
北大港水库	大	大港区	7.00	5.00	4.41	140.00	179.00
团泊洼水库	大	静海县	4.50	1.80	0.64	50.80	50.80
尔王庄水库	中	宝坻区	5.50	0.45	0.39	11.00	11.00
黄港一库	中	塘沽区	3.50	0.12	0.10	6.80	6.80
黄港二库	中	塘沽区	5.90	0.46	0.38	12.30	12.30
北塘水库	中	塘沽区	5.00	0.16	0.12	7.10	7.10
营城水库	中	汉沽区	5.20	0.30	0.25	7.00	7.00
七里海水库	中	宁河县	6.00	0.24	0.23	17.84	17.84
新地河水库	中	东丽区	6.00	0.22	0.15	7.30	7.30
鸭淀水库	中	西青区	5.50	0.32	0.25	11.00	11.00
钱圈水库	中	大港区	5.00	0.27	0.22	9.00	9.00
沙井子水库	中	大港区	5.50	0.20	0.15	6.80	6.80
津南水库	中	津南区	5.00	0.30	0.25	11.00	11.00
上马台水库	中	武清区	5.00	0.27	0.23	9.10	9.10

模型中的模拟水库分为两类，一类是天津市实有的15座大中型水库，其中包括大型水库3座，中型水库12座；另一类是25座河道水库，模拟河道上的大中型蓄水闸，模拟水库共计40座。天津市模拟水库分布见图5-13。

5.2.1.6 初始地下水位

本次工作收集到69个天津市2001~2004年的浅层地下水位观测点数据，主要来自蓟县、宝坻和武清，其分布状况及2001年年初地下水位埋深见图5-14。

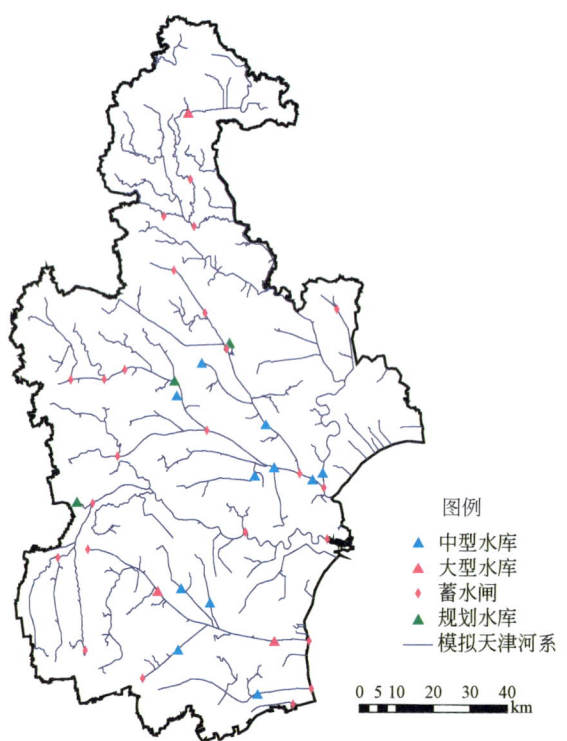

图 5-13 天津市主要水库及蓄水闸分布示意图

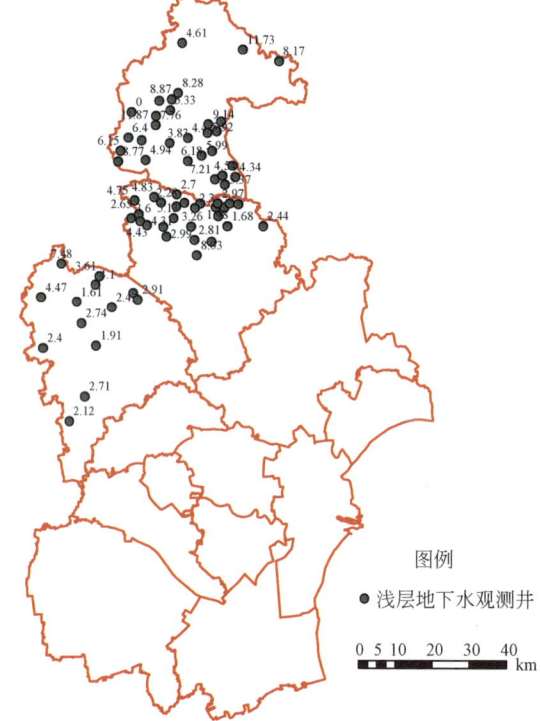

图 5-14 天津市浅层地下水观测井分布及 2001 年初始水位埋深（单位：m）

通过对地下水观测散点进行空间插值并统计到模型的各子流域，得到模型初始运行时的浅层地下水水位分布状况，见图 5-15。由于深层地下水位数据未收集到，模拟时主要考虑深层地下水的蓄变过程，并不对其埋深变化进行研究。沿海浅层地下水位也无观测数据，暂假设其埋深均为 2m。

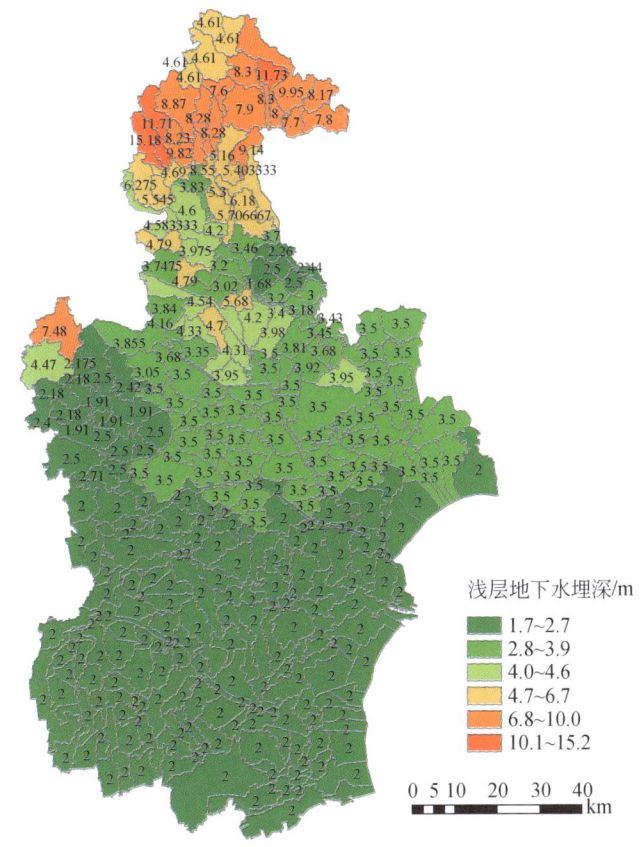

图 5-15　2001 年年初天津市浅层地下水位埋深分布图

5.2.1.7　其他空间数据

模型所需的其他数据主要包括空间分布的土壤各项参数（孔隙度、干容重、水力传导度等）、河道宽度、长度、水库的各项工程参数、浅层地下水给水度、深层地下水的弹性释水系数、子流域的平均坡度/坡长等，这些数据从《天津土种志》、《天津市水资源评价》等文献、遥感数据中均有出处，限于篇幅不一一描述。

5.2.2　主要水循环驱动

5.2.2.1　气象驱动

气象条件是自然水循环的主动力之一，用来计算降雨产流和潜在蒸发等，也是作物生长所必需的驱动因子。模型中用到的气象数据包括日降水量、日最高气温、日最低气温、日太阳辐射量（日照时数）、日风速、日相对湿度等，1997~2004年的逐日气象数据见图5-16~图5-20。

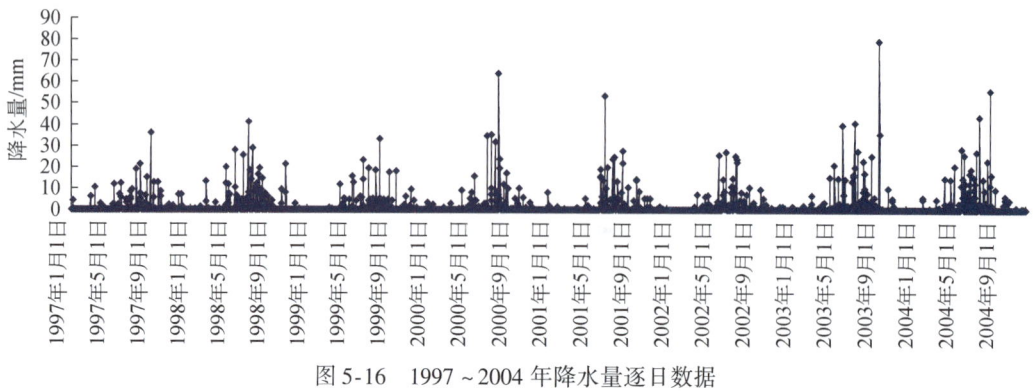

图5-16　1997~2004年降水量逐日数据

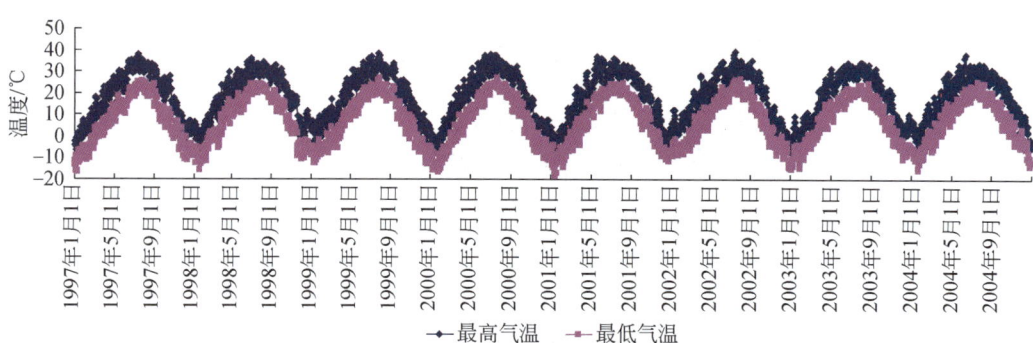

图5-17　1997~2004年最高、最低气温逐日数据

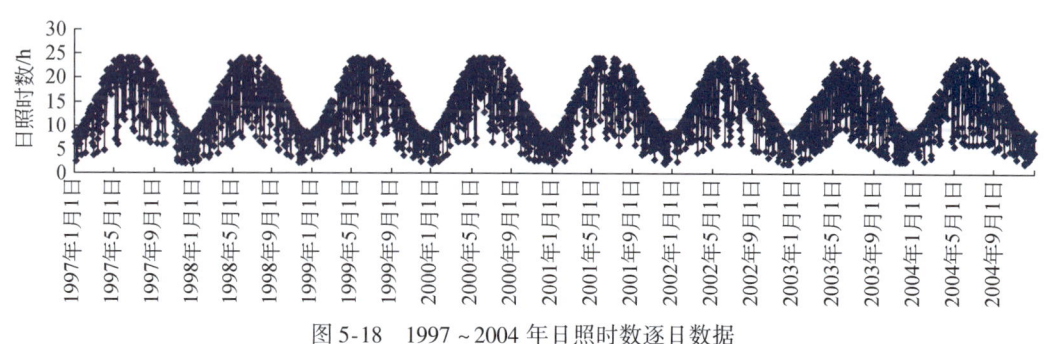

图5-18　1997~2004年日照时数逐日数据

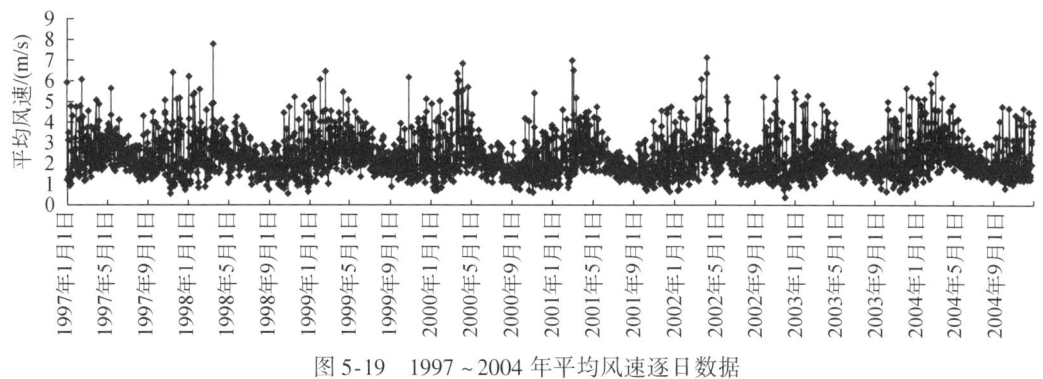

图 5-19　1997~2004 年平均风速逐日数据

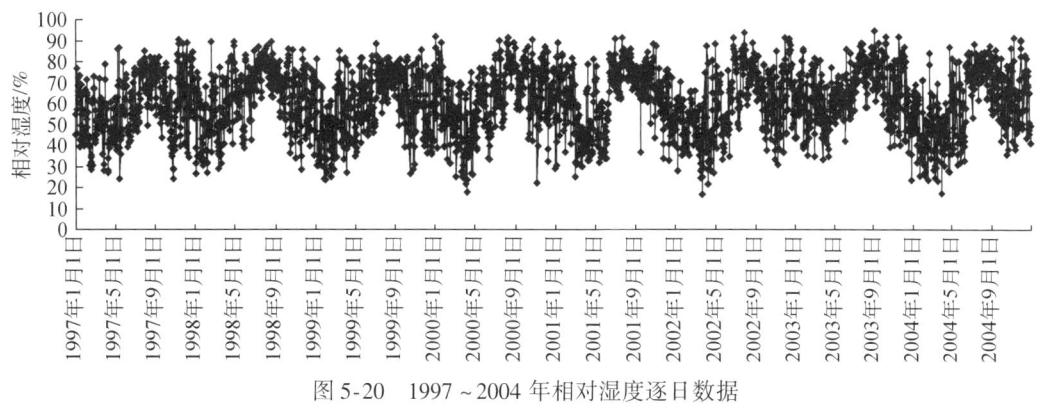

图 5-20　1997~2004 年相对湿度逐日数据

5.2.2.2　入境流量

根据《天津市水资源调查评价报告》，1997~2004 年各入境河流及对应子流域的年入境水量见表 5-16。入境流量过程根据天津市入境水文站的实际观测数据，以点源的形式输入到模型中。

表 5-16　1997~2004 年各入境河流及对应子流域年入境水量　（单位：亿 m³）

年份	沟河山区	于桥水库	沟河平原	还乡河	青龙湾减河	潮白新河	北京排污河	北运河	永定河
对应子流域	1	12	37	72	77	80	86	124	160
1997	0.06	9.25	2.35	0.40	0.00	3.04	5.53	2.47	0.00
1998	0.29	10.56	1.82	2.09	0.00	5.93	6.70	3.00	0.00
1999	0.00	8.03	1.38	0.30	0.00	2.33	3.95	1.76	0.00
2000	0.11	5.08	1.41	0.26	0.00	2.81	1.26	0.57	0.00
2001	0.49	6.16	1.23	0.12	0.42	2.10	1.57	0.61	0.00
2002	0.05	4.20	1.07	0.09	0.32	1.86	1.63	0.50	0.00

续表

年份	沟河山区	于桥水库	沟河平原	还乡河	青龙湾减河	潮白新河	北京排污河	北运河	永定河
2003	0.10	4.62	0.80	0.12	1.19	2.92	1.74	1.45	0.00
2004	0.17	3.93	0.55	0.11	1.72	3.17	1.84	0.47	0.00

年份	子牙河	大清河	南运河	马厂减河	子牙新河	北排河	合计	引滦水	引黄水
对应子流域	228	254	323	337	343	350	—	—	—
1997	0.00	0.00	2.37	0.00	0.00	0.00	23.10	8.50	0.00
1998	0.00	0.00	0.00	0.00	0.00	0.00	30.39	6.32	0.00
1999	0.00	0.00	0.00	0.00	0.00	0.00	17.75	7.58	0.00
2000	0.00	0.00	3.24	2.30	0.00	0.00	11.50	4.88	3.27
2001	0.00	0.00	0.44	0.64	0.00	0.00	12.70	4.90	1.09
2002	0.00	0.00	0.96	1.16	0.00	0.00	9.72	4.50	2.12
2003	0.00	0.00	1.93	3.56	0.00	0.00	12.94	4.50	1.59
2004	0.00	0.00	1.29	2.58	2.03	0.00	11.96	3.89	3.87

5.2.2.3 农业种植及灌溉过程

(1) 确定种植结构

根据《天津市统计年鉴》，1999～2004 年天津市播种面积统计，天津市主要作物有冬小麦、稻谷、玉米、豆类、向日葵、棉花和蔬菜等。根据统计资料可看出，近几年天津市作物播种面积变化不大，本次模拟认为模拟期内天津市种植结构保持不变。6 年平均总播种面积为 51.44 万 hm^2，年末耕地面积 6 年平均为 41.62 万 hm^2，复种指数匡算为 1.24，主要是冬小麦与玉米复种，以及蔬菜之间的复种。其中 2000 年天津市作物总播种面积为 51.30 万 hm^2，年末耕地面积为 41.80 万 hm^2，本次模拟以 2000 年各作物的播种面积和耕地面积为基础确定天津市模拟期内的种植结构，见表 5-17。

表 5-17　模拟期内天津市各区县各种作物所占耕地面积　　（单位：hm^2）

区县	水稻	藕塘	高粱	小麦	玉米	麦复玉米	豆类	向日葵	棉花	蔬菜	林果	合计
塘沽区	853	437	0	0	325	0	1 739	0	168	1 589	61	5 172
汉沽区	1 331	1 307	0	0	529	75	175	0	232	474	253	4 376
大港区	0	0	0	598	0	4 062	6 723	1 211	0	840	94	13 528
东丽区	4 248	2 265	0	0	1 127	0	1 680	305	0	4 101	206	13 932
西青区	2 708	1 208	0	0	745	3 565	2 213	0	0	4 287	1 473	16 199
津南区	3 501	0	0	0	3 875	0	3 403	0	0	2 881	896	14 556
北辰区	1 583	0	0	0	2 120	3 431	3 426	1 794	0	3 448	2 763	18 565
武清区	764	0	0	0	0	45 368	8 028	7 379	5 216	19 762	4 794	91 311

续表

区县	水稻	藕塘	高粱	小麦	玉米	麦复玉米	豆类	向日葵	棉花	蔬菜	林果	合计
宝坻区	3 548	0	6 666	4 962	0	34 607	9 477	2 146	3 877	10 994	901	77 178
宁河县	4 375	0	2 136	0	2 180	1 831	3 875	3 165	5 842	11 221	4 841	39 466
静海县	0	0	0	0	0	20 418	19 433	9 495	0	8 099	11 868	69 313
蓟县	1 929	0	0	0	4 911	27 221	2 602	950	0	7 216	9 550	54 379
全市	24 840	5 217	8 802	5 560	15 812	140 578	62 774	26 445	15 335	74 912	37 700	417 975

（2）确定灌溉面积

根据《天津市统计年鉴》和《天津市水资源公报》，2000年天津市各区县耕地面积和实际灌溉面积见表5-18。

表5-18 2000年天津市各区县耕地面积及灌溉面积和灌溉率　　（单位：hm²）

区县	耕地面积 总面积	耕地面积 水田	耕地面积 旱地	实灌面积	雨养面积	灌溉率
蓟县	54 379	1 880	52 499	38 250	16 129	0.70
宝坻	77 178	3 548	73 630	54 800	22 378	0.71
武清	91 311	747	90 564	70 433	20 878	0.77
宁河	39 466	4 375	35 091	28 833	10 633	0.73
静海	69 312	0	69 312	24 283	45 029	0.35
东丽	13 932	6 464	7 468	13 800	132	0.99
津南	14 556	3 665	10 891	13 300	1 256	0.91
西青	16 199	3 909	12 290	15 683	516	0.97
北辰	18 565	1 718	16 847	12 450	6 115	0.67
塘沽	5 171	1 269	3 902	5 171	0	1.00
汉沽	4 377	899	3 478	2 460	1 917	0.56
大港	13 528	0	13 528	4 783	8 745	0.35
全市	417 974	28 474	389 500	284 246	133 728	0.68

根据各区县总的耕地面积和实际灌溉面积，再结合各作物所占耕地面积来划分各作物的灌溉面积和雨养面积，划分原则如下。

1）水田、蔬菜全部为灌溉面积，从总灌溉面积中先行分出。

2）如果总灌溉面积有剩余，按照作物灌溉用水量大小作为评判原则划分灌溉和雨养作物，优先考虑小麦复种作物作为灌溉面积。如灌溉面积还有剩余则小麦视为灌溉面积。

3）其他作物的灌溉面积和雨养面积按剩余的总灌溉面积和总雨养面积的比例进行划分。

以蓟县为例，各种作物灌溉面积和雨养面积划分结果见表5-19。

表 5-19 蓟县各种作物灌溉面积和雨养面积以及分别占的比例

编号	作物	总面积/hm²	分类	面积/hm²	面积比例/%
1	水稻	1 929	灌溉	1 929	3.5
			雨养	0	0.0
2	藕塘	0	灌溉	0	0.0
			雨养	0	0.0
3	高粱	0	灌溉	0	0.0
			雨养	0	0.0
4	小麦	0	灌溉	0	0.0
			雨养	0	0.0
5	玉米	4 911	灌溉	514	0.9
			雨养	4 397	8.1
6	麦套玉米	27 221	灌溉	27 221	50.1
			雨养	0	0.0
7	豆类	2 602	灌溉	272	0.5
			雨养	2 330	4.3
8	向日葵	950	灌溉	99	0.2
			雨养	851	1.6
9	棉花	0	灌溉	0	0.0
			雨养	0	0.0
10	蔬菜	7 216	灌溉	7 216	13.3
			雨养	0	0.0
11	林果	9 550	灌溉	999	1.8
			雨养	8 551	15.7
合计	—	54 379	灌溉	38 250	10.0
			雨养	16 129	

(3) 设置灌溉方案

MODCYCLE 模型可实现动态智能灌溉，首先根据作物生育期初步设置不同作物的灌溉制度，然后再根据模拟单元上有无作物、作物是否成熟、是否有有效降水以及土壤墒情是否低于预设墒情阈值等条件判断灌溉事件是否执行。天津市主要作物关键生育期见表 5-20，主要作物的灌溉制度见表 5-21。其中灌溉制度中的灌溉定额是根据不同作物的需水规律初步设定的，模型中首先用初步设定的灌溉制度运行一遍，通过动态智能识别确定实际灌溉时机，然后再根据《水资源公报》和《天津市水资源评价》中的实际农业用水数据进行灌溉。1997～2004 年天津市各区县不同水源农业灌溉用水量见表 5-22～表 5-25。

表 5-20 天津市主要作物关键生育期（月/日）

中稻	播种	移栽	拔节	抽穗	成熟			
	4/2	5/2	7/16	8/11	9/27			
春玉米	播种	出苗	拔节	抽雄	成熟			
	4/21	5/5	6/1	7/10	8/30			
夏玉米	播种	出苗	拔节	抽雄	成熟			
	6/21	7/1	7/18	8/11	9/26			
棉花	播种	出苗	现蕾	开花	吐絮	收获		
	4/24	5/9	6/24	7/21	9/20	10/10		
大豆	播种	出苗	三叶	旁枝形成	开花	结荚	收获	
	6/21	6/26		7/27	8/1	8/14	9/20	
高粱	播种	出苗	三叶	七叶	拔节	抽穗	开花	灌浆	成熟
	4/10	5/5			6/18		6/3	7/19	8/18
冬小麦	播种	出苗	分蘖	越冬	返青	拔节	抽穗	成熟
	9/25	10/2	10/15	12/3	3/9	4/15	5/1	6/15
谷子	播种							
	4/21							
向日葵	播种	出苗	现蕾	开花	灌浆	成熟		
	3/26	4/8	5/22	7/19	8/1	8/19		

表 5-21 天津市模拟作物灌溉制度（月/日）

作物	播种日期	收获日期	灌水次数	灌水时间 1	灌水时间 2	灌水时间 3	灌水时间 4	灌水定额/mm
冬小麦	9/27	6/15	4	11/15（冬灌）	4/7（拔节水）	5/1（灌浆）	9/29（播后）	75
水稻	4/5	9/27	12	4/6（泡田）	5/2（插秧）	14d 浇一水		75
高粱	4/10	8/18	2	4/11（播后）	6/3（开花）			60
大豆	6/21	9/20	2	7/27（旁枝形成）	8/14（结荚）			60
夏玉米	6/21	9/26	2	6/22（播后）	8/11（抽雄）			60
棉花	4/24	10/10	2	4/25（播后）	6/24（现蕾）			60
春玉米	4/21	8/30	3	4/21（播后）	6/1（拔节水）	7/10（抽雄水）		60
向日葵	3/26	8/19	2	3/27（播后）	5/22（现蕾）			60

续表

作物	播种日期	收获日期	灌水次数	灌水时间1	灌水时间2	灌水时间3	灌水时间4	灌水定额/mm
林果	3/15	8/20	2	4/20（播后）	6/9			60
卷心菜	3/18	6/15	3	3/19（播后）	4/28	6/8		75
茄子	6/20	10/20	3	6/21（播后）	8/8	9/25		75

表 5-22　1997~2004 年天津市各区县农业用地表水量　（单位：万 m^3）

区县	1997年	1998年	1999年	2000年	2001年	2002年	2003年	2004年	平均
蓟县	4 978	4 109	3 453	1 155	747	280	0	841	1 945
宝坻	22 133	12 447	19 583	22 180	11 953	15 259	19 773	27 657	18 873
武清	18 408	19 760	19 839	20 427	19 160	19 770	20 991	21 967	20 040
宁河	20 329	16 940	15 162	2 710	0	1 525	5 760	5 506	8 491
静海	13 580	4 945	0	626	2 802	4 780	0	2 143	3 610
东丽	20 119	4 040	5 945	7 613	4 489	3 848	3 207	641	6 238
津南	3 234	1 135	3 633	2 737	5 674	1 513	6 430	8 133	4 061
西青	4 855	764	9 916	9 327	8 480	9 015	8 939	5 653	7 119
北辰	5 509	5 821	4 262	3 147	2 495	2 495	3 118	3 950	3 849
塘沽	5 520	4 473	4 379	84	844	0	0	0	1 913
汉沽	1 882	2 151	877	159	0	0	0	0	634
大港	3 483	556	1	0	0	0	0	0	505
市区	0	0	0	0	0	0	0	0	0
合计	124 030	77 141	87 050	70 165	56 644	58 485	68 218	76 491	77 278

表 5-23　1997~2004 年天津市各区县农业用浅层地下水量　（单位：万 m^3）

区县	1997年	1998年	1999年	2000年	2001年	2002年	2003年	2004年	平均
蓟县	13 302	10 981	16 360	18 751	17 789	16 954	16 411	14 589	15 642
宝坻	9 132	3 911	5 668	4 251	7 318	7 405	4 421	8 342	6 306
武清	266	611	3 065	8 537	4 039	3 960	4 229	3 763	3 559
宁河	0	0	0	0	0	0	0	1 214	152
静海	613	1 339	1 227	1 487	1 484	1 319	1 319	1 319	1 263
东丽	0	0	0	0	0	0	0	0	0
津南	0	0	0	0	0	0	0	0	0
西青	116	143	137	602	535	382	1 070	764	469
北辰	0	0	0	0	0	0	0	0	0
塘沽	0	0	0	0	0	0	0	0	0
汉沽	0	0	0	0	0	0	0	0	0
大港	0	0	0	0	0	0	0	0	0
市区	0	0	0	0	0	0	0	0	0
合计	23 429	16 985	26 457	33 628	31 165	30 020	27 450	29 991	27 391

表 5-24 1997~2004 年天津市各区县农业用深层地下水量　　（单位：万 m³）

区县	1997 年	1998 年	1999 年	2000 年	2001 年	2002 年	2003 年	2004 年	平均
蓟县	0	915	574	377	26	476	396	444	401
宝坻	63	1 427	0	1 336	3 077	3 033	1 628	140	1 338
武清	8 837	7 492	9 559	10 455	7 323	7 114	6 992	6 593	8 046
宁河	3 826	1 818	3 419	6 520	5 760	7 030	5 675	2 852	4 612
静海	527	2 689	4 094	3 572	3 956	4 451	3 791	3 791	3 359
东丽	1 296	968	2 912	981	2 565	2 565	2 565	2 565	2 052
津南	3 100	2 775	2 782	2 723	1 891	2 459	2 080	2 080	2 486
西青	264	251	458	47	688	611	0	76	299
北辰	1 393	1 414	1 597	1 846	2 079	2 079	2 079	2 079	1 820
塘沽	374	271	300	492	506	506	422	338	401
汉沽	1 237	600	1 189	1 521	1 196	1 833	1 435	1 116	1 266
大港	572	813	659	3 141	1 189	594	238	119	915
市区	0	0	0	0	0	0	0	0	0
合计	21 488	21 433	27 543	33 011	30 256	32 751	27 301	22 193	26 995

表 5-25 1997~2004 年天津市各区县农业总用水量　　（单位：万 m³）

区县	1997 年	1998 年	1999 年	2000 年	2001 年	2002 年	2003 年	2004 年	平均
蓟县	18 280	16 005	20 386	20 283	18 562	17 711	16 807	15 874	17 988
宝坻	31 328	17 786	25 251	27 767	22 348	25 697	25 822	36 139	26 517
武清	27 512	27 863	32 463	39 419	30 522	30 845	32 212	32 324	31 645
宁河	24 155	18 758	18 581	9 230	5 760	8 555	11 435	9 571	13 256
静海	14 720	8 972	5 321	5 685	8 242	10 550	5 110	7 253	8 232
东丽	21 415	5 009	8 857	8 594	7 055	6 413	5 772	3 207	8 290
津南	6 334	3 909	6 415	5 460	7 565	3 972	8 511	10 213	6 547
西青	5 235	1 157	10 512	9 977	9 703	10 008	10 008	6 494	7 887
北辰	6 902	7 234	5 858	4 993	4 573	4 573	5 197	6 028	5 670
塘沽	5 894	4 744	4 679	576	1 350	506	422	338	2 314
汉沽	3 119	2 751	2 066	1 680	1 196	1 833	1 435	1 116	1 899
大港	4 055	1 369	660	3 141	1 189	594	238	119	1 421
市区	0	0	0	0	0	0	0	0	0
合计	168 949	115 557	141 049	136 805	118 065	121 257	122 969	128 676	131 666

5.2.2.4 城市工业/生活用水及其过程

MODCYCLE 模型是基于土地利用类型划分的基本模拟单元，2000 年天津市土地利用类型图中只是将城镇部分解译为城镇用地和其他建设用地两部分,所以模型中城市用水展布较粗略,将每个区县的工业用水和城市生活水按照城镇用地和其他建设用地的面积比例分到所在子流域上。

模拟期内天津市各区县城市工业/城市不同水源用水量及总用水量见表5-26~表5-29。根据《天津市水资源公报》和《天津市水资源评价》,模拟期内天津市城市工业/生活用水总量8年平均为9.05亿m^3,其中地表水用水量为6.67亿m^3,大部分来自于引滦水;浅层地下水用水量只有2265万m^3,主要在北部蓟县、宝坻和武清三区县有可用浅层地下水资源;深层地下水用水量为2.15亿m^3,城市生活用水主要开采深层地下水。

表5-26 1997~2004年天津市各区县城市工业/生活用地表水量　　（单位：万m^3）

区县	1997年	1998年	1999年	2000年	2001年	2002年	2003年	2004年	平均
蓟县	0	1 484	1 596	1 433	1 300	900	1 400	3 100	1 402
宝坻	480	640	548	444	300	600	700	600	539
武清	0	0	519	523	400	500	800	400	393
宁河	0	0	0	0	0	0	0	0	0
静海	200	0	0	0	0	0	0	600	100
东丽	0	1 808	1 608	1 608	0	1 000	1 400	1 500	1 116
津南	76	0	0	0	0	0	400	500	122
西青	0	200	0	0	0	0	300	300	100
北辰	0	200	0	0	0	0	400	400	125
塘沽	430	10 099	11 705	11 922	8 900	8 500	8 700	9 700	8 745
汉沽	816	1 648	1 200	700	700	0	500	600	771
大港	0	1 810	193	295	3 200	3 100	3 000	2 700	1 787
市区	54 532	53 275	74 236	54 142	42 900	43 200	44 100	45 700	51 511
合计	56 534	71 164	91 605	71 067	57 700	57 800	61 700	66 100	66 709

表5-27 1997~2004年天津市各区县城市工业/生活用浅层地下水量　　（单位：万m^3）

区县	1997年	1998年	1999年	2000年	2001年	2002年	2003年	2004年	平均
蓟县	1 943	1 071	837	993	824	957	930	1 090	1 081
宝坻	0	0	0	0	0	0	0	0	0
武清	1 786	1 354	744	1 068	1 005	1 061	1 061	1 228	1 163
宁河	0	0	0	0	0	0	0	167	21
静海	0	0	0	0	0	0	0	0	0
东丽	0	0	0	0	0	0	0	0	0
津南	0	0	0	0	0	0	0	0	0
西青	0	0	0	0	0	0	0	0	0
北辰	0	0	0	0	0	0	0	0	0

续表

区县	1997年	1998年	1999年	2000年	2001年	2002年	2003年	2004年	平均
塘沽	0	0	0	0	0	0	0	0	0
汉沽	0	0	0	0	0	0	0	0	0
大港	0	0	0	0	0	0	0	0	0
市区	0	0	0	0	0	0	0	0	0
合计	3 729	2 425	1 581	2 061	1 829	2 018	1 991	2 485	2 265

表5-28　1997~2004年天津市各区县城市工业/生活用深层地下水量　　（单位：万 m³）

区县	1997年	1998年	1999年	2000年	2001年	2002年	2003年	2004年	平均
蓟县	1 707	3 228	2 522	2 991	1 982	2 882	2 802	3 283	2 675
宝坻	2 921	2 619	1 939	1 840	300	300	200	200	1 290
武清	2 261	1 713	942	1 352	1 272	1 342	1 342	1 554	1 472
宁河	1 803	1 826	1 783	1 698	1 800	1 700	1 700	1 633	1 743
静海	1 315	1 921	2 059	1 574	1 900	1 900	2 100	2 200	1 871
东丽	1 176	867	943	1 071	700	700	600	800	857
津南	1 234	1 216	878	1 821	1 600	700	700	900	1 131
西青	2 276	2 543	1 831	2 526	1 100	1 600	1 600	1 600	1 885
北辰	1 626	1 189	883	1 131	1 100	1 000	700	900	1 066
塘沽	1 121	903	534	685	800	1 100	1 000	1 200	918
汉沽	2 655	3 032	2 466	2 500	2 300	2 600	2 000	2 400	2 494
大港	2 665	2 723	1 517	1 545	4 300	4 000	3 300	3 300	2 919
市区	1 305	1 305	3 079	917	900	700	700	900	1 226
合计	24 065	25 085	21 376	21 650	20 053	20 525	18 745	20 870	21 546

表5-29　1997~2004年天津市各区县城市工业/生活总用水量　　（单位：万 m³）

区县	1997年	1998年	1999年	2000年	2001年	2002年	2003年	2004年	平均
蓟县	3 650	5 783	4 955	5 416	4 106	4 739	5 133	7 473	5 157
宝坻	3 401	3 259	2 487	2 284	600	900	900	800	1 829
武清	4 047	3 067	2 205	2 942	2 676	2 903	3 203	3 182	3 028
宁河	1 803	1 826	1 783	1 698	1 800	1 700	1 700	1 800	1 764
静海	1 515	1 921	2 059	1 574	1 900	1 900	2 100	2 800	1 971
东丽	1 176	2 675	2 551	2 679	700	1 700	2 000	2 300	1 973
津南	1 310	1 216	878	1 821	1 600	700	1 100	1 400	1 253
西青	2 276	2 743	1 831	2 526	1 100	1 600	1 900	1 900	1 985
北辰	1 626	1 389	883	1 131	1 100	1 000	1 100	1 300	1 191
塘沽	1 551	11 002	12 239	12 607	9 700	9 600	9 700	10 900	9 662

续表

区县	1997年	1998年	1999年	2000年	2001年	2002年	2003年	2004年	平均
汉沽	3 471	4 680	3 666	3 200	3 000	2 600	2 500	3 000	3 265
大港	2 665	4 533	1 710	1 840	7 500	7 100	6 300	6 000	4 706
市区	55 837	54 580	77 315	55 059	43 800	43 900	44 800	46 600	52 736
合计	84 328	98 674	114 562	94 778	79 583	80 342	82 436	89 455	90 520

5.2.2.5 农村生活用水及其过程

与城市工业/生活用水展布相似，模型中农村生活用水展布是将每个区县的农村生活用水按照农村居民地所用地的面积比例分到对应的子流域上。

模拟期内天津市各区县农村生活不同水源用水量及总用水量见表5-30～表5-32。根据《天津市水资源公报》和《天津市水资源评价》，模拟期内天津市农村生活用水总量8年平均为1.42亿 m^3，其中农村生活用水主要依赖于地下水，无地表水用水量；浅层地下水用水量3947万 m^3，主要是北部蓟县、宝坻和武清三区县有可用浅层地下水资源；深层地下水用水量为1.02亿 m^3。

表5-30　1997～2004年天津市各区县农村生活用浅层地下水量　（单位：万 m^3）

区县	1997年	1998年	1999年	2000年	2001年	2002年	2003年	2004年	平均
蓟县	1 577	1 612	1 612	1 612	1 614	1 590	1 502	1 412	1 566
宝坻	2 174	2 317	2 186	1 922	2 569	2 660	2 018	2 202	2 256
武清	108	123	113	133	137	137	137	108	124
宁河	0	0	0	0	0	0	0	0	0
静海	0	0	0	0	0	0	0	0	0
东丽	0	0	0	0	0	0	0	0	0
津南	0	0	0	0	0	0	0	0	0
西青	0	0	0	0	0	0	0	0	0
北辰	0	0	0	0	0	0	0	0	0
塘沽	0	0	0	0	0	0	0	0	0
汉沽	0	0	0	0	0	0	0	0	0
大港	0	0	0	0	0	0	0	0	0
市区	0	0	0	0	0	0	0	0	0
合计	3 859	4 052	3 911	3 667	4 320	4 387	3 657	3 722	3 946

表 5-31　1997~2004 年天津市各区县农村生活用深层地下水量　　（单位：万 m³）

区县	1997年	1998年	1999年	2000年	2001年	2002年	2003年	2004年	平均
蓟县	603	616	616	616	390	608	574	841	608
宝坻	1 659	1 768	1 668	1 467	1 960	2 030	1 540	1 680	1 721
武清	1 841	2 087	1 916	2 259	2 328	2 328	2 328	1 843	2 116
宁河	655	636	616	650	700	700	600	800	670
静海	934	1 044	870	1 537	600	600	600	800	873
东丽	956	940	571	758	900	900	1 000	900	866
津南	1 334	1 268	1 178	222	1 000	1 200	1 200	1 300	1 088
西青	648	666	645	659	1 100	700	600	600	702
北辰	480	480	491	242	300	400	600	600	449
塘沽	154	132	133	166	200	200	300	300	198
汉沽	377	362	334	312	300	300	400	400	348
大港	555	614	604	803	900	800	300	300	610
市区	0	0	0	0	0	0	0	0	0
合计	10 196	10 613	9 642	9 691	10 678	10 766	10 042	10 364	10 249

表 5-32　1997~2004 年天津市各区县农村生活总用水量　　（单位：万 m³）

区县	1997年	1998年	1999年	2000年	2001年	2002年	2003年	2004年	平均
蓟县	2 179	2 228	2 228	2 228	2 004	2 198	2 076	2 253	2 174
宝坻	3 833	4 085	3 854	3 388	4 529	4 690	3 558	3 882	3 977
武清	1 949	2 210	2 028	2 392	2 465	2 465	2 465	1 951	2 241
宁河	655	636	616	650	700	700	600	800	670
静海	934	1 044	870	1 537	600	600	600	800	873
东丽	956	940	571	758	900	900	1 000	900	866
津南	1 334	1 268	1 178	222	1 000	1 200	1 200	1 300	1 088
西青	648	666	645	659	1 100	700	600	600	702
北辰	480	480	491	242	300	400	600	600	449
塘沽	154	132	133	166	200	200	300	300	198
汉沽	377	362	334	312	300	300	400	400	348
大港	555	614	604	803	900	800	300	300	610
市区	0	0	0	0	0	0	0	0	0
合计	14 054	14 665	13 552	13 357	14 998	15 153	13 699	14 086	14 196

5.2.2.6　城市工业/生活的退水及其过程

因为农村的管网系统还不完善，所以模型中认为农村生活用水耗水率为 100%，无退水。参考《天津市水资源公报》，模型中模拟期内城市工业和生活用水退水率为70%，具体展布过程同用水过程类似，识别出城市区所在的子流域，然后根据所占子流域面积分配退水量，最后以点源pnd的形式输入到模型中。模拟期各区县退水量见表5-33，全市8年平均退水总量为6.34亿 m³。

表5-33 1997~2004年天津市各区县城市工业/生活退水量　（单位：万 m³）

区县	1997年	1998年	1999年	2000年	2001年	2002年	2003年	2004年	平均
蓟县	2 555	4 048	3 469	3 791	2 874	3 318	3 593	5 231	3 610
宝坻	2 381	2 281	1 741	1 599	420	630	630	560	1 280
武清	2 833	2 147	1 543	2 060	1 874	2 032	2 242	2 228	2 120
宁河	1 262	1 278	1 248	1 189	1 260	1 190	1 190	1 260	1 235
静海	1 061	1 345	1 441	1 102	1 330	1 330	1 470	1 960	1 380
东丽	823	1 873	1 786	1 875	490	1 190	1 400	1 610	1 381
津南	917	851	615	1 275	1 120	490	770	980	877
西青	1 593	1 920	1 282	1 768	770	1 120	1 330	1 330	1 389
北辰	1 138	972	618	792	770	700	770	910	834
塘沽	1 086	7 701	8 567	8 825	6 790	6 720	6 790	7 630	6 764
汉沽	2 430	3 276	2 566	2 240	2 100	1 820	1 750	2 100	2 285
大港	1 866	3 173	1 197	1 288	5 250	4 970	4 410	4 200	3 294
市区	39 086	38 206	54 121	38 541	30 660	30 730	31 360	32 620	36 915
合计	59 031	69 071	80 194	66 344	55 708	56 240	57 705	62 619	63 364

5.3 模型率定与验证

传统水文模型一般是通过还原观测断面径流量对模拟效果进行检验，但伴随人类活动改造自然能力的增强，水循环体现出复杂的二元特性，强烈人类活动地区人工社会侧支水循环对整个水循环的影响远大于自然水循环，所以，强烈人类活动地区难以将观测径流量还原为天然状态下的径流量。因此，结合掌握的资料，本次研究从整个区域水循环角度提出以下几点对天津市水循环模型进行率定与验证：

1）二元水循环"四水转化"量必须平衡。
2）关键水资源量与天津市水资源评价结果接近。
3）区域年出境水量及其过程与实测资料接近。
4）区域ET量及变化过程与遥感ET相近。
5）主要作物模拟产量与统计产量相近。
6）浅层地下水位变化及过程与实测接近。

模型中涉及大量参数，率定过程中主要考虑其中对水分转化较为敏感的参数，包括地表最大积水深度、蒸发/蒸腾因子、土壤对植物可利用水量体积比、土壤饱和渗透系数、主河道及子河道渗漏系数、辐射利用效率等。以下是参数率定过程最终完成后各检验目标的验证结果。

5.3.1 水量平衡检验

水量平衡检验是判断模型是否遵循区域水量平衡原理的重要依据。天津市人类活动强烈，水循环系统涉及因素众多，不仅有自然水循环过程，还有人工水循环过程。在自然水循环过程方面包括大气水过程的降雨、积雪、融雪、积雪升华、植被截留、截留蒸发，地表水过程的坡面汇流、河道汇流、湿地蓄滞、水面蒸发、河道渗漏、水库/湿地渗漏，土壤水过程的产流/入渗、地表积水、积水蒸发、土壤蒸发、植被蒸腾、壤中流，地下水过程的土壤深层渗漏补给、潜水蒸发、基流排泄、深浅层越流。在人工水循环过程方面包括水库调蓄及用水、河道用水、地下水开采、工业城镇生活退水、农业灌溉、水库/河道间调水等多个方面。在涉及众多天然-人工过程的整体水循环模拟中，天津市水循环结果能否在水量平衡方面严格闭合，对检验模型的正确性至关重要。

为此，从天津市全区多年平均水平衡状况作为分析目标审视天津市全区水量平衡，详见表5-34。从表中可以看出区域水量平衡误差为0，水分循环转化过程完全闭合，说明模型在水循环模拟中严格遵循水量平衡原理。

表5-34　天津市1997～2004年8年平均水量平衡表　　（单位：亿 m^3）

输出项	补给		排泄		蓄变	
1	HRU总降雨量	47.62	HRU总植被截留蒸发量	2.08	HRU蓄变量	0.18
2	池塘总降雨量	0.00	HRU总积雪升华量	0.04	池塘蓄变量	0.00
3	湿地总降雨量	4.48	HRU总土壤蒸发量	38.60	湿地蓄变量	-1.14
4	水库总降雨量	2.91	HRU总植被蒸腾量	14.75	河道蓄变量	0.03
5	入境与退水量	25.42	HRU总积水蒸发量	0.47	水库蓄变量	1.17
6	其中退水量	6.34	池塘总蒸发量	0.00	浅层地下水蓄变量	-0.44
7	其中入境水量	19.08	湿地总蒸发量	5.86	深层地下水蓄变量	-5.94
8			河道总蒸发量	0.98		
9			河岸蓄集总蒸发量	0.02		
10			水库总蒸发量	5.64		
11			出境地表水量	7.66		
12			工业生活地表用水量	6.61		
13			工业生活浅层地下水用水量	0.63		
14			工业生活深层地下水用水量	3.23		
合计		80.43		86.57		-6.14
平衡误差			0.00			

5.3.2 关键水资源量对比

将《天津市水资源评价（1980~2000）》中评价出的关键水资源量与模型模拟的结果进行对照，详见表5-35。通过对比可看出，1997~2004年系列与1980~2000年系列相比，全区降水量减少，全区产流量相当，浅层地下水总补给与总排泄均有所减少。

表5-35 水资源评价与模拟评价关键水资源量对比

对比项目		关键水资源量		水资源评价 1980~2000年平均	模拟评价 1997~2004年平均
地表水	降水/mm	全区降水量		544.70	461.00
	产流/亿 m³	全区产流量		9.61	9.68
平原区地下水	浅层补给/亿 m³	降水入渗补给量		9.81	9.33
		河流入渗补给量		1.94	1.54
		灌溉渗漏补给	灌溉田间入渗	1.54	1.00
			井灌回归	0.67	
			合计	2.21	
		山前侧向径流补给量		0.23	
		总补给量		14.19	11.87
	浅层排泄/亿 m³	潜水蒸发		9.98	9.53
		越流排泄量		2.27	0.00
		开采量		3.38	2.77
		河川基流量		0.00	0.26
		总排泄量		15.63	12.56
蓄变				−0.22	−0.70
误差				−1.22	0.00

5.3.3 出境流量验证

天津市出境河流中除山区沟河流入北京海子水库外，其他均注入渤海。模拟期内模型模拟与实测出境水量对比见图5-21。由对比图可看出，模型模拟与实际观测出境流量的年际变化规律一致，变化规律与降水量年际变化规律相似。天津市1997~2004年观测水文站的出境水量合计为5.61亿 m³，本次模拟结果为7.01亿 m³，其中降水量较大的1998年、2003年和2004年模拟值与实测值基本相当，其余年份两者也较为接近。从整体模拟效果看，能够满足率定要求。

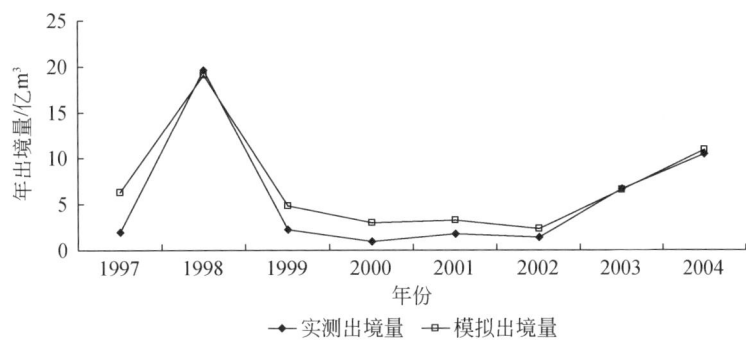

图 5-21　1997～2004 年模型模拟与实测出境水量对比

5.3.4　ET 量对比

遥感是近些年发展起来的蒸散发量估算方法，遥感反演 ET 是利用卫星测出地面的热通量、光量等，根据太阳辐射和地面反辐射的能量平衡换算出的。本章主要依据《天津市水资源与水环境综合评价基线调查报告》（以下简称《基线报告》）中遥感反演蒸散发量数据作为模型检验模拟 ET 的参考。《基线报告》中给出的是 2002～2004 年的数据，因此本次研究采用三年的数据验证模拟 ET。

2002～2004 年 MODCYCLE 模拟的天津市综合 ET 与遥感 ET 对比见图 5-22，由图中可以看出，模拟 ET 与遥感 ET 略有差异，遥感得到的 ET 的最大值发生在 2003 年，而模拟 ET 中 2004 年最大，分析原因，主要是由于两者模拟降水量不同所致，由图 5-23 可以看出，遥感降水量 2003 年最大，而模拟降水量与《天津市水资源公报》中给出的降水量一致，三年中 2004 年降水量最大。

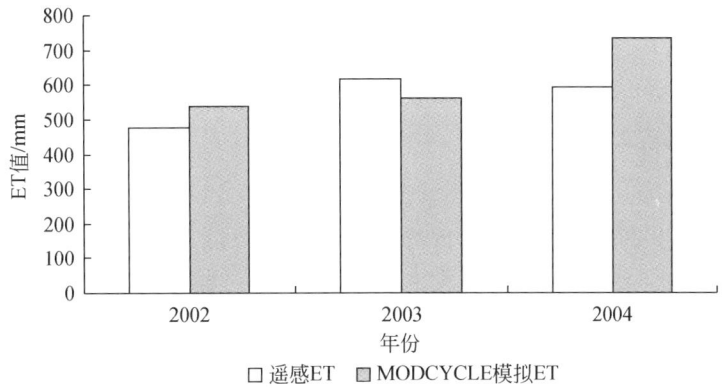

图 5-22　2002～2004 年天津市模拟 ET 与遥感 ET 对比

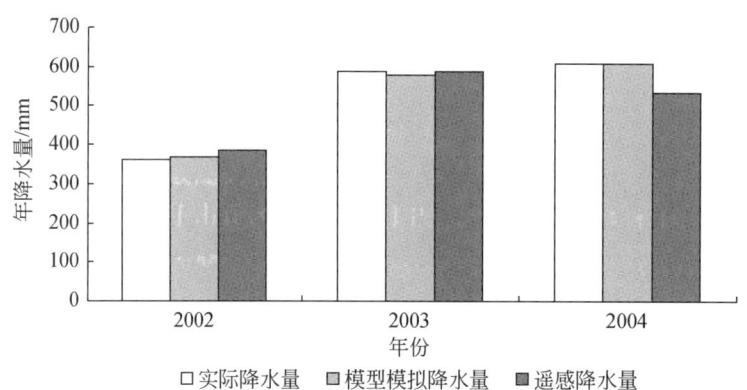

图 5-23 2002~2004 年天津市模拟降水量与遥感降水量对比

图 5-24 给出了模拟与遥感 3 年平均各月 ET 变化量,从图中可以看出,模拟 ET 与遥感 ET 的年内变化规律一致,年内变化均呈双峰曲线,从年初开始,ET 量平稳增加,年内两个峰值分别出现在 5 月和 8 月,8 月 ET 达到年内最大值。通过检验,证明模型模拟 ET 具有可靠性。

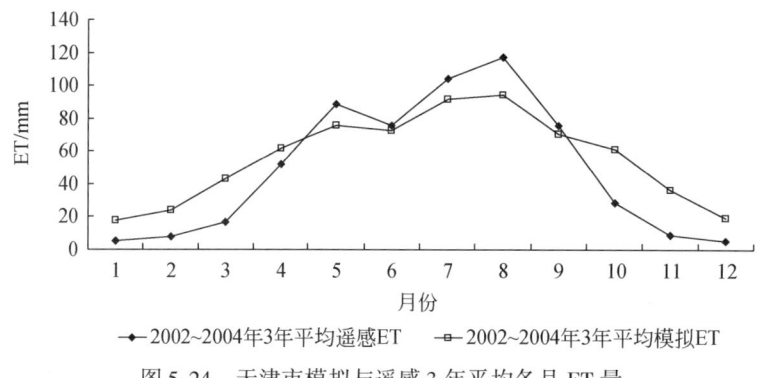

图 5-24 天津市模拟与遥感 3 年平均各月 ET 量

5.3.5 产量对比

根据天津市统计年鉴资料,选取 1999~2004 年的数据对比主要作物的模拟产量与统计产量,以此来验证模型模拟作物产量上的可靠性。天津市主要作物有小麦、玉米、水稻、棉花和蔬菜,由于统计资料中蔬菜产量为其湿重,而模型中给出的是干物质量,两者没有可比性,所以不对蔬菜产量进行验证。1999~2004 年小麦、玉米、水稻和棉花的模拟单产和统计单产对比分别见图 5-25~图 5-28。由图中可以看出,四种作物的模拟单产与统计单产基本相当,个别年份差异较大,如 2000 年水稻的模拟单产与统计单产相差较大,通过分析可以看出,2000 年水稻的统计单产远低于其他年份的统计单产,所以有可能统计数据有误。通过分析,认为模型模拟作物产量具有一定的可靠性。

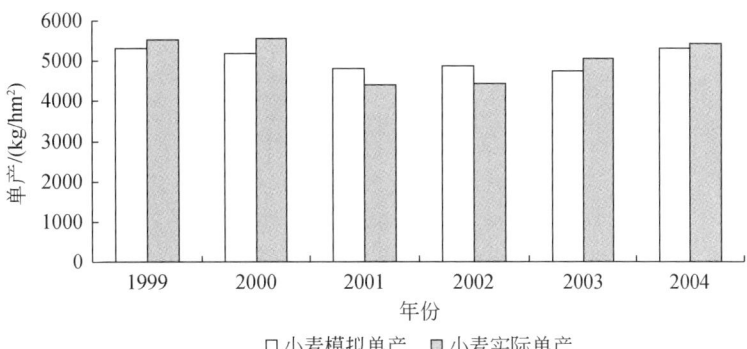

图 5-25　1999～2004 年小麦模拟单产与实际统计单产对比

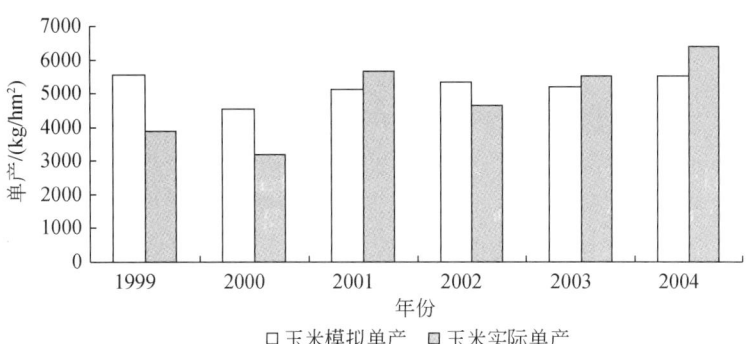

图 5-26　1999～2004 年玉米模拟单产与实际统计单产对比

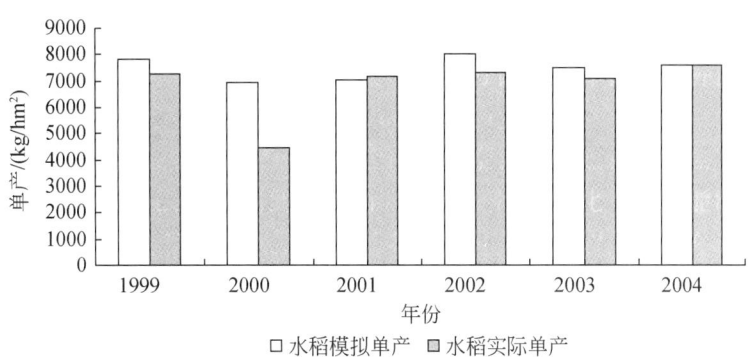

图 5-27　1999～2004 年水稻模拟单产与实际统计单产对比

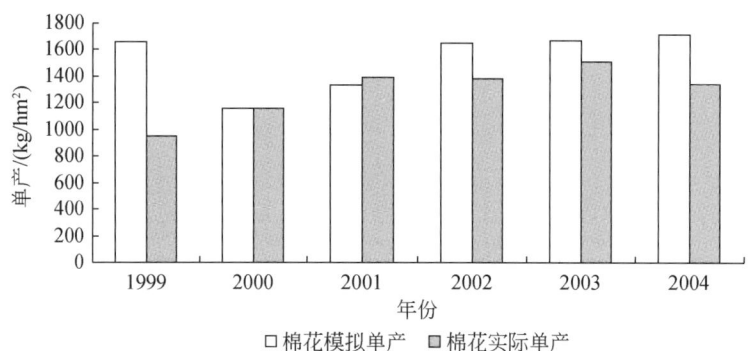

图 5-28　1999~2004 年棉花模拟单产与实际统计单产对比

5.3.6　浅层地下水位验证

本次研究中选用武清区的 13 口浅层地下水观测井埋深数据对模型模拟浅层地下水系统进行校准和验证。通过调整参数，2001~2004 年研究区模拟与实测月平均浅水埋深对比见图 5-29，从实测和模拟浅层地下水埋深过程的对比来看，在 8 年的模型率定期内，模拟的浅层地下水埋深变化过程与实测的数据基本一致，变化曲线吻合较好，二者相关系数为 0.76。

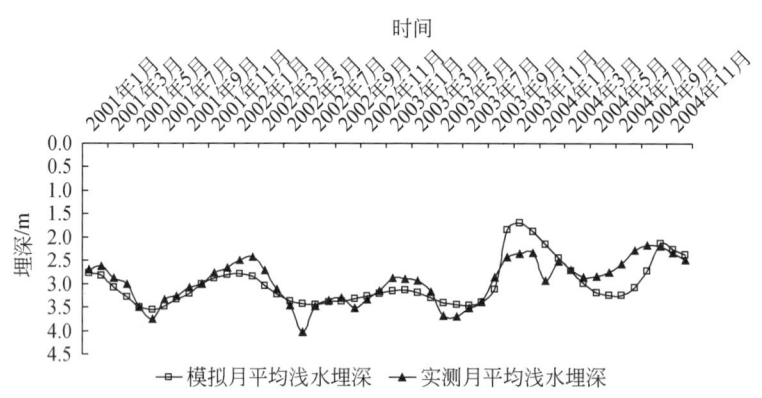

图 5-29　2001~2004 年模拟与实测月平均浅层地下水位埋深对比

由于浅层地下水埋深变化过程受浅层地下水的补给和开采两个因素的综合作用，只有在对两者的模拟都达到相当精度时才能做到准确刻画，具有相当的难度。此次率定过程中能达到这样的效果，说明所建的模型能够较好反映天津市土壤水与地下水的转化，以及浅层地下水补给与开采之间的联系。

5.4 基于水循环模拟的天津市水循环规律分析

5.4.1 降水量年际年内变化规律

根据 26 个降水站的资料，模型模拟 1997~2004 年的年降水量见图 5-30。从图中可以看出，模拟的 8 年间，1998 年、2003 年和 2004 年为丰水年，降水量超过了 550mm；1997 年、1999 年和 2002 年降水量较少，不足 400mm。

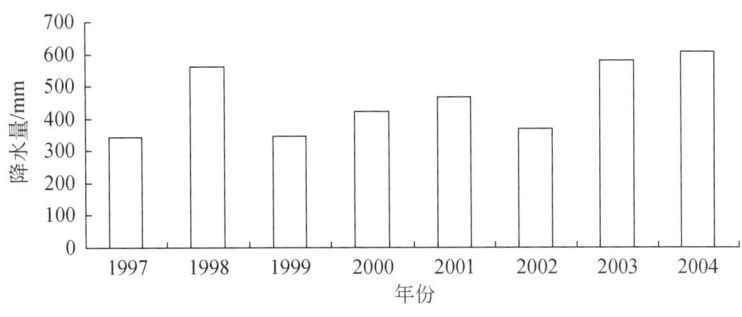

图 5-30　1997~2004 年天津市年降水量

1997~2004 年的月降水量见图 5-31。由图中可以看出，年内降水量主要集中在 6~9 月，但是不同年份降水量分布不尽相同。其中年降水量比较大的年份中，5 月和 10 月也有比较大的降水量，另外，2000 年的年降水量集中的 7 月和 8 月，8 月单月降水量超过了 140mm。

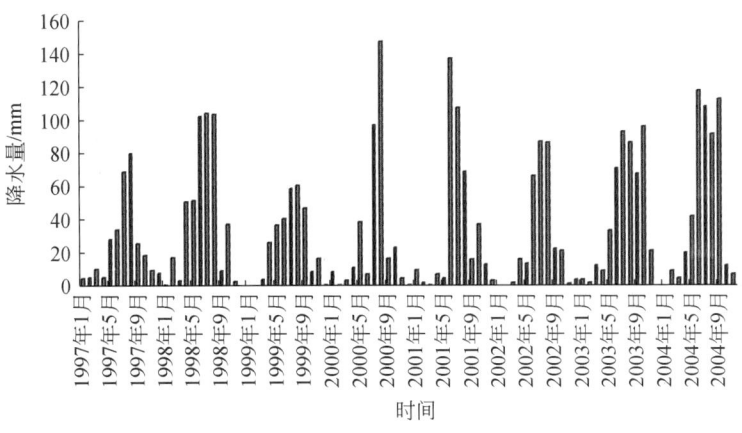

图 5-31　1997~2004 年天津市月降水量

5.4.2 区域蒸散发分析

模型中总蒸发量分为两大类：一类是工业和生活耗水量；另一类是除工业和生活耗水量之外的蒸散发量。其中第一类纯属于人工耗水量，第二类偏于天然耗水量，但是由于人类活动对农田系统的影响，使之也具有一定的人工性。对于工业和生活耗水量，模型中概化处理让其直接蒸发；而除此之外，其余蒸散发量的计算具有很强的物理机制，与降水、渗漏及产流等具有很大的关系，本次研究暂不分析工业和生活耗水量。

5.4.2.1 区域蒸散发垂直分项构成

基于蒸发机理不同，对蒸散发的垂向分项构成进行解析，将蒸散发的垂直分项分摊与变化规律分析清楚，是合理评价蒸散发效率的前提，是蒸散发调控的基础。模型中将水面与陆面分别模拟，水面蒸发包括水库蒸发、湿地蒸发及河道内蒸发和河岸蓄积蒸发，陆面蒸发在垂向上自上而下分别包括植被截留蒸发、植被蒸腾、积雪蒸发、土壤蒸发及地表积水蒸发。

图 5-32、图 5-33 分别是 1997~2000 年和 2001~2004 年天津市全区垂向 ET 构成关系。由图中可以看出，1997~2004 年天津市陆面总蒸发量大于水面蒸发量，水库蒸发量与湿地蒸发量所占比例相当，这主要是由于两者水面面积相当；陆面蒸发中垂向上土壤蒸发所占比例最大，均大于 50%；其次是植被蒸腾，所占比例为 20% 左右，植被截留蒸发、积雪蒸发和地表积水蒸发所占比例较小，均不足 5%。

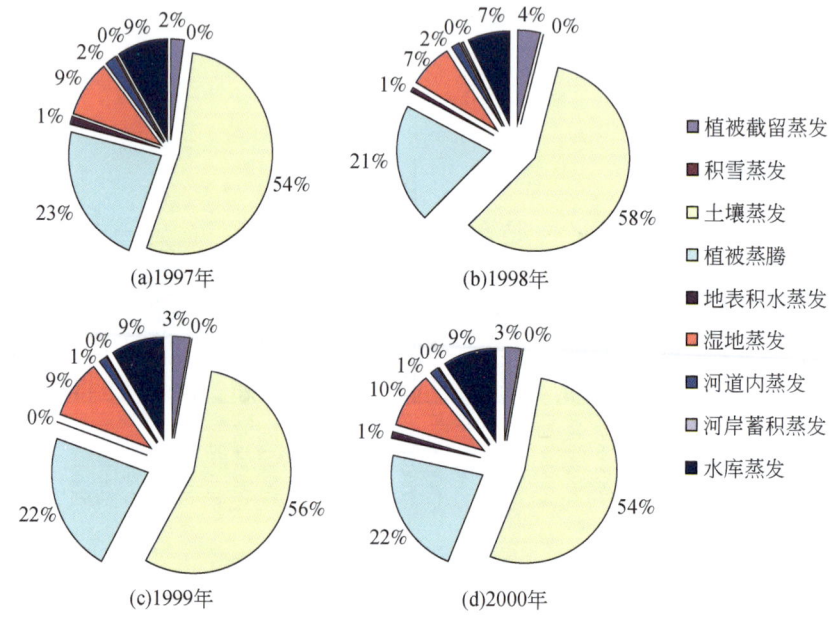

图 5-32　1997~2000 年天津市全区垂向 ET 构成

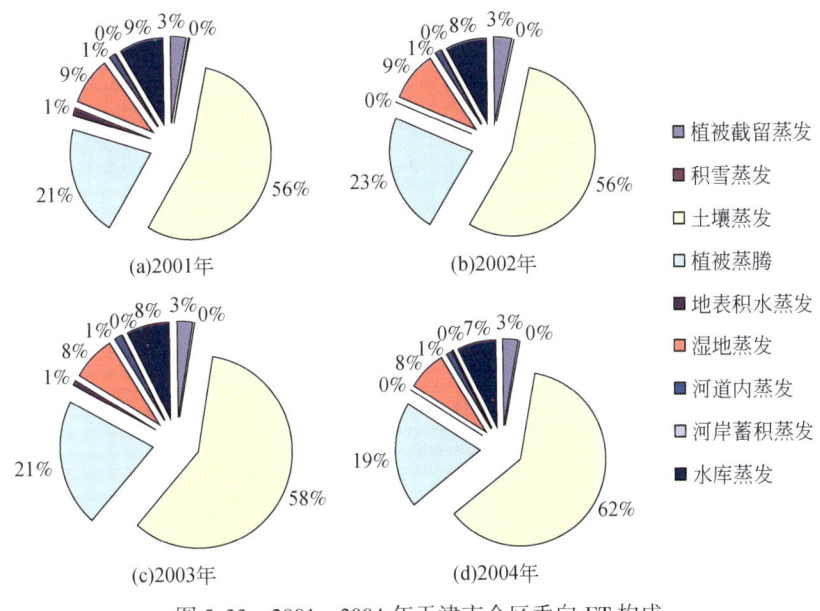

图 5-33　2001~2004 年天津市全区垂向 ET 构成

5.4.2.2　蒸散发年际年内变化规律

(1) 蒸散发年际变化规律

模型模拟 1997~2004 年的年分项蒸散发量及 8 年平均总蒸发量见表 5-36 和图 5-34。1997~2004 年 8 年平均总蒸发量为 68.43 亿 m³，从图 5-36 和图 5-32 中可以看出，蒸发量的年际变化规律与降水年际变化有所不同，这说明蒸发量除与降水量有一定关系之外，与气象条件（包括温度、辐射、相对湿度及风速等）也有很大的关系。由表 5-36 可看出，8 年中 2004 年总蒸发量最大，达到 85.19 亿 m³；2000 年总蒸发量最小，为 62.22 亿 m³。但是各分项蒸散发呈现出不同的年际变化规律，这主要是不同蒸散发分项影响因素有所不同所致。

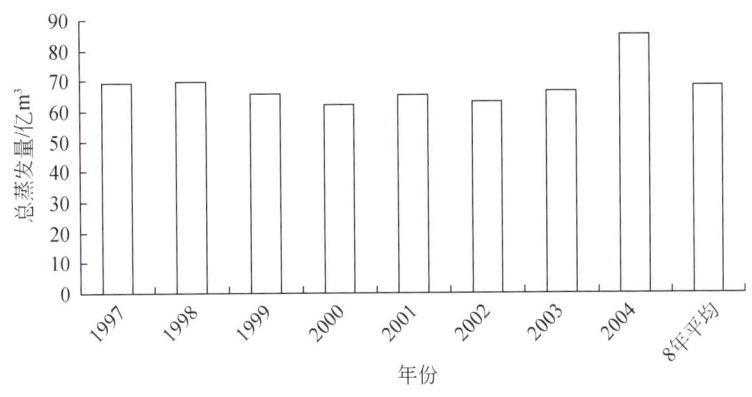

图 5-34　天津市 1997~2004 年总蒸发量及 8 年平均量

水面蒸发，包括水库蒸发、湿地蒸发、河道内蒸发和河岸蓄积蒸发，主要与降水量、气象条件及水面面积有关；陆面蒸发中的积雪蒸发主要跟降雪量和气象条件有关，天津市降雪量不大，有些年份甚至没有降雪，所以积雪蒸发量很小；地表积水蒸发与降水量、气象条件和最大积水深有关，模型中不同土地利用类型有不同的积水深，农田中由于有田埂，积水深较大；植被截留蒸发主要与降水量、植被叶面积指数及气象条件有关；植被蒸腾主要与植被本身的耗水机制、外部气象条件、降水和灌溉水量有关；土壤蒸发的影响因素较多，土壤岩性、土水势、降水量、气象条件及周围植被覆盖情况等因素都影响土壤蒸发量的大小。

表5-36 1997～2004年区域各项蒸发量汇总表　　　（单位：万 m³）

蒸发分项	1997年	1998年	1999年	2000年	2001年	2002年	2003年	2004年	平均
植被截留蒸发	16 377	27 916	18 914	16 789	19 380	21 990	18 967	26 008	20 793
积雪蒸发	11	58	0	823	1 714	207	83	94	374
土壤蒸发	369 724	405 329	362 058	330 778	361 482	346 547	390 609	521 317	385 981
植被蒸腾	159 652	143 848	145 790	139 583	137 399	145 646	141 727	166 023	147 459
地表积水蒸发	9 029	6 063	129	7 177	8 710	970	5 205	214	4 687
湿地蒸发	64 117	51 805	60 498	59 854	59 120	58 405	50 446	64 713	58 620
河道内蒸发	13 476	11 435	9 193	8 853	7 914	8 220	8 393	10 697	9 773
河岸蓄积蒸发	215	164	198	202	196	202	176	203	195
水库蒸发	61 904	51 269	58 900	58 179	57 636	50 290	50 232	62 592	56 375
总蒸发	694 506	697 887	655 680	622 239	653 549	632 478	665 838	851 862	684 255

（2）蒸散发年内变化规律

由于天津市陆面蒸发中的积雪蒸发和地表积水蒸发量所占比例很小，影响因素比较少，所以暂不对其进行分析。图5-35～图5-38给出了1997～2004年全区植被截留、土壤蒸发、植被蒸腾及路面总蒸发的各月蒸发量。从图中可以看出，植被截留年内蒸发量主要集中在6～9月，与降水年内变化规律相似；植被年内蒸腾量主要集中在5～9月，除与降

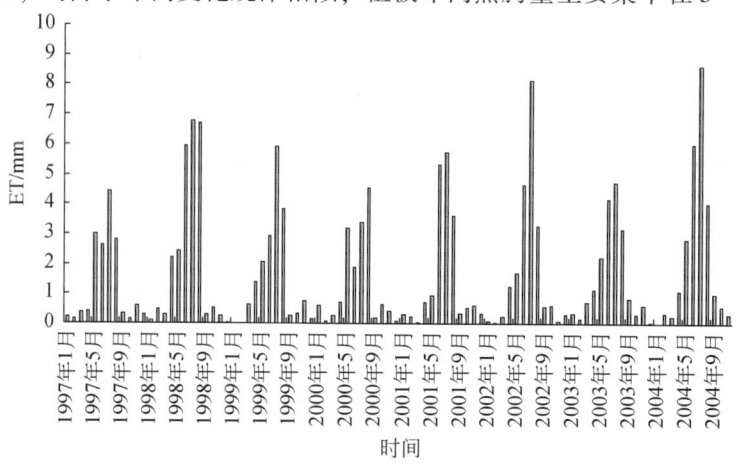

图5-35 1997～2004年全区域植被截留各月蒸发量

水量有关外，与区域植被覆盖和农作物种植情况也有很大的关系；土壤蒸发量年内分布较广，3～10月都有比较大的蒸发量，这主要与土壤岩性、土水势、降水、气象条件有关。

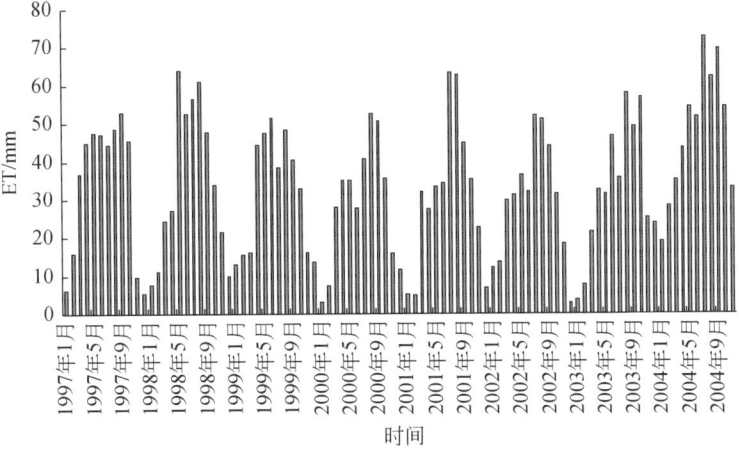

图 5-36　1997～2004 年全区域土壤各月蒸发量

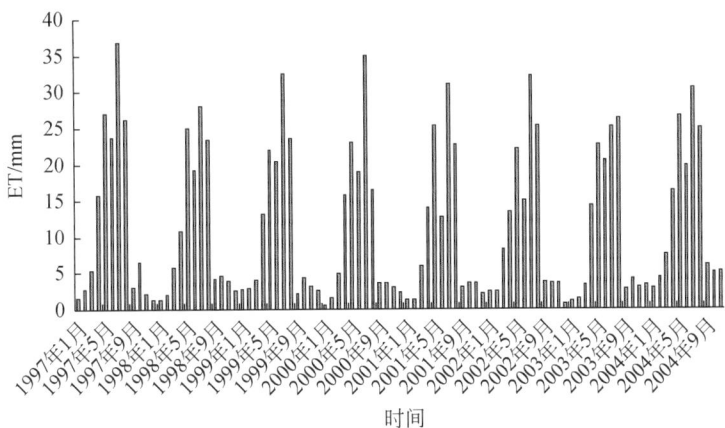

图 5-37　1997～2004 年全区域植被各月蒸腾量

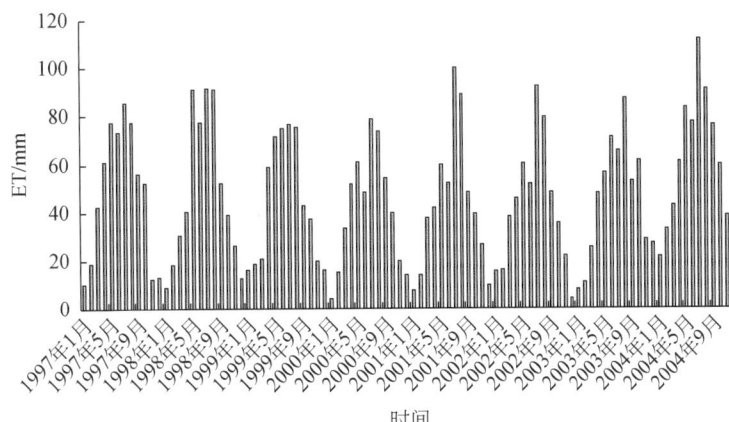

图 5-38　1997～2004 年全区域陆面各月总蒸发量

5.4.2.3 蒸散发空间分布特征

图 5-39 为天津市土壤蒸发空间分布图，从图中可以看出，植被覆盖密集的地区土壤蒸发相对较小，如北部山区林地和草地。土壤水蒸发较大的区域集中在天津市中部和东部平原区，沿海汉沽、塘沽和大港的海滩地蒸发量也较大，由此可以看出，土壤蒸发量除与下垫面情况有关外，还与土壤类型有关，中部平原土壤蒸发大的区域土壤类型为潮褐土。

图 5-40 为天津市植被蒸腾量空间分布图，植被蒸腾量大的区域主要是西北部平原区的蓟县南部平原区、宝坻、武清、宁河和静海，这五个区县为天津市主要农业区。相比之下北部山区天然林草的植被蒸腾量较低。

图 5-41 为天津市植被截留量蒸发空间分布图，对照土地利用图可知，在天津市域中，北部山区有林地和中高覆盖度草地的植被截留蒸发量最大，其次是平原旱地地区，与植被蒸腾量相似，蓟县、宝坻、武清、宁河和静海的植被截留量较大。

图 5-42 为天津市陆面总蒸发量空间分布图，从图中可以看出，天津市全区中，武清的陆面蒸发量最大，其次是宝坻、宁河、静海和蓟县南部平原区，可见农田区蒸发在全区耗水中所占比例较大。

图 5-43 和图 5-44 分别为天津市湿地蒸发量和水库蒸发量空间分布图，从图中可以明显的看出天津市的水域分布特征，湿地主要分布在东南部沿海，水分充足的区域蒸发量较大，如于桥水库。

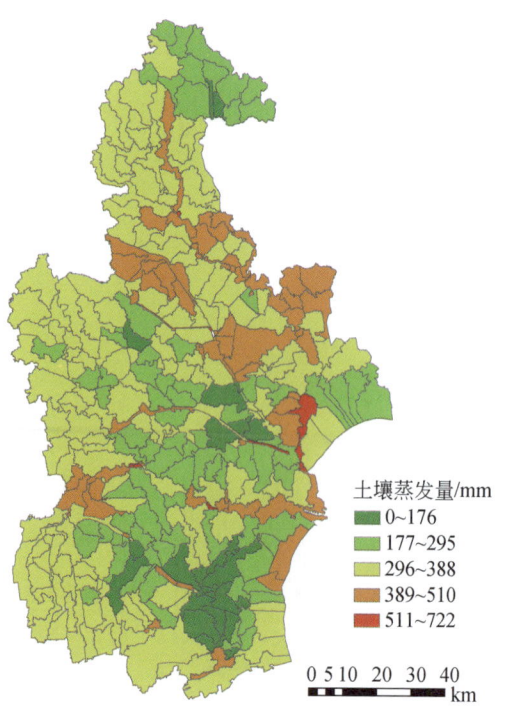

图 5-39　8 年平均土壤蒸发空间分布

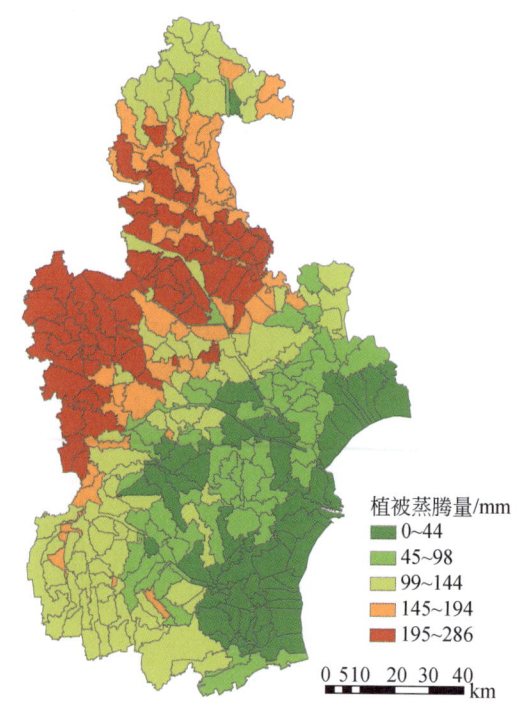

图 5-40　8 年平均植被蒸腾空间分布

第 5 章 | MODCYCLE 模型区域尺度研究应用二

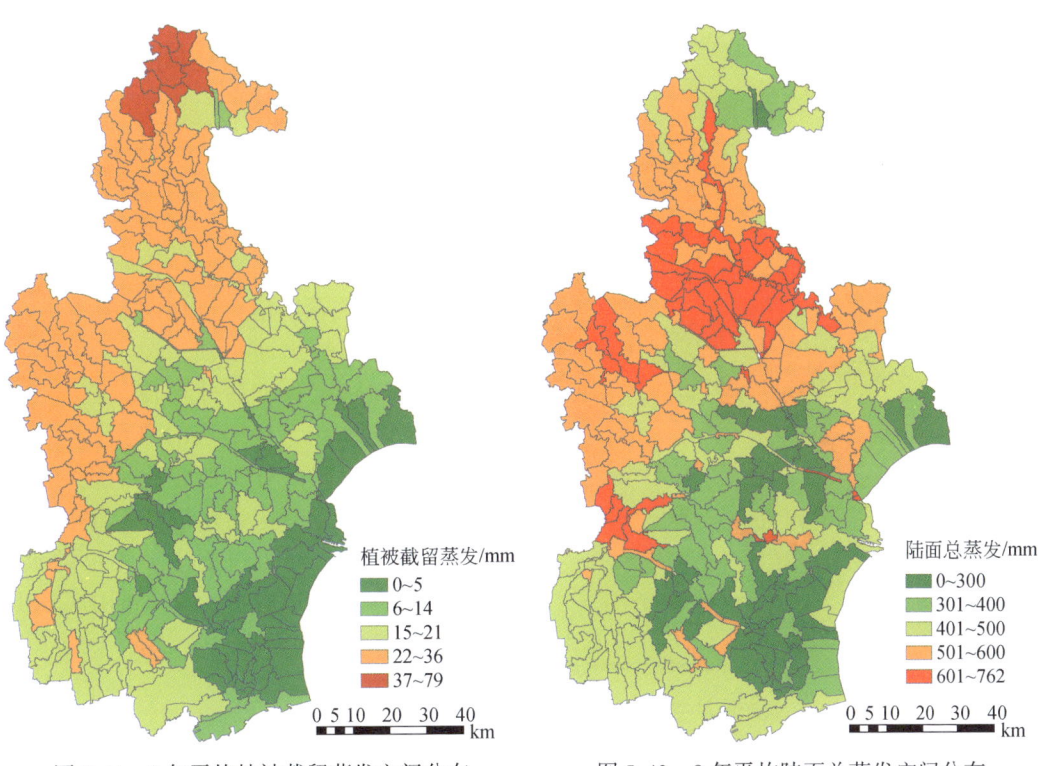

图 5-41　8 年平均植被截留蒸发空间分布　　　图 5-42　8 年平均陆面总蒸发空间分布

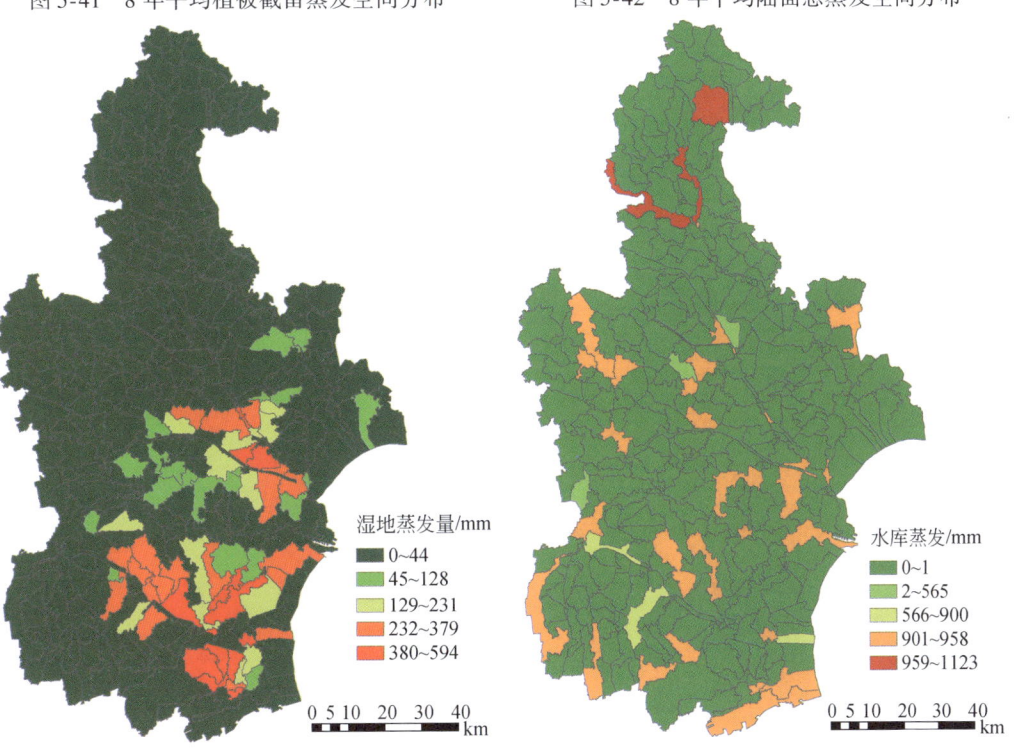

图 5-43　8 年平均湿地蒸发空间分布　　　　　图 5-44　8 年平均水库蒸发空间分布

5.4.3 地表产流量空间分布

图 5-45 为天津市 8 年平均陆面产流量空间分布图，从图中可以看出，陆面产流中山区产流量大于平原区产流，其中平原区中城市区产流大于农田产流。天津市平原区土地利用大部分为平原旱地，耕地间布满田埂和路坎，有效降雨被田埂阻挡，在土壤表面形成积水，达到一定深度后才产流，在这个过程中增加了积水在土壤表层的滞留时间，增加了下渗量，因此，与山地相比平原区的产流量非常低。模型中认为水面产流量即为水面降水量，从图 5-46 可以看出天津市的水面分布。由图 5-47 可以看出，天津市山区较少，总产流主要来自于水面降水量。

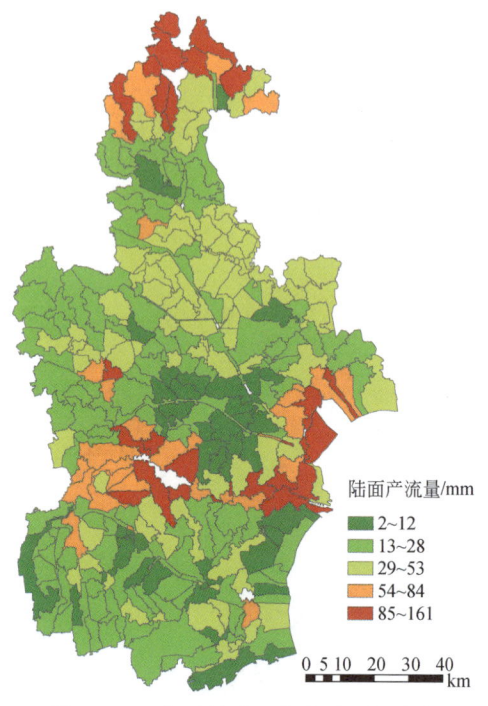

图 5-45　8 年平均陆面产流量空间分布

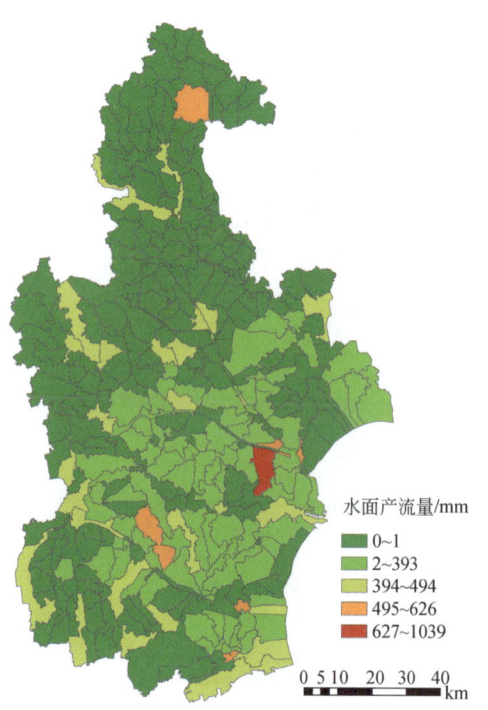

图 5-46　8 年平均水面产流量空间分布

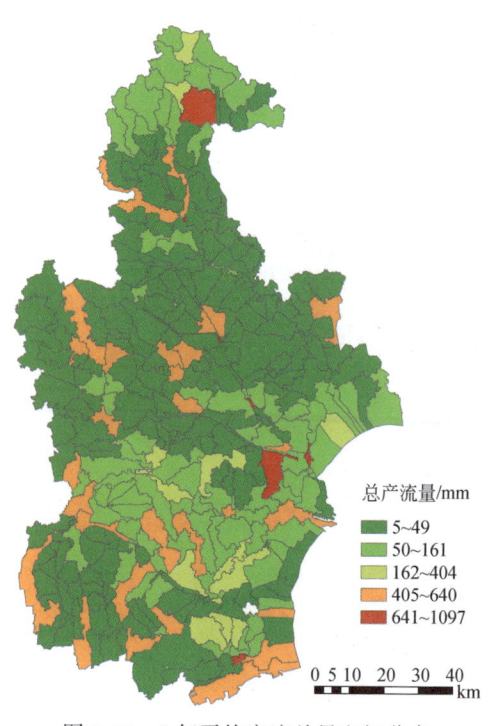

图 5-47　8 年平均产流总量空间分布

5.4.4 蓄变量年际分布

图 5-48 给出了模拟期内天津市土壤水和浅层地下水蓄变量分布情况。从图中可以看出，1997~2004 年天津市土壤水和浅层地下水蓄变量平均保持基本均衡的状态，两者变化趋势一致，但变化幅度不同。1998 年、2000 年、2001 年、2003 年土壤水蓄变量为正值，其中 2003 年最大，达到 3.8 亿 m³；1997 年、1999 年、2002 年及 2004 年的土壤蓄变量为负值，其中 1999 年负变量最大，为 −3.13 亿 m³。浅层地下水为正蓄变和负蓄变的年份与土壤蓄变量一致，其中正蓄变量的最大值也发生在 2003 年，为 3.55 亿 m³；最大的负蓄变量发生在 1997 年，为 3.93 亿 m³。综合分析，天津市土壤蓄变量和浅层地下水蓄变量是由降水和蒸发两大补排量决定的。

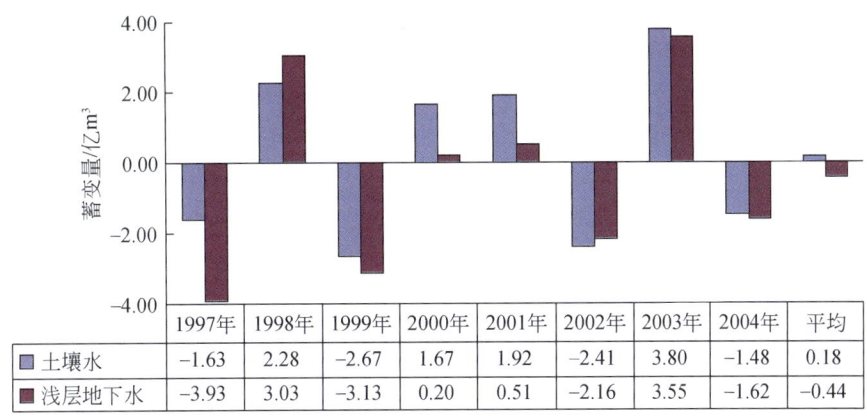

图 5-48　1997~2004 年天津市土壤水和浅层地下水蓄变量

5.5　本章小结

在本项目支撑下，本章利用中国水利水电科学院水资源所近期开发的二元水循环概念模型 MODCYCLE 模型，建立了天津市二元水循环模式下的概念性模型，由模拟结果可以看出模型应用于下垫面条件复杂、人类活动干扰强烈的重度资源型缺水地区，效果较好。

1）摸清了天津市社会经济及水资源概况。天津市位于华北平原东北部，海河流域下游，北依燕山，东临渤海。全市总面积 11 919.7km²，是我国四大直辖市之一，北方重要的工业城市，也是我国首批沿海对外开放城市之一。天津市行政区下辖 13 个区县。从水资源分区角度，天津市在海河流域中分属北三河山区、北四河下游平原和大清河淀东平原三个三级区。天津市地势为北高南低，区域地貌类型丰富，包括山地、丘陵、平原、洼地、海岸带、滩涂等。其中，平原占天津总面积的 93.9%。天津属暖温带半湿润大陆性季风气候，主要受温带季风控制，四季分明，春秋短促。境内有一级河道 19 条，二级河道

79 条，主要一级河道分置于海河流域的六个水系。根据《天津市水资源调查评价》结果，天津市多年平均地表径流量（1956~2000 年）为 10.65 亿 m^3，地下水总可采资源量为 5.46 亿 m^3，现状条件下，外调水有引滦水和引黄水，引滦水主要作为工业和城镇生活用水，引黄水为应急调度水源，未来规划中，南水北调中线和东线都将为天津市调水。

2）收集并处理了模型构建所需的输入数据，包括基础空间数据：数字高程图、土地利用类型图、土壤类型图、数字河系图等；主要水循环驱动数据有逐日气象数据、入境河流和入境流量、城市区退水及各行业用水等。其中难度最大的是农业用水展布，利用 MODCYCLE 开发的三个辅助程序——MakeMgt、SPLITHRU、MODIFYOPER 将天津市的旱地根据农作物种植结构进一步拆分，并根据灌溉制度和动态识别完成农作物灌溉。最终模型将天津市划分为 356 个子流域和 6707 个最小模拟单元。

3）对模型进行了率定与验证。传统水文模型一般是通过还原观测断面径流量对模拟效果进行检验，但伴随人类活动改造自然能力的增强，水循环体现出复杂的二元特性，强烈人类活动地区人工社会侧支水循环对整个水循环的影响远大于自然水循环，所以，强烈人类活动地区难以将观测径流量还原为天然状态下的径流量。因此，结合掌握的资料，本次研究从整个区域水循环角度提出六大检验目标：①二元水循环"四水转化"量必须平衡；②关键水资源量与天津市水资源评价结果接近；③区域年出境水量及其过程与实测资料接近；④区域 ET 量及变化过程与遥感 ET 相近；⑤主要作物模拟产量与统计产量相近；⑥浅层地下水位变化及过程与实测接近。模型从以上 6 个方面都得到了较好的验证，说明构建的天津市 MODCYCLE 模型能够较好地反映区域二元水循环特征，可以用来分析区域二元水循环规律。

4）利用构建的 MODCYCLE 模型分析了天津市主要的水循环规律。降水方面：模拟期内，1998 年、2003 年和 2004 年为丰水年，降水量超过了 550mm；1997 年、1999 年和 2002 年降水量较少，不足 400mm；年内降水量主要集中在 6~9 月，但是不同年份降水量分布不尽相同，其中年降水量比较大的年份中，5 月和 10 月也有比较大的降水量，另外，2000 年的年降水量集中在 7 月和 8 月，8 月单月降水量超过了 140mm。

区域蒸散发方面：模型中将水面与陆面分别模拟，水面蒸发包括水库蒸发、湿地蒸发及河道内蒸发和河岸蓄积蒸发，陆面蒸发在垂向上自上而下分别包括植被截留蒸发、植被蒸腾、积雪蒸发、土壤蒸发及地表积水蒸发。陆面蒸发中垂向上土壤蒸发所占比例最大，大于 50%；其次是植被蒸腾，所占比例为 20% 左右，植被截留蒸发、积雪蒸发和地表积水蒸发所占比例较小，均不足 5%。年际分布中，2004 年总蒸发量最大，达到 85.19 亿 m^3；2000 年总蒸发量最小，为 62.22 亿 m^3。植被截留年内蒸发量主要集中在 6~9 月，植被年内蒸腾量主要集中在 5~9 月，土壤蒸发量年内分布较广，3~10 月份都有比较大的蒸发量。天津市陆面总蒸发中，武清的陆面蒸发量最大，其次是宝坻、宁河、静海和蓟县南部平原区，可见农田区蒸发在全区耗水中所占比例较大；水域蒸发主要发生在东南部沿海一带。

地表产流方面：陆面产流中山区产流量大于平原区产流，其中平原区中城市区产流大于农田产流。天津市平原区土地利用大部分为平原旱地，耕地间布满田埂和路坎，有效降雨被田埂阻挡，在土壤表面形成积水，达到一定深度后才产流，在这个过程中增加了积水在土壤表层的滞留时间，增加了下渗量，因此，与山地相比平原区的产流量非常低。模型中水面产流量即为水面降水量，由于天津市水面较大、山区面积小，总产流主要来自于水面降水量。

蓄变量方面：1997~2004 年，天津市土壤水和浅层地下水蓄变量平均保持基本均衡的状态，两者变化趋势一致，但变化幅度不同。1998 年、2000 年、2001 年、2003 年土壤水蓄变量为正值，其中 2003 年最大，达到 3.8 亿 m^3；1997 年、1999 年、2002 年及 2004 年的土壤蓄变量为负值，其中 1999 年负变量最大，为 -3.13 亿 m^3。浅层地下水为正蓄变和负蓄变的年份与土壤蓄变量一致，其中正蓄变量的最大值也发生在 2003 年，为 3.55 亿 m^3；最大的负蓄变量发生在 1997 年，为 3.93 亿 m^3。综合分析，天津市土壤蓄变量和浅层地下水蓄变量是由降水和蒸发两大补排量决定的。

第6章 主要结论与展望

6.1 研究工作总结

综合本书的研究成果,在以下几个方面有一定创新意义。

1)研究提出了面向对象模块化的水文模型 MODCYCLE。通过吸收目前水循环研究的最新成果和综合二元水循环系统理论的指导思想,专题通过自主开发建立了面向对象模块化的水文模型 MODCYCLE,具有完全知识产权。不仅在模拟天然水循环过程方面比较全面,还能够可操作性地具体实现多种人类活动对水循环的影响和控制。通过海河流域田间尺度和区域尺度的验证应用,表明该模型能够适用于复杂下垫面和强人类活动干扰地区的水循环模拟。

2)将面向对象模块化设计方法和并行运算理念引入到水循环模型研究领域中。当前水文/水循环模型的发展比较迅速,由于涉及海量的输入数据和多过程的模拟计算,尤其需要以更加先进的理念和更加有效的数据组织方式进行模型开发,以提高模型后期扩展的灵活性和模型数据组织的高效性。MODCYCLE 通过面向对象方式进行了整体模型的开发工作,实现了模型的模块化设计,并较好实现了模块之间的数据分离和保护机制。另外,限于水文/水循环模型的综合性和复杂性,并行运算为目前高性能计算领域的研究热点,在水文/水循环模型研究领域应用比较少见。MODCYCLE 模型利用自身模块化设计对数据和方法的分离以及模型的水循环模拟原理实现了水文/水循环模型的并行运算,大幅提高了模型的运算效率,可为其他类似模型开发提供相关参考和经验。

3)提出了较为全面的二元水循环模拟验证方法。传统水文模型主要研究目的是预测洪水过程,重点在于产汇流方面,因此多数通过还原观测断面径流量对模拟效果进行检验。二元水循环模型的主要研究目的是区域水分转化通量及人类活动影响下的水循环响应,重点在于水平衡分析。目前对于水循环模拟检验尚未有系统成熟的思路。本次研究从区域水循环角度提出六大检验目标:①二元水循环"四水转化"量必须平衡;②关键水资源量与传统水资源评价结果接近;③河道径流及其过程与实测资料接近;④区域 ET 量及变化过程与遥感 ET 相近;⑤作物模拟产量与统计产量相近;⑥地下水位变化及过程与实测接近。这种检验方法体系比传统方法更严格、更全面、也更合理。

6.2 存在的问题和研究展望

变化环境下的水文循环及其生态环境演化过程、人-地关系的影响研究,是国际地球科学积极鼓励的创新前沿领域。本书在海河 973 项目的支持下开展了一定程度的工作，取得了部分成果，但限于水循环演变和水资源研究的复杂性，还有很多问题值得深入研究探讨。

　　一是对 MODCYCLE 模型的进一步开发。MODCYCLE 模型在 973 研究中从开发到应用仅 4 年左右的时间，其间虽然开展了大量工作并取得了一定的成果，但模型还需要继续完善。如进一步提高和细化模型对人类活动的描述能力、在模拟方法上吸收当前及今后的水循环机理研究成果改进模拟精度、在模型的物理性上进行增强、提高模型在洪水预测问题上的研究能力等。

　　二是在现有成果基础上推进 MODCYCLE 的应用。模型应用是模型改进的基础，只有在应用过程中才能不断发现模型应用时的局限性。目前 MODCYCLE 模型仅在海河流域开展了邯郸市和天津市两个典型区的研究，有可能对海河流域的整体情况考虑不全。另外除海河流域之外，模型尚未在我国北方其他流域或区域开展应用，如西北内陆地区、东北地区等。不同的流域有自身独有的水循环特征，模型的推广应用不仅可以增强对我国不同地区二元水循环研究的认识，而且可以从遇到的问题中找出模型改进的方向。

　　三是加强与水资源相关领域的交叉研究。水循环过程作为地球物质循环中的重要一环，存在着与其他循环过程之间的密切联系，如大气循环、生态循环、碳循环、污染物循环等。21 世纪水科学研究的趋势是多学科之间的交叉融合，强调综合研究。未来在深化水循环研究的同时，与其他学科之间的综合集成和协同互补将是重要的前进方向。水循环模型与流域生态模型、流域物质运移循环、水资源合理配置模型等的结合，都将有利于更加合理精确地分析水循环系统与其他系统之间的相互联系和制约，以解决单一研究时的局限性，使研究的基础更加坚实，同时也有利于模型在水资源综合管理中的应用。

参 考 文 献

白美健,许迪,蔡林根,等.2003.黄河下游引黄灌区渠道水利用系数估算方法.农业工程学报,19(3):80-84.
包为民,胡金虎.2000.黄河上游径流资源及其可能变化趋势分析.水土保持通报,20(02):15-18.
卞艳丽,侯爱中,张会敏,等.2009.浅议基于GIS的城区分布式水文模型研究.水资源与水工程学报,20(4):151-153.
曹云者,宇振荣,赵同科.2003.夏玉米需水及耗水规律的研究.华北农学报,18(2):47-50.
柴畸达雄.1982.地下水盆地管理:理论与实践.北京:地质出版社.
常秀芳,李高.2007.关于伯努利方程的几种新解法.雁北师范学院学报,23(2):89-92.
陈崇希,唐仲华.1990.地下水流动问题数值方法.武汉:中国地质大学出版社.
陈德辉,薛纪善.2004.数值天气预报业务模式现状与展望.气象学报,62(5):624-633.
陈家绮.1986.现代水文学发展的新阶段——水文水资源学.自然资源学报,1(2):46-53.
陈家琦,王浩.1996.水资源学概论.北京:中国水利水电出版社.
陈军锋,张明.2003.梭磨河流域气候波动和土地覆被变化对径流影响的模拟研究.地理研究,22(1):73-78.
陈腊娇,朱阿兴,秦承志,等.2011.流域生态水文模型研究进展.地理科学进展,30(5):535-544.
陈利群,王召森,石炼.2011.暴雨内涝后城市排水规划管理的思考.给水排水,37(10):29-33.
陈启生,戚隆溪.1996.有植被覆盖条件下土壤水盐运动规律研究.水利学报,1:38-46.
陈述彭,鲁学军,周成虎.2000.地理信息系统导论.北京:科学出版社.
陈亚新,于健.1998.考虑缺水滞后效应的作物-水模型研究.水利学报,4:70-74.
程炯,林锡奎,吴志峰,等.2006.非点源污染模型研究进展.生态环境,15(03):641-644.
程伟平,郑冠军,俞停超,等.2006.供水管网状态估计研究进展.中国给水排水,22(20):9-13.
邓慧平,李秀彬,陈军锋,等.2003.流域土地覆被变化水文效应模拟——以长江上游源头区梭磨河为例.地理学报,58(1):53-62.
丁继红,周德亮,马生忠.2002.国外地下水模拟软件的发展现状与趋势.勘察科学技术,1:37-42.
冯国章.2002.水事活动对区域水文生态系统的影响.北京:高等教育出版社.
高超,金高洁.2012.SWIM水文模型的DEM尺度效应.地理研究,31(3):399-408.
高富.2009.生态水文学的学科研究动态及在中国的发展方向.西部林业科学,38(4):104-107.
高庆先,徐影,任阵海.2002.中国干旱地区未来大气降水变化趋势分析.中国工程科学,(06):36-43.
高彦春,王长耀.2000.水文循环的生物圈方面(BAHC计划)研究进展.地理科学进展,19(2):97-103.
高迎春,姚治君,刘宝勤,等.2002.密云水库入库径流变化趋势及动因分析.地理科学进展,21(06):546-553.
高照全,张显川,王小伟.2006.桃树冠层蒸腾动态的数学模拟.生态学报,26(2):489-495.
顾用红,舒振文,张火青.2001.DEM在流域水文特征分析中的应用.人民珠江,4:5-7.
郭方,刘新仁,任立良,等.2000.以地形为基础的流域水文模型——TOPMODEL及其拓宽应用.水科学进展,9:296-301.
郭生练,熊立华,杨井,等.2000.基于DEM的分布式流域水文物理模型.武汉水利电力大学学报,

33（6）：1-5.
郭生练，熊立华，杨井，等．2001．分布式流域水文物理模型的应用和检验．武汉大学学报（工学版），34（01）：1-5，36.
郭潇，方国华，章哲恺．2008．跨流域调水生态环境影响评价指标体系研究．水利学报，9：1125-1130.
郭元裕．1997．农田水利学．北京：中国水利水电出版社．
国家自然科学基金委员会地球科学部．2006．地球科学"十一五"发展战略．北京：气象出版社．
何延波，杨琨．1999．遥感和地理信息系统在水文模型中的应用．地质地球化学，27（02）：99-103.
胡彩虹，郭生练，彭定志，等．2005．模型在流域径流模拟中的应用．人民黄河，27（10）：22-25.
胡和平，汤秋鸿，雷志栋，等．2003．干旱区平原绿洲散耗型水文模型——模型结构．水科学进展，15（2）：140-145.
胡雪涛，陈吉宁，张天柱，等．2002．非点源污染模型研究．环境科学，23（03）：124-128.
黄冠华，沈荣开，张瑜芳，等．1995．作物生长条件下蒸发与蒸腾的模拟及土壤水份动态预报．武汉水利水电大学学报，28（5）：481-487.
黄锡荃．1993．水文学．北京：高等教育出版社．
贾海鹏，张云泉，龙国平，等．2012 基于 OpenCL 的拉普拉斯图像增强算法优化研究．计算机科学，39（05）：271-277.
贾仰文．2003．WEP 模型的开发与应用．水科学进展，12：50-56.
贾仰文，王浩．2003．分布式流域水文模拟研究进展及未来展望．水科学进展，12：118-123.
贾仰文，王浩，等．2011．流域水循环及其伴生过程综合模拟．北京：科学出版社．
贾仰文，王浩，倪广恒，等．2005．分布式流域水文模型原理与实践．北京：中国水利水电出版社．
贾仰文，王浩，王建华，等．2005．黄河流域分布式水文模型开发与验证．自然资源学报，3（20）：300-308.
贾仰文，王浩，周祖昊，等．2010．海河流域二元水循环模型开发及其应用——I．模型开发与验证．水科学进展，21：1-8.
靳孟贵，张人权，方连玉，等．1999．土壤水资源评价的研究．水利学报，8：30-34.
康玲玲，李皓冰，李清杰，等．2001．干暖化对黄河上游宁蒙灌区灌溉耗水量影响初析．西北水资源与水工程，12（03）：1-5.
康绍忠，刘晓明，熊运章，等．1994．土壤-植物-大气连续体水分传输理论及其应用．北京：水利电力出版社．
康绍忠，蔡焕杰，梁银丽，等．1997．大气 CO_2 浓度增加对春小麦冠层温度、蒸发蒸腾与土壤剖面水分动态影响的试验研究．生态学报，17（4）：412-417.
柯葵，朱立明．2009．流体力学与流体机械．上海：同济大学出版社．
廊俊以．1987．论系统科学理论体系的创建．系统工程，3：23-26.
雷晓辉．2001．基于二元演化模式的流域水文模型初探．北京：中国水利水电科学研究院硕士学位论文．
雷志栋，杨诗秀，谢森传．1988．土壤水动力学．北京：清华大学出版社．
雷志栋，胡和平，杨诗秀．1999．土壤水研究进展与评述．水科学进展，10（03）：311-318.
李丹，张翔，张扬，等．2011．水文模型参数敏感性的区间分析．水利水电科技进展，31（1）：29-41.
李红霞．2009．无径流资料流域的水文预报研究．大连：大连理工大学博士学位论文．
李红霞，张新华，张永强，等．2011．缺资料流域水文模型参数区域化研究进展．水文，31（3）：13-17.
李兰，郭生练，李志永，等．2000．流域水文数学物理耦合模型//中国水利学会优秀论文集．北京：中国三峡出版社．

李磊, 徐宗学, 牛最荣, 等. 2013. 基于分布式水文模型的黑河流域天然植被耗水量估算. 北京师范大学学报（自然科学版）, 4 (49): 124-131.

李善同, 许新宜. 2004. 南水北调与中国发展. 北京: 经济科学出版社.

李致家, 包红军, 孔祥光, 等. 2005. 水文学与水力学相结合的南四湖洪水预报模型. 湖泊科学, 17 (4): 299-304.

刘昌明. 2003. 发挥南水北调的生态效益修复华北平原地下水. 南水北调与水利科技, 1 (1): 17-19.

刘昌明, 陈效国. 2001. 黄河流域水资源演化规律与可再生性维持机理研究和进展. 郑州: 黄河水利出版社.

刘昌明, 孙睿. 1999. 水循环的生态学方面: 土壤–植被–大气系统水分能量平衡研究进展. 水科学进展, 10 (3): 251-259.

刘昌明, 王会肖, 等. 1999. 土壤–作物–大气界面水分过程与节水调控. 北京: 科学出版社.

刘昌明, 王中根, 郑红星, 等. 2008. HIMS 系统及其定制模型的开发与应用. 中国科学 (E 辑: 技术科学), 38 (03): 350-360.

刘昌明, 魏忠义. 1986. 华北平原农业水文及水资源. 北京: 科学出版社.

刘昌明, 张喜英, 由懋正. 1998. 大型蒸渗仪与小型裸间蒸发器结合测定冬小麦蒸发蒸腾的研究. 水利学报, 10: 36-39.

刘昌明, 郑红星, 王中根. 2006. 流域水循环分布式模拟. 郑州: 黄河水利出版社.

刘春蓁. 2003. 气候变异与气候变化对水循环影响研究综述. 水文, 8: 1-7.

刘国纬. 1997. 水分循环的大气过程. 北京: 科学出版社.

刘宏伟, 余钟波, 崔广柏, 等. 2009. 湿润地区土壤水分对降雨的响应模式研究. 水利学报, 40 (7): 822-829.

刘卉芳, 朱清科, 孙中峰, 等. 2005. 黄土坡面不同土地利用与覆被方式的产流产沙效应. 干旱地区农业研究, 23 (2): 137-141.

刘军志, 朱阿兴, 秦承志, 等. 2013. 分布式水文模型的并行计算研究进展. 地理科学进展, 32 (4): 538-547.

刘群昌, 谢森传. 1998. 华北地区夏玉米田间水分转化规律研究. 水利学报, 1: 62-68.

刘树华, 李新荣, 刘立超, 等. 2001. 陆面过程参数化模式的研究. 中国沙漠, 21 (3): 303-311.

刘苏峡, 刘昌明. 1997. 90 年代水文学研究的进展和趋势. 水科学进展, 8 (4): 366-369.

刘苏峡, 夏军, 莫兴国. 2005. 无资料流域水文预报 (PUB 计划) 研究进展. 水利水电技术, 36 (2): 9-12.

刘贤赵. 2004. 论水文尺度问题. 干旱区地理, 27 (1): 61-65.

刘贤赵, 黄明斌. 2003. 黄土丘陵沟壑区森林土壤水文行为及其对河川径流的影响. 干旱地区农业研究, 21 (2): 72-76.

刘永强, 丁一汇. 1995. 区域气候模拟研究. 应用气象学报, 6 (2): 228-239.

柳长顺, 陈献, 乔建华. 2004. 流域水资源管理研究进展. 水利发展研究, 11: 19-22.

娄华君, 毛任钊, 夏军, 等. 2002. 中国地下水资源系统三级分区及其在海河流域的应用. 地理科学进展, 21 (6): 554-563.

卢风顺, 宋君强, 银福康, 等. 2011. CPU/GPU 协同并行计算研究综述. 计算机科学, 38 (3): 5-9.

陆垂裕, 秦大庸, 张俊娥, 等. 2012. 面向对象模块化的分布式水文模型 MODCYCLE——I: 模型原理与开发篇. 水利学报, 43: 1287-1295.

吕达仁, 陈佐忠, 陈家宜, 等. 2002. 内蒙古半干旱草原土壤植被大气相互作用 (IMGRASS) 综合研究.

地学前缘，9（2）：295-306.

吕广仁.1999.利用回归水灌溉是河套灌区节水灌溉的重要途径之一.内蒙古水利，3：44-45.

罗毅，于强，欧阳竹，等.2001.SPAC系统中的水热CO_2通量与光合作用的综合模型（I）：模型建立.水利学报，2：90-96.

马李一，孙鹏森，马履一.2001.油松、刺槐单木与林分水平耗水量的尺度转换.北京林业大学学报，23（4）：1-5.

马太玲，袁保惠，梅金铎.2001.内蒙河套灌区建立回归水灌溉系统可行性分析.灌溉排水，20（2）：69-72.

马蔚纯，陈立民，李建忠，等.2003.水环境非点源污染数学模型研究进展.地球科学进展，18（03）：358-366.

穆兴民，王文龙，徐学选.1999.黄土高原沟壑区水土保持对小流域地表径流的影响.水利学报，2：71-75.

庞靖鹏，刘昌明，徐宗学.2010.密云水库流域土地利用变化对产流和产沙的影响.北京师范大学学报（自然科学版），46（03）：290-299.

庞靖鹏，徐宗学，刘昌明.2007.SWAT模型研究应用进展.水土保持研究，14（3）：31-34.

裴冬，张喜英，李坤.2000.华北平原作物棵间蒸发占蒸散比例及减少棵间蒸发的措施.中国农业气象，21（4）：33-37.

裴源生，王建华，罗林.2004.南水北调对海河流域水生态环境影响分析.生态学报，24（10）：2116-2123.

齐学斌，杨素哲.2002.西北内陆区发展节水灌溉与生态环境有关问题的思考.中国水利学会2000年学术会议论文集.286-288.

钱正英，张光斗.2001.中国可持续发展水资源战略研究（综合报告及各专题报告）.北京：中国水利水电出版社.

秦大河.2005.中国气候与环境演变.北京：科学出版社.

秦大庸，吕金燕，刘家宏，等.2008.区域目标ET的理论与计算方法.科学通报，53（19）：2384-2390.

仁国玉.2007.气候变化与中国水资源.北京：气象出版社.

任立良.2000.流域数字水文模型研究.河海大学学报，7：1-7.

任立良，张炜，李春红，等.2001.中国北方地区人类活动对地表水资源的影响研究.河海大学学报，29（4）：13-18.

阮士松.2007.一种新型双翻斗雨量计的研制.四川林业科技，28（2）：25-32.

芮孝芳.1997.流域水文模型研究中的若干问题.水科学进展，8（1）：94-98.

芮孝芳，黄国如.2004.分布式水文模型的现状与未来.水利水电科技进展，24（2）：55-61.

芮孝芳，梁霄.2011.水文学的现状及未来.水利水电科技进展，31（02）：1-4.

芮孝芳，朱庆平.2002.分布式流域水文模型研究中的几个问题.水利水电科技进展，22（3）：56-62.

芮孝芳，凌哲，刘宁宁，等.2012.新安江模型的起源及对其进一步发展的建议.水利水电科技进展，32（4）：1-5.

沈振荣，张瑜芳，杨诗秀.2000.水资源科学实验与研究——大气水、地表水、土壤水、地下水相互转化关系.北京：中国科技出版社.

施雅风.1990.华北地区水资源合理开发利用.北京：水利电力出版社.

宋晓猛，占车生，孔凡哲，等.2011.大尺度水循环模拟系统不确定性研究进展.地理学报，66（3）：396-406.

苏凤阁．2001．大尺度水文模型及其与陆面模式的耦合研究．南京：河海大学博士学位论文．
苏静波．2006．工程结构不确定性区间分析方法及其应用研究．南京：河海大学博士学位论文．
汤秋鸿，田富强，胡和平．2004．干旱区平原绿洲散耗型水文模型——模型应用．水科学进展，15（2）：146-150．
唐莉华，张思聪．2002．小流域产汇流及产输沙分布式模型的初步研究．水力发电学报，76（1）：119-127．
童春富．2004．河口湿地生态系统结构、功能与服务——以长江口为例．上海：华东师范大学博士学位论文．
万洪涛，周成虎，万庆．2001．流域水文模型计算域离散方法．地理科学进展，20（4）：347-354．
汪明娜，汪达．2002．调水工程对环境利弊影响综合分析．水资源保护，4：10-14．
王佰伟，李哲，田富强，等．2011．基于物理机制的分布式水文模型对三峡区间径流的模拟．清华大学学报（自然科学版），52（1）：209-219．
王大纯，张人权，史毅红，等．2006．水文地质学基础．北京：地质出版社．
王馥棠．2002．近十年来我国气候变暖影响研究的若干进展．应用气象学报，（06）：755-766．
王根绪，钱鞠，程国栋．2001．生态水文科学研究的现状与展望．地球科学进展，16（3）：314-323．
王光谦，刘家宏．2006．数字流域模型．北京：科学出版社．
王浩，陈敏建，秦大庸，等．2003．西北地区水资源合理配置和承载能力研究．郑州：黄河水利出版社．
王浩，贾仰文，王建华，等．2005．人类活动影响下黄河流域水资源演化规律初探．自然资源学报，3（20）：157-162．
王浩，王建华，秦大庸，等．2006．基于二元水循环模式的水资源评价理论方法．水利学报，37：1496-1502．
王浩，杨贵羽，贾仰文，等．2006．土壤水资源的内涵及评价指标体系．水利学报，37（4）：389-394．
王加虎．2006．分布式水文模型理论与方法研究．南京：河海大学博士学位论文．
王健，蔡焕杰，陈凤，等．2004．夏玉米田蒸发蒸腾量与棵间蒸发的试验研究．水利学报，11：108-113．
王疆霞，李云峰，徐中华．2003．GIS 技术及其在水文学和水资源管理方面的应用．西北地质，36（1）：109-114．
王腊春，熊江波．1997．用遥感资料建立分块产流模型．地理科学，2：76-80．
王敏嬬．2011．基于 ArcGIS 和 DEM 在水文流域模拟中的应用．地下水，33（4）：159-161．
王少丽，Randin N．2001．一种简单的年降雨-径流概念模型．水文，5：20-22．
王昕皓．1985．非点源污染负荷计算的单元坡面模型法．中国环境科学，15（5）：62-67．
王秀英，曹文洪，付玲燕，等．2001．分布式流域产流数学模型的研究．水土保持学报，15（3）：38-40．
王旭升，陈崇希．2004．砂井地基固结的三维有限元模型及应用．岩土力学，25（01）：94-98．
王志国，王东海，高焰，等．2002．济南泉域地下水补给区保护分级及核心保护区承载力分析．重庆环境科学，24（6）：14-17．
王志民，任宪韶，郭宏宇．2000．面向 21 世纪的海河水利．天津：天津科学技术出版社．
王中根，刘昌明，黄友波．2003．SWAT 模型的原理、结构及应用研究．地理科学进展，22（1）：79-86．
王中根，刘昌明，吴险峰．2003．基于 DEM 的分布式水文模型研究综述．自然资源学报，18（2）：168-175．
王忠静，杨芬，赵建世，等．2008．基于分布式水文模型的水资源评价新方法．水利学报，39（12）：1279-1285．
危起伟，班璇，李大美．葛洲坝 2007．下游中华鲟产卵场的水文学模型．湖北水力发电，68（02）：4-6．

魏占民. 2003. 干旱区作物–水分关系与田间灌溉水有效性的 SWAP 模型模拟研究. 呼和浩特：内蒙古农业大学博士学位论文.

魏忠义，汤奇成. 1997. 西北干旱区地表水与地下水资源转换的几个问题探讨. 自然资源，6：35-40.

吴从林，黄介生，沈荣开. 2000. 地膜覆盖条件下 SPAC 系统水热耦合运移模型的研究. 水利学报，11：89-96.

吴剑峰，朱学愚. 2000. 由 MODFLOW 浅谈地下水流数值模拟软件的发展趋势. 工程勘察，2：12-15.

吴凯，唐登银，谢贤群. 2000. 黄淮海平原典型区域的水问题和水管理. 地理科学进展，19（2）：136-141.

吴望一. 1983. 流体力学. 下册. 北京：北京大学出版社.

吴贤忠. 2011. 流域水文模型研究进展综述. 水利工程，2：35-41.

吴险峰，刘昌明. 2002. 流域水文模型研究的若干进展. 地理科学进展，21（4）：341-348.

武强，董东林. 2001. 试论生态–水文学主要问题及研究方法. 水文地质工程地质，28（2）：69-72.

夏军. 2002. 全球变化与水文学科新的进展与挑战. 资源科学，24（3）：1-7.

夏军. 2011. 水文学科发展与思考. 21 世纪中国水文科学研究的新问题新技术和新方法. 北京：科学出版社.

夏军，朱一中. 2002. 水资源安全度量：水资源承载力的研究与挑战. 自然资源学报，17（3）.

夏军，丰华丽，谈戈，等. 2003. 生态–水文学——概念、框架和体系. 灌溉排水学报，22（1）：4-10.

夏军，左其亭，邵民成. 2003. 博斯腾湖水资源可持续利用：理论·方法·实践. 北京：科学出版社.

夏自强，李琼芳. 2001. 土壤水资源及其评价方法研究. 水科学进展，12（4）：535-540.

肖德安，王世杰. 2009. 土壤水研究进展与方向评述. 生态环境学报，18（3）：1182-1188.

肖洪浪，李锦秀，赵良菊，等. 2007. 土壤水异质性研究进展与热点. 地球科学进展，22（9）：954-959.

熊立华，郭生练. 2004. 分布式流域水文模型. 北京：中国水利水电出版社.

徐宗学. 2009. 水文模型. 北京：科学出版社.

徐宗学. 2010. 水文模型：回顾与展望. 北京师范大学学报（自然科学版），46（3）：278-289.

徐宗学，程磊. 2010. 分布式水文模型研究与应用进展. 水利学报，41（9）：1009-1017.

许继军，杨大文，丁金华，等. 2007. 空间嵌套式流域水文模型的初步研究——以三峡水库入库洪水预报为例. 水利学报（增刊），0365-07：365-371.

许新宜，王浩，甘弘. 1997. 华北地区宏观经济水资源规划理论与方法. 郑州：黄河水利出版社.

严登华，何岩，邓伟，等. 2001. 生态–水文学研究进展. 地理科学，21（5）：467-473.

杨邦，任立良，陈福荣，等. 2009. 无资料地区水文预报（PUB）不确定性研究. 水电能源科学，4：7-10.

杨诚芳. 1992. 地表水资源与水文分析. 北京：水利电力出版社.

杨大文，楠田哲也. 2005. 水资源综合评价模型及其在黄河流域的应用. 北京：中国水利水电出版社.

杨建锋，李宝庆，李运生，等. 1999. 浅地下水埋深区潜水对 SPAC 系统作用的初步研究. 水利学报，7：27-32.

杨建锋，李宝庆，刘士平，等. 2000. 地下水对农田腾发过程作用研究进展. 农业工程学报，16（3）：45-49.

杨胜天，赵长森. 2015. 遥感水文. 北京：科学出版社.

杨晓光，陈阜，宋冬梅，等. 2000. 华北平原农业节水实用措施试验研究. 地理科学进展，19（2）：162-166.

叶守泽，夏军. 2002. 水文科学研究的世纪回眸与展望. 水科学进展，13（1）：93-104.

游立军, 张容焱, 唐振飞, 等 . 2014. 基于水文模型及水动力模型的山洪临界雨量研究 . 第31届中国气象学会年会, 265-273.

于赢东, 刘家宏, 秦大庸, 等 . 2010. 黑龙港地区土壤含水量的垂向分布研究 . 节水灌溉, 4: 23-25.

袁建平, 雷廷武, 郭索彦, 等 . 2001. 黄土丘陵区小流域土壤入渗速率空间变异性 . 水利学报, 10: 88-92.

袁艺, 史培军 . 2001. 土地利用对流域降雨–径流关系的影响——SCS模型在深圳市的应用 . 北京师范大学学报（自然科学版）, 37 (01): 131-136.

张建云, 何惠 . 1998. 应用地理信息进行无资料地区流域水文模拟研究 . 水科学进展, 9 (4): 345-350.

张建云, 宋晓猛, 王国庆, 等 . 2014. 变化环境下城市水文学的发展与挑战——I. 城市水文效应 . 水科学进展, 25 (04): 594-605.

张建云, 王国庆, 等 . 2007. 气候变化对水文水资源影响研究 . 北京: 科学出版社 .

张利平, 秦琳琳, 胡志芳, 等 . 2010. 南水北调中线工程水源区水文循环过程对气候变化的响应 . 水利学报, 41 (11): 1261-1271.

张蔚榛 . 1983. 地下水非稳定流计算和地下水资源评价 . 北京: 科学出版社 .

张浙, 杨世铭, 刘伟 . 1996. 土壤–植物–大气复合系统内水热迁移特性 . 上海交通大学学报, 30 (3): 92-96.

章光新 . 2006. 关于流域生态–水文学研究的思考 . 科技导报, 24 (12): 42-44.

赵东辉 . 1997. 静水法渠道渗漏测试分析 . 防渗技术, 3 (2): 17-20.

赵静 . 2010. 黑河流域陆地水循环模式及其对人类活动的响应研究 . 中国地质大学（北京）.

赵玲玲, 夏军, 许崇育, 等 . 2013. 水文循环模拟中蒸散发估算方法综述 . 地理学报, 68 (1): 124-133.

赵人俊 . 1984. 流域水文模拟——新安江模型和陕北模型 . 北京: 水利电力出版社 .

赵文智, 程国栋 . 2001. 生态–水文学–揭示生态格局和生态过程水文学机制的科学 . 冰川冻土, 23 (4): 450-457.

赵文智, 程国栋 . 2008. 生态水文研究前沿问题及生态水文观测试验 . 地球科学进展, 23 (7): 671-674.

周华锋, 马克明, 傅伯杰, 等 . 1999. 人类活动对北京东灵山地区景观格局影响分析 . 自然资源学报, 2: 117-122.

周祖昊 . 2005. 变化环境下黄河流域水资源演变规律研究 . 北京: 中国水利水电科学研究院博士后研究工作报告 .

朱冬冬, 周念清, 江思珉 . 2011. 城市雨洪径流模型研究概述 . 水资源与水工程学报, 22 (03): 132-137.

朱利, 张万昌 . 2005. 基于径流模拟的汉江上游区水资源对气候变化响应的研究 . 资源科学, 27 (02): 16-22.

左金清, 王介民, 黄建平, 等 . 2010. 半干旱草地地表土壤热通量的计算及其对能量平衡的影响 . 高原气象, 29 (04): 840-848.

左其亭, 郭丽君, 平建华, 等 . 2012. 干旱区流域水文–生态过程耦合分析与模拟研究框架 . 南水北调与水利科技, 10 (1): 102-120.

Abbott M B, Bathurst J C, Cinge J A, et al. 1986. An introduction to the european hydrological system- systeme hydrologique european, "SHE". 1: History and philosophy of a physically based distributed modeling system. Journal of Hydrology, 87: 45-59.

Allen R G, et al. 1989. Operational estimates of reference evapotranspiration. J. Agron, 81: 650-662.

Anderson E A. 1976. A Point Energy and Mass Balance Model of a Snow Cover. Silver Spring, MD: US

Department of Commerce & National Oceanic and Atmospheric Administration & National Weather Service, NOAA Technical Report NWS19: 1-150.

Apostolopoulos T K, Georgakakos K P. 1997. Parallel computation for streamflow prediction with distributed hydrologic models. Journal of Hydrology, 197 (1-4): 1-24.

Arnold J G, William J R, Maidment D R. 1995. Continuous-time water and sediment-routing model for large basins. Journal of Hydraulic Engineering, 121 (2): 171-183.

Becker A, Bloschl G, Hail A. 1999. Special issue on land surface heterogeneity and scaling in hydrology. Journal of Hydrology, 3: 217-231.

Belmans C, Wesseling J G, Feddes R A. 1983. Simulation model of the water balance of a cropped soils: SWATRE. Journal of Hydrology, 63: 271-286.

Betson R P, Marius J P. 1969. Source areas of storm runoff. Water Resources Research, 5 (3): 574-582.

Beven K J, Kirkby M J. 1979. A physically based variable contributing area model of basin hydrology. Hydrological Science Bulletin, 24 (1): 43-69.

Beverly C R, Nathan R J, Malafant W J, Fordham D P. 1999. Development of a simplified unsaturated module for providing recharge estimates to saturated groundwater models. Hydrological Process, 13: 653-675.

Bjerknes V. 1904. Das problem der wetterv orhersage, betrachtet V om stanpunkt der m echanik und der physik. Meteor Zeits, 21: 1-7.

Bloschl G, Sivapalan M. 1995. Special issue on scale issues in hydrological modeling. Hydrology Processes. 9: 251-290.

Boonya-Aroonnet S, Weesakul S, Mark O. 2002. Modeling of Urban Flooding in Bangkok. Global Solutions for Urban Drainage. Virginia, ASCE publication.

Boswell V G. 1926. The influence of temperature upon the growth and yield of garden peas. Proceedings of the American Society for Horticultural Science, 23: 162-168.

Boulet G, Kalmab J D, Brauda I, et al. 1999. An assessment of effective land surface parameterization in regional-scale water balance studies. Journal of Hydrology, 217: 225-238.

Bowen I S. 1926. The ratio of heat losses by conduction and by evaporation from any water surface. Phys. Rew. Series2, 27: 779-787.

Brun S E, Band L E. 2000. Simulationg runoff behavior in an urbanizing watershed. Computers, Environment and Urban System, 24: 5-22.

Buckingham E. 1907. Studies on the movement of soil moisture. Bur of Soil Bull. 38 US Department of Agriculture, Washington DC.

Butts M B, Payne J T, Kristensen M, et al. 2004. An evaluation of the impact of model structure on hydrological modeling uncertainty for streamflow simulation. Journal of Hydrology, 298: 242-266.

Charbonneau R, Fortin J P, Morin G. 1977. The CEQUEAU model: Description and examples of its use in problems related to water resource management. Hydrological Science Bulletin, 22 (1/3): 193-202.

Charney J G, Fjrtoft R, Neuman J V. 1950. Numercial integration of the barotropic vorticity equation. Tellus, 2: 237-254.

Cheng J R C, Hunter R M, Cheng H P, et al. 2005. Parallelization of the WASH123D code, Phase II: Coupled two-dimensional overland and three-dimensional subsurface flows. Proceedings of World Water and Environmental Resources Congress 2005. Anchorage, Alaska, United States, May 15-19.

Choi J Y, Engel B A, Chung H W. 2002. Daily stream flow modeling and assessment based on the curve-number technique. Hydrological Processes, 16: 3131-3150.

Clark C O. 1945. Storage and the unit-hydrograph. Amer Sov Civ Engin, 110: 1416-1446.

Crooks S, Davies H. 2001. Assessment of land use change in the Thames catchment's and its effect on the flood regime of the river. Physics and Chemistry of the Earth (B), 26: 583-591.

Darcy H. 1856. Les fontaines publiques de la ville de Dijon. Paris: Dalmont.

De Vries J J, Simmers I. 2002. Groundwater recharge: an overview of processes and challenges. Hydrogeology Journal, 10: 5-17.

Dingman S L. 1994. Physical Hydrology. New York: MacMillan College Publishing Company.

Dooge J C. 1972. Mathematical models of hydrologic systems. Proceedings of the International Symposium on Modelling Techniques in Water Resources Systems, Ottawa, Canada, 1: 171-192.

Dunn S M, Mackay R. 1995. Spatial variation in evapo-transpiration and influence of land use on catchment's hydrology. Journal of Hydrology, 171: 49-73.

Dunne T, Blaek R D. 1970. An experimental investigation of runoff prediction in permeable soils. Water Resources Researeh, 6 (2).

Dunne T, Zhang W, Aubry B F. 1991. Effects of rainfall intensity, vegetation, and microtopography on infiltration and runoff. Water Resour. Res, 27: 2271-2285.

Dupuit J. 1863. études théoriques et pratiques sur le mouvement des eaux dans les canaux découverts et à travers les terrains perméables, 2nd ed. Dunod, Paris, France.

Eagleson P S. 2002. Ecohydrology: Darwinian Expression of Vegetation Form and Function. Cambridge: Cambridge University Press.

Freeze R A, Harlan R L. 1969. Blueprint for a physically-based digitally-simulated hydrological response model. Journal of Hydrology, 9: 237-258.

Green W H, Ampt G A. 1911. Studies on soil physics I Flow of air and water through soils. Journal of Agricultural Science, 4 (1): 1-24.

Gupta V K, Mesa O J, Dawdy D R. 1994. Multiscaling theory of flood peaks: Regional quantile analysis. Water Resource Research, 30 (12): 3405-3421.

Harrison L P. 1963. Fundamental Concepts and Definitions Relating Harrison L P. 1963. Fundamental Concepts and Definitions Relating to Humidity. Wexler A. Humidity and Moisture, Vol. 3, New York: Reinhold Publishing Company.

Harrlod L L. 1962. Influence of land use and treatment on the hydrology of small watershed at coshoctonm, ohio. Tech-nical Bulletin, No. 1256.

Hayami S. 1951. On the Propagation of flood waves. Disaster Prevention Res Inst Bull. Kyoto University. Japan. 1: 1-16.

Hewlett J D, Hibbert A R. 1963. Moisture and energy conditions within a sloping soil mass during drainage. Journal of Geophysical Research, 68 (4): 1081-1087.

Horton R E. 1933. The role of infiltration in the hydrological cycle. Trans. A. m. GeoPhys. Union, 14: 446-460.

Hossain F, Anagnostou E N. 2005. Assessment of a stochastic interpolation based parameter sampling scheme for efficient uncertainty analysis of hydrologic models. Computers & Geosciences, 31: 497-512.

Hudecha Y, Bardossy A. 2004. Modeling of the effect of land use changes on the runoff gerneration of a river basin through parameter regionalization of a watershed model. Journal of Hydrology, 292: 281-295.

Ingram H A. 1987. Ecohydrology of Scottish peatlands. Transactions of the Royal Society of Edinburgh: Earth

Sciences, 78 (4): 287-296.

Jasper K, Gurtz J, Lang H. 2002. Advanced flood forecasting in Alpine watersheds by coupling meteorological observations and forecasts with a distributed hydrological model. Journal of Hydrology, 267: 40-52.

Jenson M E. 1963. Estimating evapotranspiration from solarradiation. Journal of the Irrigation and Drainage Division, (12): 15-41.

Jenson S K, J O Domingue. 1988. Extracting Topographic Structure from Digital Elevation Data for Geographic Information System Analysis. Photogrammetric Engineering and Remote Sensing, 54 (11): 1593-1600.

Ji J J, Hu Y. 1989. A simple land surface process model for use in climate study. Acta Meteorological Sincia, 3 (3): 344-353.

Jia Y W, Ni G, Kawahara Y, et. al. 2001. Development of WEP model and its application to an urban watershed. Hydrological Processes, 15 (11): 2175-2194.

Jin M G, Zhang R Q, Gao Y F. 1998. Sustainable irrigation with brackish groundwater in Heilonggang region, China. Journal of China University of Geosciences, 9 (1): 90-94.

Jin M G, Zhang R Q, Sun L F. 1999. Temporal and spatial soil water management: A case study in the Heilonggang region, China. Agricultural Water Management, 42: 173-187.

John D S. 1996. Monitoring the effects of timber harvest on annualwater yield. Joumal of Hydrology, 176: 79-95.

Johnson R C. 1991. Effects of Up land A Forestation on Water Resources the Balquhidder Experiments 1981-1991. Insritute of Hydrology, Wallingford, Rep, 116-121.

Jones C A, Kiniry J R. 1986. CERES-Maize: A simulation model of maize growth and development. Texas: Texas A&M University Press, College Station.

Karsten J, Joachim G, Herbert L. 2002. Advanced Flood Forecasting in Alpine Watersheds by Coupling Meteorological Obervations and Foresasts with a Distributed Hydrological Model. Journal of Hydrology, 267: 40-52.

Keating A B, Gaydon D, Huth N I, et al. 2002. Use of modeling to explore the water balance of dryland farming systems in the Murray-Darling Basin. Australia. Europe Journal of Agronomy, 18: 159-169.

Kollet S J, Maxwell R M. 2006. Integrated surface-groundwater flow modeling: A free-surface overland flow boundary condition in a parallel groundwater flow model. Advances in Water Resources, 29 (7): 945-958.

Krause P. 2002. Quantifying the impact of land use changes on the water balance of large catchments using the J2000 model. Physics and Chemistry of the Earth (B), 27: 663-673.

Liang X, Lettenmaier D P, Wood E F, et al. 1994. A simple hydrological based model of land surface water and energy fluxes for general circulation models. Journal of Geophysics Research, 99 (D7): 14415-14428.

Lin C A, Wen L, B land M, et al. 2002. A Coupled Atmospheric-hydrological Modeling Study of the 1996 HaHa River Basin Flash Flood in Qu bec, Canada. Geophysical Researchletters, 29 (2): 131-134.

Lin Z, Beck B. 2009. Error and uncertainty in the structure of a model: Propagating into forecasts. American Geophysical Union, Fall Meeting 2009, H23L-07.

Liu Z Y, Todini E. 2002. Towards a comprehensive physically-based Rainfall-Rainoff model. Hydrology and Earth System Sciences, 6 (5): 859-881.

Llamas R, Back W. Margat J. 1992. Groundwater Use: Equilibrium between social benefits and potential environmental cost. Applied Hydrogoly, 2: 3-14.

Ma J. 1997. Sustainable Exploitation and utilization of water resources in the inland river basin of arid northwest China. Chinese Geographical Sciences, 7 (4): 347-351.

Madulu N F. 2003. Integrated water supply and water demand for sustainable use of water resources. Physics and Chemistry of the Earth (B), 28 (20-27): 759-760.

Manning R. 1889. On the flow of water in open channels and pipes. Trans., Institution of Civil Engineers of Ireland, 20: 161-207.

McCarthy G T. 1938. The unit hydrograph and Flood routing. Presented at Conf North Atl Div US Crops Eng.

McDonald M G, Harbaugh A W. 1988. A modular three-dimensional finite difference ground-water flow model. US Geological Survey Techniques of Water Resources Investigations, Book 6.

McDonnell J J. 2003. Where does water go when it rains? Moving beyond the variable source area concept of rainfall-runoff response. Hydrological Processes, 17: 1869-1875.

Meyer O K. 1941. Simplified flood routing CivilEngineering. NewYork. 11 (5): 306-307.

Mihailovich D T. 1996. Description of land-air parameterization scheme (LAPS). Global and Planetary Change, 13: 207-215.

Mihailovich D T, Rajkovic B, Lalic B, et al. 1996. The Main Features of the hydrological module in the Land Air Parameterization Scheme (LAPS). Physics and Chemistry of the Earth, 21 (3): 201-204.

Mihocko D, Marengo B, Collier G, et al. 2002. Decision support system and real-time control: Integrated tools for operation of large urban drainage network. Global Solutions for Urban Drainage. Virginia, ASCE publication.

Monteith J L. 1977. Climate and the efficiency of crop production in Britian. Philosophical Transactions of the Royal Society of London, Series B. London Ser. B 281: 277-329.

Mudgway L B, Nathan R J, McMahon T A, Malano H M. 1997. Estimating salt loads in high water table areas. I: Identifying processes. Journal of Irrigation and Drainage Engineering, 123 (2): 79-90.

Mulvaney T. 1851. On the use of self-registering rain and flood gauges in making observations of the relations of rainfall and flood discharges in a given catchment. Proceedings of the Institute of Civil Engineers of Ireland, 418-431.

Nasello C, Tucciarelli T. 2005. Dual multilevel urban drainage model. Journal of Hydraulic Engineering, 131 (9): 748-754.

Nash J E. 1957. The Form of the Instantaneous Unit HydrographInt Assoc Hydrol Sci., 45 (3): 114-121.

Nathan R J, Mudgway L B. 1997. Estimating salt loads in high water table areas. II: Regional salt loads. Journal of Irrigation and Drainage Engineering, 123 (2): 91-99.

Nearing M A, Norton L D, Bulgakov D A, et al. 1997. Hydraulics and erosion in eroding rills. Water Resources Research, 33 (4): 865-876.

Newman E I. 1969. Resistance to water flow in soil and plant II: A review of experimental evidence on the rhizospere resistance. Journal of Applied Ecology, 6 (2): 261-272.

Ni G H, Wang L, Hu H P. 2004. Identification of uncertainty of a physically-based hydrological model. The 2nd Asia Pacific Association of Hydrology and Water Resources (APHW), 2: 633-640.

Nie L M, Schilling W, Killingtveit A, et al. 2002. GIS based urban drainage analysis and their preliminary applications in urban storm water management. Global Solutions for Urban Drainage. Virginia, ASCE publication.

Oren R, Phillips N, Katul G, et al. 1998. Scaling xylem sap flux and soil water balance and calculating variance: a method for partitioning water flux in forests. Annales Des Sciences Forestieres, 55 (1/2): 191-216.

Panday S, Huyakorn P S. 2004. A fully coupled physically-based spatially-distributed model for evaluating surface/subsurface flow. Advances in Water Resources, 27 (4): 361-382.

Penman H L. 1948. Natural Evaporation from open Water, Bare Soil and Grass. Proc R Soc London. A193:

120-145.

Penman H L. 1948. Natural evaporation from open water, bare soil and grass. Proceedings of the Royal Society of London, Series A London, A193：120-146.

Penman H L. 1953. The physical Basis of Irrigation Control. Report on 13th International horticulture conference, 2：913-923.

Perkins S P, Sophocleous M. 1999. Development of a comprehensive watershed model applied to study stream yield under drought conditions. Ground Water, 37（3）：418-426.

Peter H G. 1998. Water in crisis：paths to sustainable water use. Ecological Applications, 8（3）：571-579.

Philip J R. 1966. Plant water relations: some physical aspects. Annual Review of Plant Physiology, 17（1）：245-268.

Prasad R. 1967. A nonlinear hydrologic system response model. Journal of Hydraulics Division, ASCE. 4：105-116.

Punthakey J F, Prathapar S A, Somaratne, et al. 1996. Assessing impacts of basin management and environmental change in the Eastern Murray Basin. Environmental Software, 11（1-3）：135-142.

Quinn N W T, Brekke L D, Miller N L, et al. 2004. Model integration for assessing future hydroclimate impacts on water resources, agricultural production and environmental quality in the San Joaquin Basin, California. Environmental Modelling & Software, 19：305-316.

Raskin P, Hnsen E, Margolos R. 1995. Water and sustainability. Polestar series report no. 4, Stockholm Environment Institute, Boston.

Refsgard J C, Hansen E. 1982. A distributed groundwater/surface water model for the Susa-catchment, Part I-model description. Nordic Hydrology, 13：299-310.

Refsgaard J C, Storm B. 1995. MIKE SHE. In：Miller P C. Computer Models of Catchment Hydrology. Colorado：Water Resources Publications, 809-846.

Reichle R H, Mclaughlin D B, Entekhabi D. 2002. Hydrologic data assimilation with the ensemble kalman filter. Monthly Weather Review, 130：103-114.

Resfgaard J C. Storm B. 1995. Chapter 23 MIKE SHE in V. P. Singh（Ed）Computer Models of watershed Hydrology. Littleton, Colo：Water Resoucres Publications.

Richard L F. 1965. Weather Prediction by Numerical Process. Cambridge：Cambridge University Press.

Riehards L A. 1931. Capillary conduction of liquids through porous mediums. Physics, 1：318-333.

Ritchie J T. 1972. Model for predicting evaporation from a row crop with incomplete cover. Water Resour. Res., 8：1204-1213.

Rodriguez-Iturbe I. 2000. Vision for the Future Ecohydrology：A hydrologic perspective of climate-soil-vegetation dynamics. Water Resources Research, 36（1）：3-6.

Rodriguez-Iturbe I, Porporato A, Laio F, et al. 2001. Plants in water-controlled ecosystems：Active role in hydrologic process and response to water stress I. Scope and general outline. Advances in Water Resoures, 24：695-705.

Rogers P. 1998. Hydrology and water quality. In：Meyer W B, Turner B L II. Change in Land Use and Landcover：A Global perspective. London：Cambridge University Press, 231-257.

Rushton K R, Tomlinson L M. 1999. Total catchment conditions in relation to the Lincolnshire Limestone in South Lincolnshire. Quarterly Journal of Engineering Geology, 32：233-246.

Savenije H H G. 2002. Why water is not an ordinary economic good, or why the girl is special. Physics and

Chemistry of the Earth (B), 27: 741-744.

Sellers P J, Mintz Y, Sud Y C, et al. 1986. A simple biosphere model (SiB) for use within GCMs. Journal of Atmospheric Science, 43: 505-531.

Shalhevet J. 2000. Sustainable irrigation agriculture in the Tarim River Basin of western Xinjiang province, A proposal for the establishment of a salinity laboratory of P. R. China. Arid Land Geography, 23 (2): 170-173.

Sharma B R. 1999. Regional salt- and water- balance modeling for sustainable irrigated agriculture, Agricultural Water Management, 40: 129-134.

Sherman L K. 1932. Stream flow from rainfall by the unit graph method. Engineering News-Record, 108: 501-505.

Shi H B, Takeo A, Kinzo N. 2002. Simulation of Leaching Requirement for Hetao Irrigation District Considering Salt Redistribution After Irrigation. Transactions of CSAE, 18 (5): 67-72.

Simonovic S P. 2002. World water dynamics: Global modeling of water resources. Journal of Environmental Management, 66: 249-267.

Singh M, Bhattacharya A K, Singh A K, et al. 2002. Application of SALTMOD in coastal clay soil in India. Irrigation and Drainage Systems, 16: 213-231.

Smagorinsky J, Manabe S, Holloway J L. 1965. Numerical results from a nine-level general circulation model of the atmosphere. Monly Weather Review, 93: 727-768.

Soil Conservation Service Engineering Division. 1986. Urban hydrology for small Watersheds. U. S. Department of Agriculture, Technical Release 55.

Sophocleousa M A, Koellikerb J K, Govindarajuc R S, et al. 1999. Integrated numerical modeling for basin-wide water management: The case of the Rattlesnake Creek basin in south-central Kansas. Journal of Hydrology, 214: 179-196.

Stockle C O, Campbell G S. 1985. A simulation model for predicting effect of water stress on yield: An example using corn. Hillel D. Advances in Irrigation, 3: 283-311.

Sun S F, Xue Y K. 2001. Implementing a new snow scheme in simplified simple biosphere model. Advances in Atmosphere Sciences, 18 (3): 335-354.

Tedeschi A, Menenti M. 2002. Simulation studies of long-term saline water use: Model validation and evaluation of schedules. Agricultrural Water Management, 54: 123-157.

Theis C V. 1935. The Relation Between Lowering of the Piezometric Surface and the Rate and Duration of Discharge of a well Using Groundwater Storage. Trans Am Geophys Union. 16th annual meeting, 2: 519-524.

Thornthwaite C W, Holzmann B. 1935. The determination of evaporation from land and water surfaee. Monthly Wheather Review, 1935, 67 (1): 4-11.

Todini E. 1988. Rainfall-runoff modeling -past, present and future. Journal of Hydrology, 100: 341-365.

Wang S, Liu Y. 2009. TeraGrid GIScience Gateway: Bridging Cyberinfrastructure and GIScience. International Journal of Geographical Information Science, 23 (5): 631-656.

Watson D J. 1947. Comparative physiological studies on the growth of field crops. I. Variation in net assimilation rate and leaf area between species and varieties, and within and between years. Annals of Botany, 11: 41-76.

Wilk J, Andresson L, Plermkamon V. 2001. Hydrological impacts of forest conversion to agriculture in a large river basin in northeast Thailand. Hydrological Processes, 15: 2729-2748.

William J R, Lasear W V. 1976. Water yield model using curve numbers. Jounal of Hydraulics Division, (9): 1221-1253.

Wood E F, Lettenmaier D P, Zartarian V G. 1992. A land-surface hydrology parameterization with subgrid variability for general circulation models. J Geophysical Res, 97: 2717-2728.

Yalew S, van Griensven A, Ray N, et al. 2013. Distributed computation of large scale SWAT models on the Grid. EnvironmentalModelling & Software, 41: 223-230.

Yang D, Hetath S, Musiake K. 2002. Hillslope-based hydrological model using catchment area and width functions. Hydrological Sciences Journal, 47: 49-65.

Yu Z, Lakhtakia M, Yamal B, et al. 1999. Simulating the River-basin Response to Atmospheric Forcing by Linking a Mesocale Meteorological and Hydrologic Model System. Journal of Hydrology, 218: 72-91.

Zhao G, Bryan B A, King D, et al. 2013. Large-scale, high-resolution agricultural systems modeling using a hybrid approach combining grid computing and parallel processing. Environmental Modelling & Software, 41: 231-238.

索　引

B
并行运算 ……………………………… 31
不确定性研究 ………………………… 21

C
参数敏感性 …………………………… 22
产汇流特性 …………………………… 33
产流入渗 ……………………………… 51
城市排水系统 ………………………… 33
城市区水文模拟 ……………………… 33
池塘湿地水循环 ……………………… 74

D
大气环流 ……………………………… 4
地表地下水耦合模拟 ………………… 89
地表径流 ……………………………… 6
地理信息系统 ………………………… 12
地球系统 ……………………………… 1
地下径流 ……………………………… 6
地下水数值模型 ……………………… 25
点污染源 ……………………………… 33
动态灌溉 ……………………………… 84
DEM …………………………………… 14

E
二元水循环 …………………………… 37

F
非点源污染 …………………………… 26

分布式水文模型 ……………………… 10

G
冠层截留 ……………………………… 50

H
海河北系 ……………………………… 162
海河南系 ……………………………… 111
邯郸市 ………………………………… 111
河道水文循环 ………………………… 41
衡水市 ………………………………… 96
灰箱型模型 …………………………… 12

J
积雪 …………………………………… 50
基础模拟单元 ………………………… 48
降落漏斗 ……………………………… 6
节水因子 ……………………………… 152
经典水动力学 ………………………… 8

K
科学水文学 …………………………… 8
空间尺度 ……………………………… 11
空间离散技术 ………………………… 37

L
流域水文模型 ………………………… 8
陆面水文循环 ………………………… 41

M

面向对象 …………………………… 41
模型参数 …………………………… 11

N

南水北调 …………………………… 3

O

耦合 ………………………………… 22

Q

气候变化 …………………………… 2
气候变化因子 ……………………… 151
气候模型 …………………………… 23
潜水蒸发 …………………………… 67
区域化方法 ………………………… 31
取用水过程 ………………………… 6
全球变化 …………………………… 1
全球定位系统 ……………………… 10
缺资料地区 ………………………… 30
确定性模型 ………………………… 11

R

壤中流 ……………………………… 64
热单位理论 ………………………… 77
热岛效应 …………………………… 34
人类活动 …………………………… 1

S

生态水文学 ………………………… 2
生态水文学 ………………………… 28
生物圈 ……………………………… 1
时间尺度 …………………………… 11
数据库 ……………………………… 43

水动力学模型 ……………………… 24
水分胁迫 …………………………… 81
水科学计划 ………………………… 1
水库水循环 ………………………… 72
水量平衡校验 ……………………… 44
水文尺度效应 ……………………… 19
水文地质 …………………………… 114
水文响应 …………………………… 2
水文演变 …………………………… 3
水文预报 …………………………… 30
水循环 ……………………………… 1
水循环路径 ………………………… 39
水循环路径 ………………………… 6
水循环驱动数据 …………………… 126
水循环通量 ………………………… 107
水循环系统 ………………………… 2
水循环演变 ………………………… 4
水资源 ……………………………… 1
水资源安全 ………………………… 1
水资源评价 ………………………… 3
四水转化 …………………………… 196
随机模型 …………………………… 11

T

天津市 ……………………………… 162
田间尺度试验 ……………………… 96
土地利用 …………………………… 15
土地利用 …………………………… 5
土壤剖面含水率 …………………… 98
土壤水下渗 ………………………… 63

W

网格式交互 ………………………… 26
温度胁迫 …………………………… 81
温室效应 …………………………… 4

X

下垫面性状 …………………… 5

Y

遥感 …………………………… 15

叶面积指数 …………………… 79
应用水文学 …………………… 9

Z

蒸发蒸腾 ……………………… 53
子流域 ………………………… 47